Mathematik für die Lehrerausbildung

H. Freund / P. Sorger
Logik, Mengen, Relationen

Mathematik für die Lehrerausbildung

Herausgegeben von
Prof. Dr. G. Buchmann, Flensburg, Prof. Dr. H. Freund, Kiel
Prof. Dr. P. Sorger, Münster, Prof. Dr. U. Spengler, Kiel
Dr. W. Walser, Baden/Schweiz

Die Reihe Mathematik für die Lehrerausbildung behandelt studiumsgerecht in Form einzelner aufeinander abgestimmter Bausteine grundlegende und weiterführende Themen aus dem gesamten Ausbildungsbereich der Mathematik für Lehrerstudenten. Die einzelnen Bände umfassen den Stoff, der in einer einsemestrigen Vorlesung dargeboten wird. Die Erfordernisse der Lehrerausbildung berücksichtigt in besonderer Weise der dreiteilige Aufbau der einzelnen Kapitel jedes Bandes: Der erste Teil hat motivierenden Charakter. Der Motivationsteil bereitet den zweiten, theoretisch-systematischen Teil vor. Der dritte, auf die Schulpraxis bezogene Teil zeigt die Anwendung der Theorie im Unterricht. Aufgrund dieser Konzeption eignet sich die Reihe besonders zum Gebrauch neben Vorlesungen, zur Prüfungsvorbereitung sowie zur Fortbildung von Lehrern an Grund-, Haupt- und Realschulen.

Logik, Mengen, Relationen

Praxis des mathematischen Beweisens

Von Dr. rer. nat. H. Freund
o. Professor an der Pädagogischen Hochschule Kiel

und Dr. rer. nat. P. Sorger
o. Professor an der Pädagogischen Hochschule Münster

1976. Mit 90 Figuren, 61 Beispielen
und 116 Aufgaben

B. G. Teubner Stuttgart

Prof. Dr. rer. nat. Helmut Freund

Geboren 1915 in Berge. Von 1936 bis 1939 Studium der Mathematik und Physik in Göttingen, 1939 Staatsexamen, 1943 Promotion. Von 1943 bis 1946 Assistent am Mathematischen Institut der Universität Göttingen. Von 1947 bis 1956 Schuldienst am Felix-Klein-Gymnasium in Göttingen – zuletzt mit den Nebentätigkeiten Fachleiter im Staatlichen Studienseminar, Lehrbeauftragter der Universität und Mitglied des Wissenschaftlichen Prüfungsamtes. Seit 1965 Professor, seit 1971 o. Professor für Mathematik und Didaktik der Mathematik an der Pädagogischen Hochschule in Kiel.

Prof. Dr. rer. nat. Peter Sorger

Geboren 1938 in Wien. Von 1957 bis 1962 Studium der Mathematik in Freiburg und Birmingham/England. Von 1962 bis 1969 wissenschaftlicher Mitarbeiter am Institut für Angewandte Mathematik und Mechanik der DFVLR an der Universität Freiburg, 1966 Promotion. 1969 o. Professor für Mathematik und Didaktik der Mathematik an der Pädagogischen Hochschule Kiel, 1975 o. Professor an der Pädagogischen Hochschule in Münster.

CIP-Kurztitelaufnahme der Deutschen Bibliothek

Freund , Helmut
Logik, Mengen, Relationen : Praxis d. math.
Beweisens / von H. Freund u. P. Sorger.
(Mathematik für die Lehrerausbildung)
ISBN 3-519-02705-4

NE: Sorger , Peter:

Das Werk ist urheberrechtlich geschützt. Die dadurch begründeten Rechte, besonders die der Übersetzung, des Nachdrucks, der Bildentnahme, der Funksendung, der Wiedergabe auf photomechanischem oder ähnlichem Wege, der Speicherung und Auswertung in Datenverarbeitungsanlagen, bleiben, auch bei Verwertung von Teilen des Werkes, dem Verlag vorbehalten.

Bei gewerblichen Zwecken dienender Vervielfältigung ist an den Verlag gemäß § 54 UrhG eine Vergütung zu zahlen, deren Höhe mit dem Verlag zu vereinbaren ist.

© B. G. Teubner, Stuttgart 1976
Printed in Germany
Satz und Druck: Schwetzinger Verlagsdruckerei GmbH
Binderei: G. Kumler, Leimen/Heidelberg
Umschlaggestaltung: W. Koch, Sindelfingen

Vorwort

Das vorliegende Buch gehört wie der Band „Aussagenlogik und Beweisverfahren" zu den Grundlagenbänden der Reihe „Mathematik für die Lehrerausbildung" (ML). Sein Inhalt wurde in Vorlesungen erprobt, die seit Jahren an der Pädagogischen Hochschule in Kiel durch die Autoren gehalten werden.

Hauptanliegen dieses Bandes ist es, die Prinzipien des Beweisens in der Mathematik herauszuarbeiten und zu klären. Dabei wird – nicht zuletzt mit Hilfe der C-Teile – der ganze Bogen zwischen ersten heuristischen Beweisversuchen einerseits und vollformalisierten Beweisen andererseits gespannt.

Der Einsatz dieses Bandes kann nach zwei verschiedenen Modellen erfolgen. Er kann als Folgeband zu dem Buch „Aussagenlogik und Beweisverfahren" aufgefaßt werden. In diesem Fall wird der Einstieg bei Kapitel 2 erfolgen. Dieser Band läßt sich aber auch unmittelbar an den Beginn der Lehrerausbildung im Fach Mathematik stellen. Um diese Unabhängigkeit zu gewährleisten, ist in Kapitel 1 die Aussagenlogik verkürzt noch einmal vorgetragen worden, wobei auf den C-Teil verzichtet wurde. Der Schwerpunkt dieses Kapitels liegt auf der Entwicklung von Beweisfiguren, d. h. auf den Begriffen Äquivalenz und Implikation.

In Kapitel 2 werden über die Zerlegung von Aussagen in die beiden Bestandteile Namen und Prädikate zunächst die Begriffe Aussageform und Erfüllungsmenge gewonnen. Die im Rahmen der Aussagenlogik entwickelten Darstellungen logischer Ausdrücke werden auf Aussageformen übertragen. Danach wird der Leser anhand vieler Beispiele mit Existenz- und Allquantoren und ihrer Bedeutung für die Mathematik vertraut gemacht. Der C-Teil geht ausführlich auf die Frage der Behandlung von Aussageformen und ihren Lösungsmengen im Unterricht der Schule ein. Wir hoffen, mit diesen Beispielen deutlich zu machen, daß mit der sogenannten Mengenlehre nicht eine zu Kritik Anlaß gebende übertriebene Systematik in die Schule Eingang finden soll, sondern daß sich hier die Möglichkeit bietet, vielseitig orientierte logische Probleme bereitzustellen, um die Schüler zum Denken und Argumentieren anzuregen. Die Diskussion über die Modernisierung des mathematischen Unterrichts wird im C-Teil des dritten Kapitels wieder aufgenommen.

Das dritte Kapitel, von uns Mengenalgebra genannt, faßt Mengen grundsätzlich als Lösungsmengen von Aussageformen auf und entwickelt konsequent alle mengentheoretischen Zusammenhänge und Formeln aus ihrem prädikatenlogischen Äquivalent.

Das vierte Kapitel, das sich „Beweisen in der Mathematik" nennt, ist als Kernstück des Buches anzusehen. Hier werden zwar alle formalen Elemente eines formal geführten Beweises entwickelt; zugleich aber wird deutlich gemacht, wie vermieden werden kann, diesen Formalismus in die Schule zu tragen. Die Vorstufen des Beweisens, angefangen vom plausiblen Begründen bis zum halbformalisierten Zurückführen von Sätzen auf andere Sätze, erweisen sich dabei auch als ein zentrales Anliegen des Unterrichts. Außerdem wird in diesem Kapitel das Verfahren der vollständigen Induktion an vielen Beispielen und Aufgaben geklärt. Der C-Teil beschäftigt sich intensiv mit dem Problem der Entwicklung des Beweisbedürfnisses in der Schule und gibt für die verschiedenen Stufen des Beweisens erprobte Beispiele.

Das fünfte Kapitel behandelt zweistellige Aussageformen. Nach einer Analyse möglicher Eigenschaften von Relationen werden in einer Tafel die wichtigsten Definitionen zusammengestellt. Daran schließen sich einige Sätze der Relationentheorie an. Äquivalenz- und Ordnungsrelationen werden durch eine Vielzahl schulrelevanter Beispiele herausgehoben und definiert. Der wiederum sehr ausführliche C-Teil geht insbesondere auf das Bilden von Begriffen über Äquivalenzen ein und beleuchtet das Zusammenspiel von Äquivalenz- und Ordnungsrelationen in Größenbereichen. Die Relevanz des Relationsbegriffes für die Grundschule wird insbesondere durch die Möglichkeit seines Einsatzes bei arithmetischen Übungsformen dargestellt.

Im sechsten Kapitel wird, um eine gewisse Abrundung des Grundlagenstoffes zu erreichen, der Abbildungs- bzw. Funktionsbegriff angesprochen.

Kiel und Münster, im Herbst 1975   H. Freund, P. Sorger

Inhalt

1 Aussagenlogik

A   1.1 Aussagen 9
       1.2 Darstellung zusammengesetzter Ausdrücke 13
           1.2.1 Junktoren 13
           1.2.2 Wahrheitstafeln 15
           1.2.3 Wahrheitsmengen 16
           1.2.4 Torschaltungen 17
           1.2.5 Wahrheitsfelder 18
       1.3 Logische Formeln 20
B   1.4 Junktoren und logische Ausdrücke 25
       1.5 Umrechnen von Formeln, Äquivalenzen 30
       1.6 Implikationen und Schlußfiguren 36

2 Prädikatenlogik

A   2.1 Namen und Prädikate 44
       2.2 Aussageformen und Erfüllungsmengen 47
B   2.3 Quantoren 55
           2.3.1 Quantoren in Definitionen 57
           2.3.2 Quantoren in Aussagen und mathematischen Sätzen 61
           2.3.3 Ein geometrisches Axiomensystem 65
C   2.4 Aussageformen und Lösungsmengen im Schulunterricht 69
           2.4.1 Venn-Diagramme und Lösungsmengen 70
           2.4.2 Venn-Diagramme und logisches Schließen 73
           2.4.3 Venn-Diagramme und Quantoren 75
           2.4.4 Gleichungen als Aussageformen 76
           2.4.5 Ein Spiel zum Thema „Quantoren" 78

3 Mengenalgebra

A   3.1 Erfüllungsmengen von Aussageformen 80
       3.2 Logische Formeln in mengentheoretischer Deutung 92
B   3.3 Mengenterme und Mengenformeln 98
C   3.4 „Mengenlehre" in der Schule 105

4 Beweisen in der Mathematik

A   4.1 Argumentierendes Beweisen 109
       4.2 Übergang zu formalisierten Beweisen 113

8 Inhalt

B 4.3 Formalisierte Beweise 118
   4.4 Der Induktionsbeweis 124
C 4.5 „Beweisen" im Mathematikunterricht 130
      4.5.1 Formale Theorien 130
      4.5.2 Argumentieren, Diskutieren, Problemlösen 131
      4.5.3 Entwicklung von Beweisbedürfnis und Argumentierfähigkeit . 132
   4.6 Schritte auf dem Weg zum „Beweisen" 133
      4.6.1 Der erste Schritt: Sich wundern 133
      4.6.2 Der zweite Schritt: Der plausible Grund 133
      4.6.3 Lokales Ordnen von Sätzen 135
      4.6.4 Lokales Ordnen von Figuren 137
      4.6.5 Satzgefüge in Teilmengen didaktischen Materials 138

5 Relationen

A 5.1 Relationen als Erfüllungsmengen zweistelliger Aussageformen . . . 141
B 5.2 Relationen auf M, Definitionen und Sätze 153
   5.3 Äquivalenz- und Ordnungsrelationen 156
C 5.4 Relationen im Unterricht 162
      5.4.1 Relationen als Mittel zur Begriffsbildung 162
      5.4.2 Äquivalenz- und Ordnungsrelation in Größenbereichen . . . 168
      5.4.3 Relationen als Übungsformen in der Arithmetik 172

6 Abbildungen und Funktionen 175

Lösungen zu ausgewählten Aufgaben[1] 182

Sachverzeichnis 189

---

[1] Aufgaben, zu denen Lösungen angegeben sind, werden im Text durch * gekennzeichnet.

Inhalt

1 Aussagenlogik

A
- 1.1 Aussagen ... 9
- 1.2 Darstellung zusammengesetzter Ausdrücke ... 13
  - 1.2.1 Junktoren ... 13
  - 1.2.2 Wahrheitstafeln ... 15
  - 1.2.3 Wahrheitsmengen ... 16
  - 1.2.4 Torschaltungen ... 17
  - 1.2.5 Wahrheitsfelder ... 18
- 1.3 Logische Formeln ... 20

B
- 1.4 Junktoren und logische Ausdrücke ... 25
- 1.5 Umrechnen von Formeln, Äquivalenzen ... 30
- 1.6 Implikationen und Schlußfiguren ... 36

2 Prädikatenlogik

A
- 2.1 Namen und Prädikate ... 44
- 2.2 Aussageformen und Erfüllungsmengen ... 47

B
- 2.3 Quantoren ... 55
  - 2.3.1 Quantoren in Definitionen ... 57
  - 2.3.2 Quantoren in Aussagen und mathematischen Sätzen ... 61
  - 2.3.3 Ein geometrisches Axiomensystem ... 65

C
- 2.4 Aussageformen und Lösungsmengen im Schulunterricht ... 69
  - 2.4.1 Venn-Diagramme und Lösungsmengen ... 70
  - 2.4.2 Venn-Diagramme und logisches Schließen ... 73
  - 2.4.3 Venn-Diagramme und Quantoren ... 75
  - 2.4.4 Gleichungen als Aussageformen ... 76
  - 2.4.5 Ein Spiel zum Thema „Quantoren" ... 78

3 Mengenalgebra

A
- 3.1 Erfüllungsmengen von Aussageformen ... 80
- 3.2 Logische Formeln in mengentheoretischer Deutung ... 92

B
- 3.3 Mengenterme und Mengenformeln ... 98

C
- 3.4 „Mengenlehre" in der Schule ... 105

4 Beweisen in der Mathematik

A
- 4.1 Argumentierendes Beweisen ... 109
- 4.2 Übergang zu formalisierten Beweisen ... 113

8 Inhalt

B 4.3 Formalisierte Beweise ... 118
4.4 Der Induktionsbeweis ... 124
C 4.5 „Beweisen" im Mathematikunterricht ... 130
4.5.1 Formale Theorien ... 130
4.5.2 Argumentieren, Diskutieren, Problemlösen ... 131
4.5.3 Entwicklung von Beweisbedürfnis und Argumentierfähigkeit . 132
4.6 Schritte auf dem Weg zum „Beweisen" ... 133
4.6.1 Der erste Schritt: Sich wundern ... 133
4.6.2 Der zweite Schritt: Der plausible Grund ... 133
4.6.3 Lokales Ordnen von Sätzen ... 135
4.6.4 Lokales Ordnen von Figuren ... 137
4.6.5 Satzgefüge in Teilmengen didaktischen Materials ... 138

5 Relationen

A 5.1 Relationen als Erfüllungsmengen zweistelliger Aussageformen ... 141
B 5.2 Relationen auf M, Definitionen und Sätze ... 153
5.3 Äquivalenz- und Ordnungsrelationen ... 156
C 5.4 Relationen im Unterricht ... 162
5.4.1 Relationen als Mittel zur Begriffsbildung ... 162
5.4.2 Äquivalenz- und Ordnungsrelation in Größenbereichen ... 168
5.4.3 Relationen als Übungsformen in der Arithmetik ... 172

6 Abbildungen und Funktionen ... 175

Lösungen zu ausgewählten Aufgaben[1]. ... 182

Sachverzeichnis ... 189

---

[1]) Aufgaben, zu denen Lösungen angegeben sind, werden im Text durch * gekennzeichnet.

1 Aussagenlogik*)

1.1 Aussagen

Die Logik versucht zu klären, wie in der Mathematik Beweise geführt werden, d. h., wie es möglich ist, aus wahren Aussagen andere abzuleiten, die dann selbst wahr sind. Zur Unterscheidung gegenüber dem, was man in der Grammatik einen „Satz" nennt, werden in der Logik Sätze, wie sie auch in der Mathematik auftreten, „Aussagen" genannt. Für einen grammatikalischen Satz ist der Aufbau aus Subjekt, Prädikat, Objekt kennzeichnend — charakteristisch für Aussagen ist dagegen die Eigenschaft, daß sie e n t w e d e r   w a h r   o d e r   f a l s c h   sind. Ausrufe („Ach, wie schön!"), Aufforderungen („Komm' her!") oder Fragen („Wann kommt Tante Frieda?") sind keine Aussagen.

Beispiel 1.1 Wahre mathematische Aussagen sind:
a) „3 ist eine Primzahl"
b) „Falls t und n verschiedene natürliche Zahlen sind und t ist ein Teiler von n, so ist $t < n$"
c) „Zwei verschiedene Punkte bestimmen stets und genau eine Gerade".

Nicht immer ist es einfach, von einem Satz festzustellen, ob er eine Aussage ist oder nicht, d. h., ob er einen Sachverhalt beschreibt, der faktisch wahr oder falsch ist. Wir betrachten als Beispiel den wie eine Aussage aussehenden und grammatisch richtig gebildeten Satz: „Der mit diesen Wörtern gebildete Satz ist falsch!". Ist dieser Satz wahr? Da dann der behauptete Sachverhalt zutrifft, der feststellt, daß der Satz falsch ist, kann er nicht wahr sein. Er kann aber auch nicht falsch sein; denn dann trifft der Sachverhalt nicht zu — der Satz ist also wahr und nicht falsch. Ähnlich steht es mit dem Ausspruch eines Frisörs: „In meinem Heimatdorf rasiere ich alle und nur solche Männer, die sich nicht selbst rasieren". Da das „alle" den Frisör selbst miteinschließt, können wir auch hier nur feststellen, daß der Satz weder wahr noch falsch sein kann — in beiden Beispielen handelt es sich nicht um Aussagen.

Aufgabe 1.1 Handelt es sich bei den folgenden Sätzen um Aussagen? Welche von den Aussagen sind wahr?
a) „3 ist nicht kleiner als 4"
b) „Karl der Große benutzte beim Rasieren Luxor-Klingen"
c) „Kiel liegt an der Weser"
d) „In diesem Augenblick liest niemand in diesem Buch"

---

*) Das Kapitel 1 „Aussagenlogik" stellt in komprimierter Form eine Zusammenfassung der A- und B-Teile des ebenfalls in der Reihe Mathematik für die Lehrerausbildung erschienenen Bandes Aussagenlogik und Beweisverfahren, Stuttgart 1974, dar, soweit der Inhalt für diesen Band benötigt wird. Der Leser, der mit dem vorangegangenen Band vertraut ist, kann direkt bei Kapitel 2 beginnen, für den Leser, der mit dem vorliegenden Band beginnt, sei insbesondere in bezug auf die C-Teile auf den Band Aussagenlogik und Beweisverfahren verwiesen.

e) „Dieser Satz ist keine Aussage"
f) „Am Neujahrstag des Jahres 2000 kann man auf der Kieler Förde Schlittschuhlaufen".

Es ist üblich, statt: „Die Aussage ist wahr" zu sagen: „Die Aussage hat den Wahrheitswert W" und entsprechend von einer falschen Aussage, sie habe den Wahrheitswert F. Charakteristisch für Aussagen ist es also, daß sie genau einem der Wahrheitswerte W oder F zugeordnet werden können.

Es gibt Aussagen, deren Wahrheitswert man (noch) nicht kennt. Zu ihnen gehört z. B. die Aussage f) von Aufgabe 1.1 oder die Behauptung: „Auf dem Mars gibt es Leben", aber auch jede als Behauptung ausgesprochene Vermutung: „Morgen wird es noch heißer sein als heute!". In der Mathematik gibt es eine ganze Reihe berühmter und noch unbewiesener Aussagen, z. B. die „Fermatsche Vermutung": „Ist n eine natürliche Zahl größer als 2, so gibt es keine ganze Zahlen x, y, z, für die

$$x^n + y^n = z^n$$

gilt!" Auch hier handelt es sich um Aussagen, da feststeht, daß sie nur entweder wahr oder falsch sein können — auch wenn man den Wahrheitswert noch nicht kennt.

Weil die Logik, mit der wir uns im ersten Kapitel beschäftigen, nur Aussagen untersucht und in Zusammenhang bringt, nennt man diesen Teilbereich „Aussagenlogik". In ihr sind alle möglichen Aussagen das Grundmaterial, mit dem sie arbeitet — ähnlich wie es die Arithmetik mit den Zahlen als Grundmaterial zu tun hat. Wir versuchen aus diesem Vergleich zu lernen.

Beim Rechnen wird aus zwei Zahlen durch eine der vier Rechenarten wieder eine Zahl (die Summe, der Quotient usw.) gebildet. In der Logik kann man entsprechend aus zwei Aussagen eine neue Aussage bilden, indem man sie durch bestimmte Wörter wie z. B. „o d e r", „u n d", „w e d e r − n o c h", „e n t w e d e r − o d e r" usw. verbindet:

Ich rauche w e d e r Pfeife n o c h rauche ich Zigaretten

Ich rauche Zigaretten u n d ich rauche Pfeife usw.

In Abschn. 1.2 werden wir uns mit derartig zusammengesetzten Aussagen beschäftigen. Weiter gewinnen wir in der Arithmetik Formeln wie

$$(a + b)^2 = a^2 + 2\,ab + b^2$$

dadurch, daß Zahlen durch Variable, im Beispiel a und b, ersetzt werden. Setzt man an ihre Stelle je eine Zahl, so entstehen rechts und links vom Gleichheitszeichen wieder Zahlen. Wir nennen einen algebraischen Ausdruck eine Formel, wenn — unabhängig von den eingesetzten Zahlen — die Gleichheitsaussage wahr ist. In der Formel sind aber nicht nur Buchstaben als Variable für Zahlen, sondern zusätzlich Kürzel für „plus" (abgekürzt durch +) und „gleich" (abgekürzt durch =) eingeführt. „+" und „=" sind keine Variablen, sondern Abkürzungen mit einer ganz bestimmten Bedeutung, die eine kurze und damit übersichtliche Darstellung gestatten.

1.1 Aussagen   11

Auch in der Logik führt man Variable für Aussagen und auch Kürzel ein. Wir wollen dies an einem Beispiel verfolgen.

A

Wenn es 7 Uhr ist, dann klingelt mein Wecker (1.1)

Hier sind die beiden Aussagen

$p\ :=\ $ Es ist 7 Uhr[1])

und $q\ :=\ $ Mein Wecker klingelt (1.2)

durch die Wörtchen „w e n n ..., d a n n ..." zu einer neuen Aussage[2]) verbunden, die wir in einem ersten Schritt zu (1.3) formalisieren

W e n n p, d a n n q (1.3)

Ähnlich, wie in der Arithmetik das „plus" durch „+" abgekürzt wird, verfährt man in der Logik. Man wählt für „w e n n ..., d a n n ..." das Zeichen →. Mit seiner Hilfe erhalten wir (1.4) als formale Abkürzung von (1.1)

$p \to q$ (1.4)

Nehmen wir noch die Aussage

$r\ :=\ $ Ich stehe auf (1.5)

hinzu und mit ihr die zusammengesetzte Aussage

$q \to r$ (1.6)

(Wenn mein Wecker klingelt, stehe ich auf), so lassen sich (1.4) und (1.6) durch „u n d" zu einer weiteren Aussage verbinden. Es entsteht (1.7)

$p \to q$ u n d $q \to r$. (1.7)

(W e n n es 7 Uhr ist, d a n n klingelt mein Wecker, u n d w e n n mein Wecker klingelt, d a n n stehe ich auf.) Auch für „u n d" benutzt die Logik ein Kürzel, nämlich ∧. Mit seiner Hilfe wird (1.7) formal zu

$(p \to q) \land (q \to r)$ (1.8)

Drückt man (1.8) in Worten aus, so drängt sich unmittelbar die neue Aussage (1.9) auf, von der wir sicher sind, daß sie wahr ist, falls (1.8) wahr ist:

$p \to r\ :=\ $ W e n n es 7 Uhr ist, d a n n stehe ich auf (1.9)

Der Übergang von (1.8) zu (1.9) erscheint uns „logisch zwingend". Tatsächlich werden wir sehen, daß (1.10)

$[(p \to q) \land (q \to r)] \to [p \to r]$ (1.10)

---

[1]) Das Zeichen := benutzen wir als Kürzel für „steht für".
[2]) Wir sollten uns nicht daran stoßen, daß in diesem Fall die Verbindung der zwei Aussagen durch zwei Wörter (wenn, dann) geschieht. Das ist — wie in weiteren Fällen — ein grammatisches und kein logisches Problem.

eine logische Formel ist. So wie uns die oben aufgeschriebene arithmetische Formel bei jeder Ersetzung der Zahlenvariablen durch Zahlen eine zutreffende Gleichheit liefert, erhalten wir, falls wir in (1.10) die Aussagevariablen p, q und r durch Aussagen ersetzen, stets eine wahre Aussage — so z. B. auch bei

$$p := \text{Es wird Abend}, \quad q := \text{Es wird dunkel},$$
$$r := \text{Ich fürchte mich}$$

Daß, wie in den beiden Interpretationen von (1.10) ein innerer Zusammenhang zwischen den Aussagen p, q und r besteht, ist keine notwendige Voraussetzung dafür, daß es sich um eine Formel handelt. Wir werden später sehen, daß immer, wenn p → q und q → r wahr sind, auch p → r wahr ist.

Zu einer jeden Aussage p gibt es einen Partner, nämlich ihr „logisches Gegenteil", auch Negat genannt. Das ist diejenige Aussage, die genau dann wahr ist, wenn p selbst falsch ist und die genau dann falsch ist, wenn p wahr ist. Ist z. B. p die Aussage „6 ist eine Primzahl", so lautet ihr Negat „6 ist keine Primzahl". Von den beiden Aussagen ist genau nur eine richtig. Das ist hier die zweite.

Man kann das logische Gegenteil einer Aussage — wenn auch sprachlich oft unschön — so doch stets mit „n i c h t " bilden: „Es gilt nicht: 6 ist eine Primzahl". Da es nun sehr oft vorkommt, daß Aussagen verneint werden, wird auch für „n i c h t " ein eigenes Kürzel eingeführt, nämlich ¬. Das Negat von p wird dann formal zu ¬p, gelesen „nicht p".

Das logische Gegenteil einer Aussage zu bilden ist nicht so leicht, wie man vermuten könnte. Denken wir z. B. an die Aussage: „In der Klasse gibt es kurzsichtige Schüler". Hier lautet das logische Gegenteil: „Nicht ein einziger Schüler ist kurzsichtig", oder, sprachlich glatter: „Kein Schüler ist kurzsichtig".

Sollen wir aber dagegen von

$$p := \text{Alle Raben krächzen}$$

das Negat bilden, so könnten wir bereit sein zu sagen: „Kein Rabe krächzt". Das aber ist falsch. Man könnte sich nämlich eine Situation denken, in der beide Aussagen falsch sind. Das wäre der Fall, wenn es neben krächzenden Raben mindestens einen gäbe, der nicht krächzt. Von zwei Aussagen aber, die in faktisch möglichen Fällen beide wahr oder beide falsch sind, kann keine das logische Gegenteil der anderen sein. Tatsächlich lautet ¬p:

$$\neg p := \text{Es gibt mindestens einen Raben, der nicht krächzt.}$$

Zum Schluß der Einführung in den Aussagebegriff darf eine wichtige Bemerkung nicht fehlen. Im täglichen Leben werden oft Feststellungen wie die beiden folgenden getroffen:

„Sie ißt gern Eis" oder „Es regnet". (1.11)

Handelt es sich hier um Aussagen? Ohne weiteren Kontext sicher nicht; denn je nachdem, welche „sie" gemeint ist, wird der erste Satz wahr oder falsch. Auch der zweite wird erst dann zu einer Aussage, wenn geklärt ist, von welchem Ort und von welchem Zeitpunkt die Rede ist.

Im ersten Satz von (1.11) ist das persönliche Fürwort „sie" als Variable für Personen (besser: Namen von Personen) aufzufassen, die anstelle von „sie" gesetzt werden können, damit der Satz zu einer Aussage wird. Im zweiten Satz von (1.11) gibt es sogar zwei Variable — die eine für den Zeitpunkt und die andere für den Ort — die explizit aber im Satz garnicht auftreten. Korrekt heißt er:

„Zum Zeitpunkt t regnet es am Ort x".

Derartige Aussagen mit Variablen für Namen (die Namen für Personen, für Orte, für Zahlen usw.) nennt man „Aussageformen". Wir beschäftigen uns ausgiebig mit ihnen in Kapitel 2. Wenn wir sie hier gelegentlich wie Aussagen behandeln, dann stellen wir uns vor, daß der Kontext, in dem die Sätze aufgetaucht sind, alle fehlenden Angaben enthält; denn wenn wir im ersten Satz von (1.11) wissen, wer mit „sie" gemeint ist, dann ist der Satz für uns ja tatsächlich auch eine Aussage.

1.2 Darstellung zusammengesetzter Aussagen

1.2.1 Junktoren

Zunächst wollen wir Wörter sammeln, mit denen wir in der Alltagssprache Aussagen miteinander verknüpfen. Wir finden

weder p, noch q; p und q; p oder q; wenn p, dann q   (1.12)

aber auch

p während q (in temporaler Bedeutung)
p, weil q (in kausaler Bedeutung).   (1.13)

Im Gegensatz zu den in (1.13) aufgeschriebenen Verbindungswörtern von Aussagen, haben die in (1.12) aufgeschriebenen die folgende kennzeichnende Eigenschaft: Der Wahrheitswert der zusammengesetzten Aussage hängt allein von dem Wahrheitswert von p und q ab. Den Unterschied gegenüber den beiden in (1.13) genannten Möglichkeiten machen wir uns an zwei Beispielen klar.

Beispiel 1.2

$p := $ Goethe schrieb „Götz von Berlichingen"
$q := $ Goethe schrieb „Iphigenie auf Aulis"
$r := $ Goethe war mit Charlotte v. Stein befreundet.

Alle drei Aussagen sind faktisch wahr, und darum müßten — wäre der Wahrheitswert einer mit „während" gebildeten Verknüpfung allein vom Wahrheitswert der verknüpften Aussagen abhängig —

p während r   bzw.   q während r

A den gleichen Wahrheitswert haben. Es ist aber nur die erste der beiden wahr, die zweite ist falsch. Dagegen sind

$$p \wedge r \quad \text{und} \quad q \wedge r$$

beide wahr. „Während" stellt einen zeitlichen Zusammenhang fest, und daher hängt der Wahrheitswert von „p während r" (im Falle p wahr und r wahr) allein davon ab, ob die Zeitspannen, in denen die in p und r festgestellten Situationen faktisch wahr waren, zusammenfielen oder nicht. Der Wahrheitswert von p ∧ r dagegen hängt allein davon ab, ob p und r wahr bzw. falsch sind.

Beispiel 1.3

$$\begin{aligned} p &:= 18 \text{ ist keine Primzahl} \\ q &:= 9 \text{ ist ein echter Teiler von } 18 \\ r &:= 18 \text{ ist ein echter Teiler von } 36. \end{aligned}$$

Die Aussagen p, q und r sind wieder alle wahr. Ferner ist wahr: p, weil q. Dagegen ist falsch: p, weil r.

Die Aussagenlogik betrachtet ausdrücklich nur solche verknüpfende Partikel, bei denen der Wahrheitswert der Gesamtaussage allein vom Wahrheitswert der Teilaussagen abhängt. Man nennt sie „Junktoren".

„∧" ist ein Junktor, weil p ∧ q genau nur dann wahr ist, wenn p und q beide wahr sind. Auch „oder" ist ein Junktor, wir kürzen ihn durch „v" ab. Hier muß man allerdings das „oder" (v) (einschließendes oder) bewußt unterscheiden von dem Junktor „entweder-oder" (ausschließendes oder), abgekürzt durch v̇. p v q ist wahr, wenn m i n d e s t e n s e i n e der beiden Aussagen wahr ist, p v̇ q ist wahr, wenn g e n a u eine der beiden Aussagen wahr ist. So sind die beiden Aussagen

„3 ist eine Primzahl oder 4 ist eine Primzahl"

und „entweder ist 3 oder es ist 4 eine Primzahl" beide wahr. Dagegen ist

„3 ist eine Primzahl oder 2 ist eine Primzahl"

wahr, während

„entweder 3 ist eine Primzahl oder 2 ist eine Primzahl"

falsch ist (vgl. die formale Festlegung durch Wahrheitstafeln in Fig. 1.1).
Man hat sich auch entschlossen, „wenn, dann" als Junktor zu betrachten. Das bedeutet, daß wir uns — unabhängig vom Inhalt aber abhängig vom Wahrheitswert von p und q — über den Wahrheitswert von p → q in allen möglichen Fällen einigen müssen. Bei zwei Aussagen p und q gibt es vier Möglichkeiten, in denen die Wahrheitswerte verteilt sein können. Jede derartige Verteilung nennen wir eine „Belegung" mit Wahrheitswerten. Es gibt die folgenden Belegungen, wobei sich die Wahrheitswerte — wenn nicht ausdrücklich eine andere Regelung vereinbart wird — der Reihe nach auf p, dann auf q, bei 3 Variablen der Reihe nach auf p, q, r beziehen:

1.2 Darstellung zusammengesetzter Aussagen 15

WW, WF, FW, FF bei zwei Variablen (1.14)
WWW, WWF, WFW, WFF, FWW, FWF, FFW, FFF
bei drei Variablen (1.15)

Bei zwei Variablen gibt es also 4, bei drei Variablen 8 Belegungen.

Beispiel 1.4

p := Der 13. fällt auf einen Freitag
q := Ida bleibt den ganzen Tag im Bett.
p → q := Wenn der 13. auf einen Freitag fällt, bleibt Ida den ganzen Tag im Bett.

1. B e l e g u n g : WW; der 13. fiel auf einen Freitag und Ida blieb den ganzen Tag im Bett; p → q ist w a h r.
2. B e l e g u n g : WF; der 13. fiel auf einen Freitag, aber Ida stand auf: p → q ist falsch.

Diese beiden Regelungen sind unproblematisch. Bevor wir uns den beiden anderen Fällen zuwenden, wollen wir eine Verabredung treffen. Eine Aussage kann ja grundsätzlich nur wahr oder falsch sein, sonst nichts. Wir verabreden, eine Aussage nur dann falsch zu nennen, wenn sie eine offensichtliche Lüge ist.

3. B e l e g u n g : FW; der 13. fiel nicht auf einen Freitag, und doch blieb Ida den ganzen Tag im Bett.
   Da p → q keine Lüge ist, müssen wir festsetzen: p → q ist w a h r.
4. B e l e g u n g : FF; p → q ist keine Lüge, wenn Ida am Samstag dem 13. aufstand, also p → q ist w a h r.

Wir verabreden daher verbindlich, daß p → q den Wahrheitswert F nur in einem der vier Fälle annimmt, nämlich bei der Belegung WF. Wir merken uns den Grundsatz: Aus Wahrem darf nichts Falsches folgen.

1.2.2 Wahrheitstafeln

In den folgenden Tabellen (Fig. 1.1), die man „Wahrheitstafeln" nennt, lassen sich die bisher getroffenen Regelungen unmißverständlich und übersichtlich angeben.
Wenn man unseren bisherigen Text auf weitere Junktoren durchmustert, findet man darin noch „p genau dann, wenn q", den wir durch ↔ abkürzen. Das „genau" will die

p	¬p
W	F
F	W

p	q	p ∧ q
W	W	W
W	F	F
F	W	F
F	F	F

p	q	p ∨ q
W	W	W
W	F	W
F	W	W
F	F	F

p	q	p → q
W	W	W
W	F	F
F	W	W
F	F	W

p	q	p v̇ q
W	W	F
W	F	W
F	W	W
F	F	F

Fig. 1.1

A Gleichwertigkeit von p und q deutlich zum Ausdruck bringen. Diese besteht darin, daß p ⟷ q nur bei gleichen Wahrheitswerten von p und q wahr, bei verschiedenen Wahrheitswerten aber falsch wird. Daher sieht die Wahrheitstafel von p ⟷ q wie in Fig. 1.2 aus.

p	q	p ⟷ q	p → q	q → p	(p → q) ∧ (q → p)
W	W	W	W	W	W
W	F	F	F	W	F
F	W	F	W	F	F
F	F	W	W	W	W

Fig. 1.2

In dieser Tafel haben wir außerdem noch die Verteilung der Wahrheitswerte für (p → q) ∧ (q → p) entwickelt. Wir sehen, daß sie mit der von p ⟷ q übereinstimmt. Das ist aus mnemotechnischen Gründen bemerkenswert, da der Doppelpfeil als Pfeil in der einen und zugleich als Pfeil in der anderen Richtung gedeutet werden kann.

1.2.3 Wahrheitsmengen

Es ist üblich, Aussageverknüpfungen als „Ausdrücke" zu bezeichnen. Solche Ausdrücke können in rein sprachlicher Form vorliegen (vgl. (1.9)). Durch „Formalisieren" gewinnen wir dann die formale Form des Ausdrucks. Dazu ersetzen wir die Aussagen durch Variable und die Junktoren durch ihre Abkürzungen (vgl. (1.10)). Aber auch der umgekehrte Weg ist gangbar. Wir setzen anstelle der Variablen wieder Aussagen und anstelle der Junktoren entsprechende sprachliche Formen. Diesen Vorgang nennen wir „Interpretieren". Ein gegebener sprachlicher Ausdruck wird „uminterpretiert", wenn wir ihn zuerst formalisieren und den formalen Ausdruck anschließend willkürlich interpretieren. Beim Interpretieren werden wir gelegentlich auf eine anschauliche Standardinterpretation durch „Wahrheitsmengen" zurückgreifen. Dazu bauen wir uns aus weißen und schwarzen (in der Zeichnung schraffiert) Legosteinen (oder aus anderen Steckbausteinen) Türme der Höhe 2 bei Ausdrücken mit 2 Variablen und Türme der Höhe 3 bei drei Variablen (Fig. 1.3). Wir betrachten die Aussagen:

p := Der Turm ist unten weiß

q := Der Turm ist in der Mitte weiß bzw. Der Turm ist in der 2. Etage weiß

r := Der Turm ist oben weiß

Wir ordnen die Stockwerke der Reihe nach von unten nach oben den Variablen p, q, r (was sich leicht auf 4, 5, ... Variable verallgemeinern läßt) und die Farben den Wahrheitswerten (W := weiß, F := schwarz) zu. Jeder Turm entspricht dann genau einer der Belegungen.

Bei verschiedenen Belegungen nimmt ein vorgegebener Ausdruck verschiedene Wahrheitswerte an, die wir in der Wahrheitstafel ablesen können. Da die Belegungen aber

1.2 Darstellung zusammengesetzter Aussagen   17

eindeutig den Türmen entsprechen, können wir die Wahrheitswerte eines Ausdrucks
dadurch angeben, daß wir diejenigen Türme auswählen, für die der Ausdruck wahr wird.
Wir nennen sie die „Wahrheitsmenge" des Ausdrucks.

A

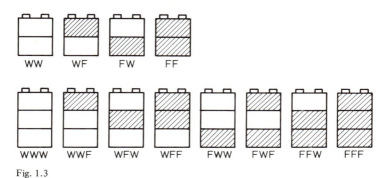

Fig. 1.3

Aufgabe 1.2 Stellen Sie die Wahrheitsmengen für die mit den Junktoren ∧, ∨, →, v̇, ↔
zusammengesetzten Ausdrücke mit zwei Variablen zusammen.

Aufgabe 1.3 Wählen Sie die beiden Aussagen

p := 12 ist ein Vielfaches von 4

q := 10 ist ein Vielfaches von 4

a) Formulieren Sie in Worten: p ∧ q, p ∨ q, p → q, q → p, p v̇ q, p ↔ q und kennzeichnen Sie die Wahrheitswerte der entstehenden Ausdrücke.
b) Geben Sie eine Uminterpretation mit den beiden Aussagen

13 ist keine Primzahl bzw. 8 ist eine gerade Zahl

so an, daß die uminterpretierten Aussagen die gleichen Wahrheitswerte haben.
c) Suchen Sie sich aus den insgesamt 4 angegebenen Aussagen über die Zahlen 12, 10, 13 und 8 je zwei so aus, daß die 6 in a) angegebenen Ausdrücke 1. wahr und 2. falsch werden.

1.2.4 Torschaltungen

Das Aussondern der zum Wahrheitswert W führenden Belegungen können wir auch operational über „Torschaltungen" durchführen. Diese setzen sich aus Schaltelementen wie ─[p]─, ─[¬q]─ usw. zusammen. Über das „Tor" ─[p]─ dürfen nur solche Belegungen wandern, für die p wahr ist, über ─[¬q]─ nur solche, in denen q falsch ist. Die Zusammenschaltung dieser Einzelelemente wird so angelegt, daß sie insgesamt nur von den Belegungen durchlaufen werden kann, für die der betreffende Ausdruck wahr wird. Wir erhalten so die Fig. 1.4. Die linke der beiden unteren Schaltungen und der erste Schaltteil der rechten halten allein die Belegung WF zurück. Sie darf oben nicht passieren, da p wahr ist, unten nicht, da q falsch ist. In der rechten Figur wird durch den zweiten Schaltteil außerdem noch die Belegung FW zurückgehalten.

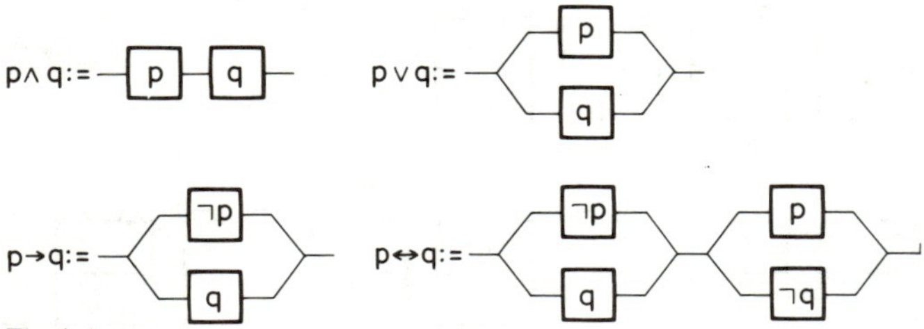

$p \wedge q := $ ▭p▭ ▭q▭ $p \vee q := $ ⟨p / q⟩

$p \rightarrow q := $ ⟨¬p / q⟩ $p \leftrightarrow q := $ ⟨¬p / q⟩—⟨p / ¬q⟩

Fig. 1.4

Aufgabe 1.4 a) Zeigen Sie, daß auch

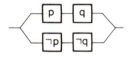

eine Torschaltung für $p \leftrightarrow q$ ist und entwickeln Sie entsprechend zwei verschiedene Torschaltungen für $p \veebar q$.
b) Zeigen Sie 1) an den „durchkommenden" bzw. „zurückgehaltenen" Belegungen, 2) durch Wahrheitstafeln, daß $p \veebar q$ und $p \leftrightarrow q$ voneinander logische Gegenteile sind.

Zur Gewöhnung an die Torschaltungen vergleichen wir die Schaltungen für die Ausdrücke $(p \vee q) \wedge r$ und $(p \wedge r) \vee (q \wedge r)$ (Fig. 1.5). Man überblickt sofort, daß beide Schal-

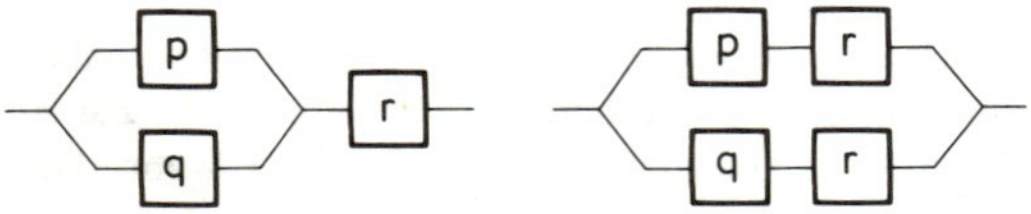

⟨p / q⟩—▭r▭   ⟨▭p▭▭r▭ / ▭q▭▭r▭⟩

$(p \vee q) \wedge r$ $(p \wedge r) \vee (q \wedge r)$

Fig. 1.5

tungen die Belegungen WWW, WFW, FWW durchlassen. Die erste kann auf beiden Wegen (oben und unten) passieren, die beiden anderen haben jede ihren eigenen Weg für sich.

1.2.5 Wahrheitsfelder

Zur Darstellung von Ausdrücken eignet sich jede Menge (aus 4 bzw. 8 Elementen), deren Elemente sich übersichtlich den möglichen Belegungen der Ausdrücke zuordnen

1.2 Darstellung zusammengesetzter Aussagen   19

lassen (vgl. (1.14) und (1.15)). Eine anschauliche Darstellung liefern die „Wahrheitsfelder". Wir zeichnen zunächst ein Rechteck A. Im Fall einer Variablen ziehen wir darin eine geschlossene Linie P. Sie zerlegt G in zwei Teilflächen — das Innere bzw. das Äußere von P. Die Zuordnung von W bzw. F zu den beiden Flächen wird in Fig. 1.6 angegeben. Bei zwei Variablen ziehen wir zwei geschlossene Linien in G, die sich überschneiden. Wir gewinnen so vier Felder. Wir erhalten 8 Felder, wenn wir im Fall von 3 Variablen p, q, r drei geschlossene Linien P, Q, R ziehen (vgl. Fig. 1.6b bzw. c). Die Zuordnung der entstehenden Felder zu den Belegungen folgt konsequent aus Fig. 1.6a.

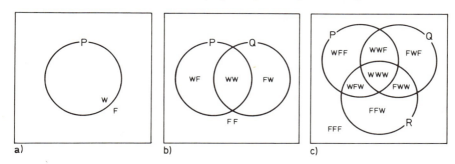

Fig. 1.6

Zur Darstellung der Wahrheitswerte eines Ausdrucks s kreuzen wir genau die Felder an, die zu den Belegungen gehören, bei denen s wahr wird. Wir gewinnen so das Wahrheitsfeld von s, das sich aus den angekreuzten Feldern zusammensetzt. Wir erhalten so die Fig. 1.7.

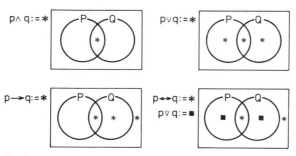

Fig. 1.7

In einem Beispiel für die Untersuchung mit Wahrheitsfeldern als Darstellungsmittel sollen die beiden Ausdrücke (p ∨ q) ∧ r und (p ∧ r) ∨ (q ∧ r) verglichen werden. Wir kennzeichnen im linken Feld von Fig. 1.8 der Reihe nach die Wahrheitsfelder für p ∨ q, r und dann das für (p ∨ q) ∧ r. Hierbei erhalten alle diejenigen Felder eine Marke, die in beiden ersten Schritten markiert wurden. Rechts kennzeichnen wir in den beiden

20 1 Aussagenlogik

A ersten Schritten die Felder für p ∧ r und für q ∧ r und dann im dritten Schritt diejenigen, die mindestens eine Marke tragen.

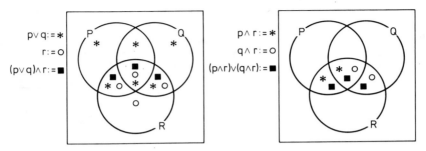

Fig. 1.8

Zu beiden Ausdrücken gehören dieselben Wahrheitsfelder.

Aufgabe 1.5 Untersuchen Sie mit Torschaltungen (vgl. Fig. 1.5) und Wahrheitsfeldern (vgl. Fig. 1.8) die beiden Ausdrücke

(p ∧ q) ∨ r   bzw.   (p ∨ r) ∧ (q ∨ r).

1.3 Logische Formeln

Die erste hier zu stellende Frage lautet: „Auf wieviel Arten lassen sich in der Spalte einer Wahrheitstafel die Buchstaben W und F verteilen?" Die Antwort gibt an, wieviel verschiedene Ausdrücke es gibt. Bei zwei Variablen treten vier Belegungen und insgesamt 16 verschiedene Verteilungen von Wahrheitswerten auf (vgl. Fig. 1.9).

Belegungen		Wahrheitswertverteilungen (zugehörige Ausdrücke sind durch s_i abgekürzt)															
p	q	s_1	s_2	s_3	s_4	s_5	s_6	s_7	s_8	s_9	s_{10}	s_{11}	s_{12}	s_{13}	s_{14}	s_{15}	s_{16}
W	W	W	W	W	W	W	W	W	F	F	F	F	F	F	F	F
W	F	W	W	W	W	F	F	F	F	W	W	W	W	F	F	F	F
F	W	W	W	F	F	W	W	F	F	W	W	F	F	W	W	F	F
F	F	W	F	W	F	W	F	W	F	W	F	W	F	W	F	W	F

Fig. 1.9

Bei drei Variablen wächst die Zahl der Belegungen auf $2^3 = 8$ und die Zahl der möglichen verschiedenen Spalten auf 256. Andererseits ist es möglich, beliebig viel Ausdrücke zu bilden. Dabei kann man ganz formal vorgehen und mit Hilfe von Klammern

1.3 Logische Formeln   21

und den eingeführten Junktoren immer kompliziertere Ausdrücke aufbauen, z. B.

$$[(q \leftrightarrow r) \vee p] \rightarrow [\{(p \wedge q) \vee r\} \leftrightarrow \{(p \vee q) \wedge r\}]. \qquad (1.16)$$

Wir werden also viele, äußerlich total verschiedene Ausdrücke angeben können, deren Wahrheitswertverteilungen übereinstimmen. Da es bei zwei Variablen nur 16, bei drei Variablen nur 256 verschiedene Wahrheitswertverteilungen gibt, muß es Ausdrücke geben, deren Wahrheitswertverteilungen übereinstimmen. Trifft es für zwei Ausdrücke s und t[1]) zu, daß sie in der Wahrheitstafel die gleiche Verteilung von Wahrheitswerten aufweisen, so nennen wir sie „äquivalent", wir schreiben

$$s \Longleftrightarrow t.$$

Wir können auch sagen, daß zwei Ausdrücke genau dann äquivalent sind, wenn sie dieselben Wahrheitsfelder besitzen. Torschaltungen, die zu äquivalenten Ausdrücken gehören, lassen dieselben Belegungen passieren.

Äquivalenzen können wir durch reines Probieren gewinnen. Dazu bestimmen wir für willkürlich zusammengestellte Ausdrücke die Wahrheitstafel.

Beispiel 1.5 Wir wollen versuchen, einen zu dem Ausdruck (1.16) äquivalenten zu finden. Zum Aufstellen der Wahrheitstafel benutzen wir die folgenden Abkürzungen[2])

$$v \Longleftrightarrow (q \leftrightarrow r) \vee p \qquad x \Longleftrightarrow \cdot(p \wedge q) \vee r$$
$$y \Longleftrightarrow (p \vee q) \wedge r \qquad u \Longleftrightarrow x \leftrightarrow y \qquad s \Longleftrightarrow v \rightarrow u$$

p	q	r	¬p	¬q	q ↔ r	v	p∧q	x	p∨q	y	u	s
W	W	W	F	F	W	W	W	W	W	W	W	W
W	W	F	F	F	F	W	W	W	W	F	F	F
W	F	W	F	W	F	W	F	W	W	W	W	W
W	F	F	F	W	W	W	F	F	W	F	W	W
F	W	W	W	F	W	W	F	W	W	W	W	W
F	W	F	W	F	F	W	F	F	W	F	W	W
F	F	W	W	W	W	W	F	W	F	F	F	F
F	F	F	W	W	W	W	F	F	F	F	W	W

Fig. 1.10

In diesem Fall, in dem nur einmal der Wert F auftaucht, ist es leicht möglich, einen äquivalenten Ausdruck zu erraten, es ist der Ausdruck t $\Longleftrightarrow$ (¬p ∨ ¬q) ∨ r, dessen

---

[1]) Für Ausdrücke benutzen wir die Variablen s, t, . . . , falls diese noch nicht als Aussagevariablen verbraucht wurden. Wenn nötig, geben wir in einer Klammer hinter der Variablen für einen Ausdruck an, mit Hilfe welcher Aussagevariablen er aufgebaut wurde. Hier hätten wir also s(p, q, r) $\Longleftrightarrow$ t(p, q, r) schreiben können.
[2]) Auch beim Einführen von Abkürzungen für längere Ausdrücke bedient man sich gern des Äquivalenzzeichens.

Wahrheitswertverteilung wir in der letzten Spalte mitaufgeführt haben. Es gilt also

$$[(q \leftrightarrow r) \vee p] \rightarrow [\{(p \wedge q) \vee r\} \leftrightarrow \{(p \vee q) \wedge r\} \iff (\neg p \vee \neg q) \vee r$$

Der Ausdruck s $\leftrightarrow$ t ist stets wahr, unabhängig von den Wahrheitswerten der Variablen p, q, r.
Wir sind auf die wichtige Kategorie „stetsgültiger" Ausdrücke gestoßen, die man auch „Tautologien" nennt. Äquivalenzen s $\iff$ t sind also stetsgültige Ausdrücke s $\leftrightarrow$ t.
Die anderen Ausdrücke, wie sie im Kopf der Tabelle in Fig. 1.10 auftauchen, haben Wahrheitswertverteilungen, in denen sowohl der Buchstabe W als auch der Buchstabe F auftaucht. Sie sind „teilgültig". Bilden wir das Negat eines stetsgültigen Ausdrucks, so erhalten wir einen „niegültigen" Ausdruck, dessen Wahrheitswert unabhängig von dem der aufbauenden Variablen stets F ist. Stetsgültige Ausdrücke setzen wir zu der Aussagenkonstanten w (wahr) äquivalent, niegültige zur Aussagenkonstanten f (falsch).

Beispiel 1.6

$[(p \wedge q) \vee q] \leftrightarrow q$	ist stets gültig, also	$[(p \wedge q) \vee q] \leftrightarrow q \iff w$
$(p \rightarrow q) \leftrightarrow (p \wedge \neg q)$	ist nie gültig, also	$(p \rightarrow q) \leftrightarrow (p \wedge \neg q) \iff f$
$(p \vee q) \leftrightarrow (p \wedge q)$	ist teilgültig.	

Das zeigt die Tabelle in Fig. 1.11.

p	q	$(p \wedge q) \vee q$	$p \rightarrow q$	$p \wedge \neg q$	$p \vee q$	$p \wedge q$
W	W	W	W	F	W	W
W	F	F	F	W	W	F
F	W	W	W	F	W	F
F	F	F	W	F	F	F

Fig. 1.11

Die Untersuchungen des letzten Abschnitts liefern uns bereits einige Äquivalenzen. So finden wir mit Hilfe von Fig. 1.2

$$\begin{aligned} p \leftrightarrow q &\iff (p \rightarrow q) \wedge (q \rightarrow p) \\ &\iff (p \vee \neg q) \wedge (q \vee \neg p) \\ &\iff (p \wedge q) \vee (\neg p \wedge \neg q) \end{aligned} \quad (1.17)$$

Aus Fig. 1.5 bzw. 1.8 und aus dem Ergebnis von Aufgabe 1.5 folgen die beiden wichtigen Äquivalenzen

$$(p \vee q) \wedge r \iff (p \wedge r) \vee (q \wedge r) \quad (p \wedge q) \vee r \iff (p \vee r) \wedge (q \vee r) \quad (1.18)$$

Stets gültige Ausdrücke nennt man (aussagenlogische) „Formeln".
Außer Äquivalenzen gibt es noch einen zweiten Formeltyp. Wir sind auf ihn schon sehr früh in (1.10) gestoßen. Dort fanden wir eine stets gültige Wenn-dann-Aussage. Man

1.3 Logische Formeln   23

nennt sie eine „Implikation". In ihnen ist s → t stets gültig, d. h. s → t ⟺ w. Wir
schreiben

$$s \Rightarrow t$$

und sagen „s impliziert t".

Ob s → t ⟺ w, d. h. s ⇒ t gilt, können wir an allen Darstellungen von s ablesen: In der Wahrheitstafel muß bei jeder Belegung, durch die s wahr wird, auch t wahr sein (aus Wahrem darf nichts Falsches folgen!) – die Torschaltung von t muß alle Türme passieren lassen, die auch bei der Schaltung von s durchkommen – das Wahrheitsfeld von s muß ganz im Innern des Wahrheitsfeldes von t liegen.

Beispiel 1.7 Wir stellen einige Implikationen und ihre mit verschiedenen Darstellungen geführten Begründungen zusammen:

a) p ∧ (p → q) ⇒ q   (s. Fig. 1.12)
b) ¬p ∧ (¬q → p) ⇒ q   (s. Fig. 1.13)   (1.19)
c) (p → q) ∧ (q → r) ⇒ (p → r)   (s. Fig. 1.14)

a)

p	q	p → q	p ∧ (p → q)	q	[(p ∧ (p → q)] → q
W	W	W	W	W	W
W	F	F	F	F	W
F	W	W	F	W	W
F	F	W	F	F	W

Fig. 1.12

Im Gegensatz zu Äquivalenzen treten hier also in den Spalten für s und t in s ⇒ t durchaus verschiedene Wahrheitswerte auf. Die Wahrheitswerte für s ⟺ p ∧ (p → q) finden wir in der 4. Spalte, die für s ⇒ q nochmals in der 6. Spalte. Es kommt vor, daß s ⟺ f und t ⟺ w, aber nie das Umgekehrte.

b)

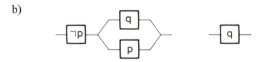

Fig. 1.13

Da keine Belegung den Weg über das Tor −[p]− (links unten im 2. Schaltteil) nehmen kann, weil dies durch das Tor [¬p] geschlossen wurde, kommen nur Belegungen durch, für die q wahr ist. Die Schaltung für t, die allein aus dem Tor [q] besteht, läßt also alle Belegungen durch, die auch die Schaltung für s durchläßt. Sie läßt aber auch die Belegung WW durch, die in der ersten Schaltung zurückgehalten wird. Also gilt s ⇒ t.

24   1 Aussagenlogik

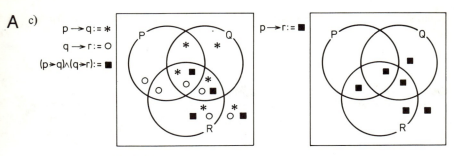

Fig. 1.14

In allen Feldern, in denen links das Zeichen ■ auftritt (hier ist s ⟺ (p → q) ∧ (q → r) ⟺ w), tritt auch rechts das Zeichen ■ auf, hier ist t ⟺ (p → r) wahr. Immer dann, wenn s wahr ist, ist also auch t wahr.

Aufgabe 1.6 Kreuzen Sie in den Wahrheitsfeldern an, welche Belegungen die folgenden Torschaltungen passieren dürfen.

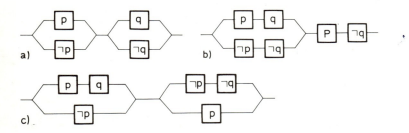

Aufgabe 1.7 Untersuchen Sie mit Hilfe der Torschaltungen und Wahrheitsfelder, welche der eingeführten Verknüpfungen mit Junktoren kommutativ sind.

Aufgabe 1.8 a) Zeigen Sie die Gültigkeit der folgenden Äquivalenzen mit Hilfe der Wahrheitstafeln und der Wahrheitsfelder

1.   ¬(p ∧ q) ⟺ ¬p ∨ ¬q
2.   ¬(p ∨ q) ⟺ ¬p ∧ ¬q

b) Negieren Sie die Aussagen

    r := Mindestens einer der beiden Hunde Bello oder Hektor ist bissig
    s := Die Zahlen 5 und 7 sind Primzahlen

in der folgenden Reihenfolge: Formalisieren, Negieren, Interpretieren.

Aufgabe 1.9 Gegeben sind die Ausdrücke

    s := ¬(p ∨ ¬q) ∨ (q ∧ ¬r),   t := ¬[(r ∨ p) ∨ ¬(¬p ∨ q)]

Formen Sie beide mit den Äquivalenzen aus Aufgabe 1.8 um und zeichnen Sie die entsprechenden Torschaltungen.

Aufgabe 1.10 Untersuchen Sie mit Hilfe von Wahrheitsfeldern die folgenden Äquivalenzen:

a) $\quad p \rightarrow (q \wedge r) \iff (p \rightarrow q) \wedge (p \rightarrow r)$
b) $\quad p \rightarrow (q \vee r) \iff (p \rightarrow q) \vee (p \rightarrow r)$
c) $\quad (p \wedge q) \rightarrow r \iff (p \rightarrow r) \vee (q \rightarrow r)$
d) $\quad (p \vee q) \rightarrow r \iff (p \rightarrow r) \wedge (q \rightarrow r)$

Aufgabe 1.11 Zeigen Sie mit Hilfe von Wahrheitsfeldern die Gültigkeit der folgenden Implikationen

a) $\quad p \Rightarrow p \vee q$
b) $\quad p \wedge q \Rightarrow p$
c) $\quad (p \vee q) \wedge (p \vee \neg q) \Rightarrow p$
d) $\quad (p \rightarrow q) \wedge (q \rightarrow r) \Rightarrow \neg p \vee r$
e) $\quad (p \vee q) \rightarrow (r \wedge t) \Rightarrow p \rightarrow r$
f) $\quad p \rightarrow r \Rightarrow (p \wedge q) \rightarrow (r \vee t)$

1.4 Junktoren und logische Ausdrücke

Definition 1.1 A u s s a g e n sind sprachliche Gebilde mit der für sie charakteristischen Eigenschaft, daß sie entweder wahr oder falsch sind.

Jede Aussage läßt sich also in genau eine von zwei Klassen einordnen, die Klasse der wahren oder die Klasse der falschen Aussagen — sie hat also entweder den Wahrheitswert wahr (W) oder den Wahrheitswert falsch (F). Aussagen lassen sich durch geeignete Bindewörter wie „und", „oder", „sobald" usw. zu komplexeren sprachlichen Gebilden zusammensetzen.

Definition 1.2 J u n k t o r e n sind Bindewörter zwischen Aussagen, durch deren Verknüpfung wieder eine Aussage entsteht, wobei der Wahrheitswert der zusammengesetzten Aussage allein vom Wahrheitswert der Einzelaussagen und nicht von deren inhaltlichen Bedeutung abhängt.

Definition 1.3 Mit dem Namen A u s d r u c k faßt man sowohl einzelne als auch zusammengesetzte Aussagen zusammen.

Um Junktoren und Ausdrücke zu untersuchen, brauchen wir nicht auf sprachlich konkret gegebene Aussagen zurückzugreifen, da bei einem Aufbau von Ausdrücken aus Aussagen oder Ausdrücken allein der Wahrheitswert der Bausteine und nicht ihr Inhalt bedeutungsvoll ist. Aus diesem Grund ersetzt man Aussagen bzw. Ausdrücke durch Variable. Meist wählt man die Buchstaben p, q, r, . . . Wir können diese Buchstaben als

B abkürzende Namen für Ausdrücke auffassen; denn dadurch wird nicht ausgeschlossen, daß wir die Variablen auch durch andere Ausdrücke ersetzen. Auch für Junktoren werden wir Abkürzungen einführen.

Definition 1.4 Das Zuordnen von Wahrheitswerten zu den einzelnen Ausdrucksvariablen in einem Ausdruck nennen wir B e l e g e n.

Bei drei Aussagevariablen p, q, r ist also z. B. das Tripel WFW eine Belegung. Ihr zufolge werden p und r als wahr, q dagegen als falsch angenommen. Die Aussagenlogik stellt sich nun die Aufgabe, die Wahrheitswerte von Ausdrücken in Abhängigkeit von
a) den Belegungen der auftretenden Variablen und
b) den verschiedenen Junktoren
zu untersuchen.

Satz 1.1 Ein Ausdruck mit n Aussagevariablen gestattet 2^n Belegungen.

B e w e i s. Bei einer Variablen gibt es die zwei Belegungen W, F. Bei zwei Variablen gibt es vier Belegungen: WW, WF, FW, FF. Bei drei Variablen erhalten wir doppelt so viel, also 2^3 Belegungen, da die vier angegebenen für die zwei ersten Variablen je mit der Belegung W und mit der Belegung F der dritten zusammentreten können. Mit jeder zusätzlichen Variablen verdoppelt sich die Anzahl der möglichen Belegungen in entsprechender Weise.

Definition 1.5 Das logische Gegenteil eines Ausdrucks s ist derjenige Ausdruck ¬s (gelesen: non s), der bei jeder möglichen Belegung einen Wahrheitswert annimmt, der dem von s entgegengesetzt ist.

Ein Junktor steht – wie z. B. das +-Zeichen in der Algebra zwischen zwei Zahlen steht – stets zwischen zwei Ausdrücken bzw. den Variablen s und t für diese Ausdrücke. Wir werden zwei Junktoren verschieden nennen, falls sie bei mindestens einer der vier möglichen Belegungen der durch sie verknüpften Variablen zu verschiedenen Wahrheitswerten führen. Die Bedeutung eines Junktors wird dadurch festgelegt, daß man den Wahrheitswert für jede Belegung von s und t angibt. Das geschieht z. B. tabellarisch durch Wahrheitstafeln (vgl. Fig. 1.1).

Die Bedeutungen der Junktoren „und" und „oder" sind aus ihrem Gebrauch in der Umgangssprache leicht zu entnehmen. In der Mathematik aber sind drei weitere Junktoren von großer Bedeutung, nämlich „wenn . . . , dann . . . ", „genau dann . . . , wenn . . . " und „entweder . . . , oder". Für die genannten Junktoren sind die folgenden Abkürzungen gebräuchlich

„p ∧ q" für „p und q",
„p ∨ q" für „p oder q",
„p → q" für „wenn p, dann q"
„p ↔ q" für „p genau dann, wenn q".
„p v̇ q" für „entweder p oder q"

1.4 Junktoren und logische Ausdrücke   27

Definition 1.6 Man nennt

p ∧ q   Konjunktion aus p und q
p ∨ q   Disjunktion aus p und q
p → q   Subjunktion aus p und q und
p ↔ q   Bisubjunktion aus p und q
p ∨̇ q   Alternative zwischen p und q

Den fünf genannten Junktoren gibt man die folgenden Bedeutungen (Fig. 1.15)

p	q	p ∧ q	p ∨ q	p → q	p ↔ q	p ∨̇ q
W	W	W	W	W	W	F
W	F	F	W	F	F	W
F	W	F	W	W	F	W
F	F	F	F	W	W	F
		(1)	(2)	(3)	(4)	(5)

Fig. 1.15

Definition 1.7 Zwei Ausdrücke s und t, die dieselben Wahrheitswertverteilungen haben, nennt man **äquivalent**, in Zeichen s ⟺ t. s ⟺ t gilt genau dann, wenn s ↔ t stets gültig ist.

Satz 1.2 Es gelten die folgenden Äquivalenzen

a)   p → q   ⟺   ¬p ∨ q
b)   p ↔ q   ⟺   (¬p ∨ q) ∧ (¬q ∨ p)   (1.20)
c)   ⟺   (p ∧ q) ∨ (¬p ∧ ¬q)

B e w e i s mit Hilfe der Wahrheitstafel Fig. 1.16.

p	q	¬p	¬q	¬p ∨ q	¬q ∨ p	(5) ∧ (6)	p ∧ q	¬p ∧ ¬q	(8) ∨ (9)
W	W	F	F	W	W	W	W	F	W
W	F	F	W	F	W	F	F	F	F
F	W	W	F	W	F	F	F	F	F
F	F	W	W	W	W	W	F	W	W
(1)	(2)	(3)	(4)	(5)	(6)	(7)	(8)	(9)	(10)

Fig. 1.16

Bemerkung 1.1 Die einzelnen Spalten in Fig. 1.16 gehen sämtlich auf die Spalten (1) und (2) in Fig. 1.15 zurück. Man achtet stets auf die Belegungen der Bestandteile der konjunktiv bzw. disjunktiv verbundenen Ausdrücke.

Bemerkung 1.2 Zum Beweis von a) vergleicht man die Spalte (3) von Fig. 1.15 mit der Spalte (5) von Fig. 1.16.

Die Behauptungen b) und c) erkennt man durch den Vergleich von Spalte (4) in Fig. 1.15 mit den Spalten (7) bzw. (10) von Fig. 1.16.

Satz 1.3 Es gibt 16 verschiedene Junktoren.

B e w e i s. Es gibt 16 verschiedene Verteilungen von Wahrheitswerten bei den vier möglichen Belegungen der beiden durch einen Junktor verbundenen Ausdrücke bzw. Variablen (vgl. Fig. 1.9). Jede Verteilung aber entspricht einem Junktor.

Diese 16 Junktoren werden aber weder in der Umgangssprache noch in der Logik mit Wörtern bzw. mit Kürzeln ausgedrückt. Das hängt mit dem folgenden Satz zusammen.

Satz 1.4 Jeder der 16 Junktoren läßt sich allein mit Hilfe der Verneinung und den beiden Junktoren „∧" und „∨" ausdrücken.

B e w e i s. Durch Aufzählung aller Möglichkeiten. Wir betrachten Fig. 1.9. Für die Ausdrücke s_1, s_4, s_6, s_{11}, s_{13} und s_{16} benötigen wir neben der Verneinung sogar nur eine einzige Variable:

$$s_1 \iff p \vee \neg p \iff w, \quad s_4 \iff p, \quad s_6 \iff q, \quad s_{11} \iff \neg q,$$
$$s_{13} \iff \neg p, \quad s_{16} \iff p \wedge \neg p \iff f$$

Ausdrücke mit einem F-Wert lassen sich sämtlich als Disjunktionen schreiben:

$$s_2 \iff p \vee q, \quad s_3 \iff p \vee \neg q, \quad s_5 \iff \neg p \vee q, \quad s_9 \iff \neg p \vee \neg q.$$

Ausdrücke mit einem W-Wert lassen sich sämtlich als Konjunktionen schreiben:

$$s_8 \iff p \wedge q, \quad s_{12} \iff p \wedge \neg q, \quad s_{14} \iff \neg p \wedge q, \quad s_{15} \iff \neg p \wedge \neg q.$$

Die beiden restlichen Ausdrücke sind Bisubjunktionen:

$$s_7 \iff p \leftrightarrow q \quad \text{und} \quad s_{10} \iff p \leftrightarrow \neg q \iff p \dot\vee q$$

Nach (1.20) können wir Bisubjunktionen selbst noch (sogar auf zwei Arten) mit Hilfe der Junktoren ∧ bzw. ∨ schreiben, wenn wir auch hier noch die Hilfe der Negation in Anspruch nehmen.

Satz 1.5 Es gelten die Regeln von de Morgan

a) $\neg(p \wedge q) \iff \neg p \vee \neg q$

b) $\neg(p \vee q) \iff \neg p \wedge \neg q$ (1.21)

B e w e i s. In der Fig. 1.9 sind Spalten, deren Indexsummen sich zu 17 ergänzen, jeweils logische Gegenteile voneinander. Das liegt an unserer Art der Aufschreibung. Daraus folgt z. B.

$$\neg s_8 \iff s_9 \quad \text{und} \quad \neg s_2 \iff s_{15}$$

Das aber sind gerade die aufgeschriebenen Regeln.

1.4 Junktoren und logische Ausdrücke

Bemerkung 1.3 Da sowohl s_5 und s_{12} als auch s_7 und s_{10} logische Gegenteile voneinander sind, verneint man eine Subjunktion (wegen $p \to q \iff \neg p \lor q$) bzw. eine Bisubjunktion in der folgenden Form

$$\neg(p \to q) \iff p \land \neg q$$
$$\neg(p \leftrightarrow q) \iff p \leftrightarrow \neg q \iff \neg p \leftrightarrow q \iff p \,\dot\lor\, q.$$
(1.22)

Bemerkung 1.4 Zur Vereinfachung von Schreibweisen werden die folgenden **Klammerregeln** vereinbart. (Diese Klammerregeln wurden im bisherigen Text bereits eingesetzt.)

a) $\lor, \land$ bzw. $\to, \dot\lor, \leftrightarrow$ binden jeweils gleichstark,
b) $\lor, \land$ binden stärker als $\to, \leftrightarrow, \dot\lor$
c) $\to, \dot\lor, \leftrightarrow$ binden stärker als $\iff, \Rightarrow$.

Aufgabe 1.12 Verschärfen Sie Satz 1.4, indem Sie zeigen: „Jeder der 16 Junktoren läßt sich allein mit der Verneinung und einem der Junktoren $\lor$ oder $\land$ ausdrücken."

Aufgabe 1.13 Vergleichen Sie die Wahrheitsfelder von

a) $p \to q$
b) $q \to p$ (konverse Subjunktion von a))
c) $\neg p \to \neg q$ (inverse Subjunktion von a))
d) $\neg q \to \neg p$ (konverse inverse Subjunktion
    = inverse konverse Subjunktion
    = kontraponierte Subjunktion von a))

Aufgabe 1.14 Zeigen Sie, daß sich alle Junktoren durch allein einen Junktor, nämlich „weder p noch q", formalisiert durch $\downarrow$, darstellen lassen. Für ihn gilt die folgende Wahrheitstafel.

p	q	p $\downarrow$ q
W	W	F
W	F	F
F	W	F
F	F	W

(H i n w e i s : Probieren Sie, was Sie z. B. bei $p \downarrow p$, $(p \downarrow p) \downarrow (q \downarrow q)$ usw. erhalten.)

Aufgabe 1.15 Um eine Subjunktion bzw. eine Bisubjunktion auszudrücken, gibt es viele sprachliche Varianten. So sagt man z. B. für

$p \to q \;:=\;$ q, wenn p
  p genügt für q
  p ist hinreichend für q
  q ist notwendig falls p

B $p \leftrightarrow q$:= p dann und nur dann, wenn q
  p genau dann wenn q
  p ist notwendig und hinreichend für q
  wenn p, dann q und umgekehrt

Formulieren Sie die folgende Subjunktion und die Bisubjunktion mit den angegebenen Redewendungen:

„Mir genügt es, Urlaub zu haben, um fröhlich zu sein",

„Ich habe genau nur dann schlechte Laune, wenn ich nicht gut geschlafen habe oder wenn ich hungrig bin."

1.5 Umrechnen von Formeln, Äquivalenzen

Satz 1.6 Ersetzt man in einem Ausdruck s einen Teilausdruck u durch einen zu u äquivalenten v, so geht s in einen äquivalenten Ausdruck t über.

B e w e i s. Die Wahrheitswertverteilung von s ändert sich nicht. Sie hängt von der Wahrheitswertverteilung von u ab, die aber mit der von v übereinstimmt.

Einen derartigen Übergang von s zu t nennen wir „Umrechnen". Um in Beispielen Umrechnungen so weit wie möglich durchführen zu können, suchen wir zunächst noch mehr Äquivalenzen. In Abschn. 1.2 fanden wir im Zusammenhang mit Fig. 1.8 und Aufgabe 1.5 die unter (1.18) notierten **d i s t r i b u t i v e n G e s e t z e**

a) $(p \land q) \lor r \iff (p \lor r) \land (q \lor r)$

b) $(p \lor q) \land r \iff (p \land r) \lor (q \land r)$ (1.18)

von denen es in der Algebra nur eines gibt. Wie in der Algebra gelten hier aber kommutative und assoziative Gesetze.

Satz 1.7 Für die Junktoren $\land$, $\lor$ und $\leftrightarrow$ gelten die **k o m m u t a t i v e n u n d a s s o z i a t i v e n** Gesetze:

k o m m u t a t i v e Gesetze

$$\begin{aligned} p \land q &\iff q \land p \\ p \lor q &\iff q \lor p \\ p \leftrightarrow q &\iff q \leftrightarrow p \end{aligned} \quad (1.23)$$

a s s o z i a t i v e Gesetze

$$\begin{aligned} (p \land q) \land r &\iff p \land (q \land r) \\ (p \lor q) \lor r &\iff p \lor (q \lor r) \\ (p \leftrightarrow q) \leftrightarrow r &\iff p \leftrightarrow (q \leftrightarrow r) \end{aligned} \quad (1.24)$$

B e w e i s. (S. Aufgabe 1.7). Der Beweis des assoziativen Gesetzes für die Bisubjunktion gilt zugleich als Beispiel für eine Umrechnung:

1.5 Umrechnen von Formeln, Äquivalenzen

$(p \leftrightarrow q) \leftrightarrow r \overset{(1.20)}{\iff} \{(p \leftrightarrow q) \wedge r\} \vee \{\neg(p \leftrightarrow q) \wedge \neg r\}$

$\overset{(1.20),\,(1.22)}{\iff} \{[(p \wedge q) \vee (\neg p \wedge \neg q)] \wedge r\} \vee \{[(\neg p \wedge q) \vee (p \wedge \neg q)] \wedge \neg r\}$

$\overset{(1.18)}{\iff} \{[(p \wedge q) \wedge r] \vee [(\neg p \wedge \neg q) \wedge r]\} \vee \{[(\neg p \wedge q) \wedge \neg r] \vee [(p \wedge \neg q) \wedge \neg r]\}$

$\overset{(1.24)}{\iff} (p \wedge q \wedge r) \vee (\neg p \wedge \neg q \wedge r) \vee (\neg p \wedge q \wedge \neg r) \vee (p \wedge \neg q \wedge \neg r)$

B

Andererseits wird

$p \leftrightarrow (q \leftrightarrow r) \overset{(1.23)}{\iff} (r \leftrightarrow q) \leftrightarrow p$

Das ist der Ausdruck, von dem wir bei der vorgeführten Rechnung ausgegangen sind, lediglich r und p sind vertauscht. Daher erhalten wir auf analoge Weise

$p \leftrightarrow (q \leftrightarrow r) \iff (r \wedge q \wedge p) \vee (\neg r \wedge \neg q \wedge p) \vee (\neg r \wedge q \wedge \neg p) \vee (r \wedge \neg q \wedge \neg p).$

Das aber sind dieselben Teilausdrücke, wie wir sie bei der ersten Umrechnung erhalten haben — bis auf eine wegen (1.23) unerheblichen Umstellung sowohl der Klammern als auch ihrer inneren Bestandteile.

Aus der Äquivalenz $p \to q \iff \neg p \vee q$ und der Kommutativität von $\vee$ folgt die wichtige **Kontraposition**

$$p \to q \iff \neg q \to \neg p, \qquad (1.25)$$

denn $p \to q \iff \neg p \vee q \iff q \vee \neg p \iff \neg(\neg q) \vee \neg p \iff \neg q \to \neg p.$

Diese Äquivalenz ist sehr plausibel; denn wenn q aus p folgt, dann sind ¬q und p miteinander nicht verträglich.

Echte Verkürzungen von Ausdrücken bringen die folgenden Äquivalenzen:

Satz 1.8 Es gelten die **Absorptionsregeln**

a) $(p \wedge q) \vee q \iff (p \vee q) \wedge q \iff q$
b) $(p \wedge \neg q) \vee q \iff p \vee q; \quad (p \vee \neg q) \wedge q \iff p \wedge q$
(1.26)

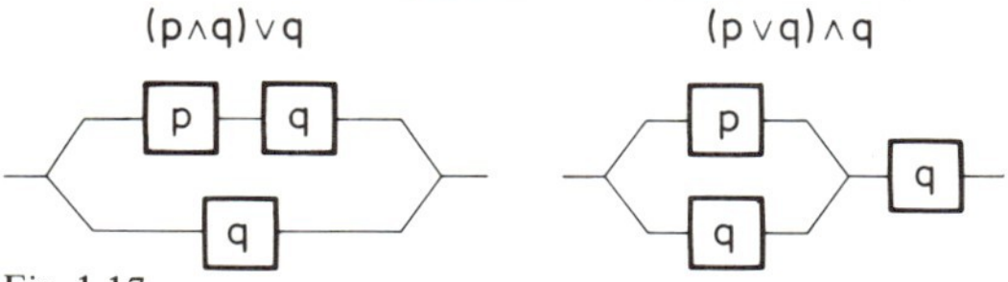

Fig. 1.17

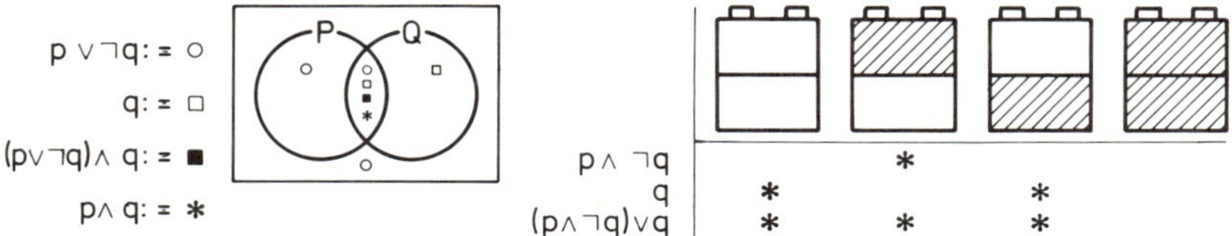

Fig. 1.18

Beweis. a) Mit Hilfe der Torschaltungen (Fig. 1.17). In beiden Fällen können wir so argumentieren: Da jede Belegung, die oben passieren kann, auch unten durchkommt, ist der obere Weg überflüssig.
b) Mit Hilfe der Wahrheitsfelder bzw. Wahrheitstürme (Fig. 1.18).

Satz 1.9 Es gelten die **erweiterten Absorptionsregeln**

$$(p \land q) \land (q \lor r) \iff p \land q$$
$$(p \land q) \lor (q \lor r) \iff q \lor r \tag{1.27}$$

Beweis. Durch Umrechnen

$$(p \land q) \land (q \lor r) \overset{(1.24)}{\iff} p \land [q \land (q \lor r)] \overset{(1.26)}{\iff} p \land q$$
$$(p \land q) \lor (q \lor r) \overset{(1.24)}{\iff} [(p \land q) \lor q] \lor r \overset{(1.26)}{\iff} q \lor r$$

Wir verfolgen diese Umrechnungen auch an den entsprechenden Torschaltungen (Fig. 1.19) und finden, daß sich die jeweils linke zu der rechts danebenstehenden vereinfachen läßt.

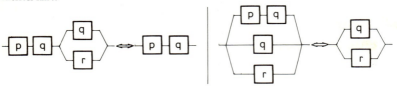

Fig. 1.19

Weitere interessante Äquivalenzen erhält man, wenn man distributive Gesetze im Zusammenhang mit → untersucht:

Satz 1.10

a) $\quad r \land (p \to q) \iff (r \to p) \to (r \land q)$

b) $\quad p \to (q \land r) \iff (p \to q) \land (p \to r)$

c) $\quad (p \to q) \lor r \iff p \to (q \lor r)$ \hfill (1.28)

d) $\quad (p \lor q) \to r \iff (p \to r) \land (q \to r)$

e) $\quad (p \land q) \to r \iff (p \to r) \lor (q \to r)$

Beweis. Durch Umrechnen:

a) $\quad r \land (p \to q) \iff r \land (\neg p \lor q)$
$\qquad\qquad\qquad \iff (r \land \neg p) \lor (r \land q)$
$\qquad\qquad\qquad \iff \neg(\neg r \lor p) \lor (r \land q)$
$\qquad\qquad\qquad \iff \neg(r \to p) \lor (r \land q)$
$\qquad\qquad\qquad \iff (r \to p) \to (r \land q)$

b) $p \to (q \wedge r) \iff \neg p \vee (q \wedge r)$
$\iff (\neg p \vee q) \wedge (\neg p \vee r)$
$\iff (p \to q) \wedge (p \to r)$

c) $(p \to q) \vee r \iff (\neg p \vee q) \vee r$
$\iff \neg p \vee (q \vee r)$
$\iff p \to (q \vee r)$

d) $(p \vee q) \to r \iff \neg(p \vee q) \vee r$
$\iff (\neg p \wedge \neg q) \vee r$
$\iff (\neg p \vee r) \wedge (\neg q \vee r)$
$\iff (p \to r) \wedge (q \to r)$

e) $(p \wedge q) \to r \iff \neg(p \wedge q) \vee r$
$\iff \neg p \vee \neg q \vee r$
$\iff \neg p \vee r \vee \neg q \vee r$
$\iff (p \to r) \vee (q \to r)$

Zur Gewinnung eines einfachen Beispiels für Umrechnungen betrachten wir

Beispiel 1.8 Kommissar Klug hat drei Tatverdächtige, die Herren P, Q und R. Er weiß aus sicherer Quelle:
1. Beteiligt waren P oder Q,
2. Beteiligt waren Q oder R,
3. Beteiligt waren R oder P.

Mit $p := P$ war Täter, $q := Q$ war Täter und $r := R$ war Täter erhalten wir formal

$(p \vee q) \wedge (q \vee r) \wedge (r \vee p) \iff s.$

Durch Umrechnen erhalten wir

$s \overset{(1.23)}{\iff} (q \vee p) \wedge (q \vee r) \wedge (p \vee r)$

$\overset{(1.18)}{\iff} [q \vee (p \wedge r)] \wedge (p \vee r)$

$\overset{(1.18)}{\iff} [q \wedge (p \vee r)] \vee [(p \wedge r) \wedge (p \vee r)]$

$\overset{(1.27)}{\iff} [q \wedge (p \vee r)] \vee (p \wedge r)$

$\overset{(1.18)}{\iff} (q \wedge p) \vee (q \wedge r) \vee (p \wedge r) \iff t$

Wir können also das Wissen des Kommissars auch so formulieren:

Es waren mindestens zwei der Herren P, Q, R beteiligt.

Die Richtigkeit der Umrechnung kontrollieren wir noch durch die Wahrheitsfelder (Fig. 1.20).

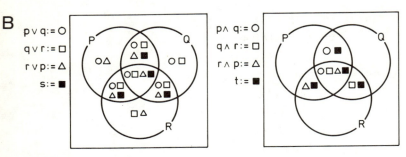

Fig. 1.20

Beispiel 1.9 Durch Umrechnung ist die folgende Äquivalenz zu beweisen: u ⟺ v mit

u ⟺ (p ∨ q ∨ r) ∧ (q ∨ r ∨ s) ∧ (r ∨ s ∨ p) ∧ (s ∨ p ∨ q)
v ⟺ (p ∧ q) ∨ (q ∧ r) ∨ (r ∧ s) ∨ (s ∧ p) ∨ (p ∧ r) ∨ (q ∧ s).

Durch Ausklammern von (q ∨ r) aus den beiden ersten bzw. von (s ∨ p) aus den beiden letzten Klammern von u erhalten wir

u ⟺ [(p ∧ s) ∨ (q ∨ r)] ∧ [(s ∨ p) ∨ (r ∧ q)].

Die eckigen Klammern lösen wir mit Hilfe des distributiven Gesetzes auf („gliedweises Malnehmen") und erhalten

[(p ∧ s) ∧ (s ∨ p)] ∨ [(p ∧ s) ∧ (r ∧ q)] ∨ [(q ∨ r) ∧ (s ∨ p)] ∨ [(q ∨ r) ∧ (r ∧ q)]

Hier wenden wir (1.27) auf die erste und die letzte Klammer an und erhalten (p ∨ s) bzw. (q ∨ r). Die Disjunktion dieser beiden Ausdrücke liefert zusammen mit der 2. eckigen Klammer nichts als diese allein. Die 3. eckige Klammer rechnen wir nochmals mit dem distributiven Gesetz um. Wir erhalten dann v.

Aufgabe 1.16 Versuchen Sie auf entsprechende Weise die Äquivalenz

u ⟺ (p ∧ q ∧ r) ∨ (q ∧ r ∧ s) ∨ (r ∧ s ∧ p) ∨ (s ∧ p ∧ q)
 ⟺ (p ∨ q) ∧ (q ∨ r) ∧ (r ∨ s) ∧ (s ∨ p) ∧ (p ∨ r) ∧ (q ∨ s) ⟺ v

zu beweisen.

Aufgabe 1.17 Beweisen Sie die Gültigkeit der in Satz 1.11 genannten Äquivalenzen.

Zur Untersuchung von Äquivalenzen (und Implikationen vgl. Abschn. 1.6) ist ein Auswertungsverfahren sehr praktisch, das sich auf die Äquivalenzen des folgenden Satzes stützt.

Satz 1.11 Im Zusammenhang mit den Aussagekonstanten w und f gelten die folgenden Äquivalenzen:

w ∧ s ⟺ s	w ∨ s ⟺ w	w → s ⟺ s	s → w ⟺ w	w ↔ s ⟺ s
f ∧ s ⟺ f	f ∨ s ⟺ s	f → s ⟺ w	s → f ⟺ ¬s	f ↔ s ⟺ ¬s

(1.29)

1.5 Umrechnen von Formeln, Äquivalenzen   35

B e w e i s. Siehe Aufgabe 1.17.

Wir zeigen die Anwendung des Auswertungsverfahrens an Beispielen:

Beispiel 1.10 Es ist nachzuweisen, daß die Bisubjunktion $s \leftrightarrow t$ eine Äquivalenz ist, wenn

$$s \Longleftrightarrow (q \vee r \rightarrow \neg p) \wedge (\neg p \vee \neg r \rightarrow q) \wedge (r \rightarrow p)$$
$$t \Longleftrightarrow \neg p \wedge q \wedge \neg r$$

Wir legen uns eine Tabelle an, in deren Kopf wir p, q, r, s und t schreiben. Dann bilden wir die Ausdrücke s(w, q, r) und t(w, q, r), indem wir in der 1. Zeile $p \Longleftrightarrow w$ setzen. Diese Zeile verändern wir dann durch Äquivalenzumformungen schrittweise, bis die neuen Ausdrücke vergleichbar werden. Ganz rechts in der Fig. 1.21 führen wir dann den Wahrheitswert der Bisubjunktion auf:

p	q	r	s	t	$s \leftrightarrow t$
W			$(q \vee r \rightarrow f) \wedge (f \vee \neg r \rightarrow q) \wedge (r \rightarrow w)$	$f \wedge q \wedge \neg r$	
			$\neg(q \vee r) \wedge (\neg r \rightarrow q)$	f	
			$\neg(q \vee r) \wedge (q \vee r)$	f	
			f	f	W
F			$(q \vee r \rightarrow w) \wedge (w \vee \neg r \rightarrow q) \wedge (r \rightarrow f)$	$q \wedge \neg r$	
			$w \wedge (w \rightarrow q) \wedge \neg r$	$q \wedge \neg r$	
			$q \wedge \neg r$	$q \wedge \neg r$	W

Fig. 1.21

Dabei haben wir in der 3. Zeile $\neg(q \vee r) \wedge (q \vee r) \Longleftrightarrow f$ gesetzt. Daher wird $s(w, q, r) \Longleftrightarrow f \Longleftrightarrow t(w, q, r)$. Unter dem Querstrich setzen wir für p die Aussagenkonstante f. Wir finden $s(f, q, r) \Longleftrightarrow q \wedge \neg r \Longleftrightarrow t(f, q, r)$. In den beiden Fällen ($p \Longleftrightarrow w$ bzw. $p \Longleftrightarrow f$) finden wir $s \Longleftrightarrow t$.

Nicht immer kommen wir mit dem Konstanthalten einer Variablen — wie im durchgeführten Beispiel dem Konstanthalten von p — aus. Das zeigt

Beispiel 1.11 Es ist die Äquivalenz der beiden Ausdrücke

$$u \Longleftrightarrow (p \wedge q \wedge r) \vee (q \wedge r \wedge s) \vee (r \wedge s \wedge p) \vee (s \wedge p \wedge q)$$

und
$$v \Longleftrightarrow (p \vee q) \wedge (q \vee r) \wedge (r \vee s) \wedge (s \vee p) \wedge (p \vee r) \wedge (q \vee s)$$

nachzuweisen (vgl. Aufgabe 1.16).
Der Nachweis erfolgt in Fig. 1.22, dabei wird von den Absorptionsregeln Gebrauch gemacht.

p	q	r	u	v	u ↔ v
W			$(q \land r) \lor (q \land r \land s) \lor (r \land s) \lor (s \land q)$	$(q \lor r) \land (r \lor s) \land (q \lor s)$	
			$(q \land r) \lor (r \land s) \lor (s \land q)$		
	W		$r \lor (r \land s) \lor s$	$r \lor s$	
			$r \lor s$	$r \lor s$	W
	F		$f \lor (r \land s)$	$r \land (r \lor s) \land s$	
			$r \land s$	$r \land s$	W
F			$f \lor (q \land r \land s) \lor f$	$q \land (q \lor r) \land (r \lor s) \land s \land r \land (q \lor s)$	
			$q \land r \land s$	$q \quad \land \quad s \land (q \lor s) \land r$	
			$q \land r \land s$	$q \quad \land \quad s \quad \land \quad r$	W

Fig. 1.22

Aufgabe 1.18 Wenden Sie den Regelsatz von Satz 1.11 zur schrittweisen Verkürzung der folgenden Ausdrücke an:

a) $[(p \lor q) \to f] \leftrightarrow [(p \land q) \dot\lor f] \land [(w \dot\lor q) \to p] \lor [(w \land f) \land (w \lor f)]$
b) $[[(p \leftrightarrow w) \dot\lor (f \to q)] \to f] \dot\lor (p \lor w) \leftrightarrow [(q \land f) \dot\lor (w \land q)] \lor (p \leftrightarrow f)$

Aufgabe 1.19 Untersuchen Sie mit Hilfe des Auswertungsverfahrens
a) die Äquivalenzen des Satzes 1.10
b) die Äquivalenz der Ausdrücke s und t in Beispiel 1.8
c) die Äquivalenz der Ausdrücke u, v des Beispiels 1.9

*Aufgabe 1.20 Untersuchen Sie mit Hilfe des Auswertungsverfahrens für welche Belegungen die folgenden Aussagen wahr werden:

a) $(p \to q) \to [p \leftrightarrow (q \lor r)] \lor [q \dot\lor (p \land r)]$
b) $[(p \land r) \lor (q \land r)] \to (p \lor q) \land [p \leftrightarrow q \lor (\neg p \to \neg q)]$
c) $[(p \to q) \lor (q \to r)] \leftrightarrow [(r \to \neg p) \lor (\neg q \to r)]$

Aufgabe 1.21 Untersuchen Sie die Implikationen des Satzes 1.11.

1.6 Implikationen und Schlußfiguren

In Abschn. 1.3 wurden wir neben Äquivalenzen noch auf andere logische Formeln aufmerksam, die wir Implikationen nannten (vgl. (1.19)).

Definition 1.8 Haben die Wahrheitswertverteilungen von zwei Ausdrücken v und s die Eigenschaft, daß bei jeder Belegung, für die v wahr wird, auch s wahr wird, so schreibt man v ⇒ s und nennt v ⇒ s eine I m p l i k a t i o n. v ⇒ s gilt also genau dann, wenn v → s stetsgültig ist.

1.6 Implikationen und Schlußfiguren

Im Zusammenhang mit Implikationen gilt der folgende Satz:

Satz 1.12 a) Ist $(v \Rightarrow s) \wedge (s \Rightarrow k)$, so gilt auch $v \Rightarrow k$.
b) Ist $(u \Leftrightarrow v) \wedge (v \Rightarrow k)$, so gilt auch $u \Rightarrow k$.

B e w e i s. a) $v \Rightarrow s$ zieht stets $v \to s$ nach sich, da $\Rightarrow$ als stetsgültige Subjunktion definiert wurde. Also gilt mit $v \Rightarrow s$ und $s \Rightarrow k$ sicher $(v \to s) \wedge (s \to k)$ und damit nach (1.19c) $v \to k$. Da $(v \to s) \wedge (s \to k)$ aber für jede Belegung wahr ist, muß auch $v \to k$ für jede Belegung wahr sein, also gilt $v \Rightarrow k$.
b) Jede Belegung, die u zu einer wahren Aussage macht, macht auch v zu einer wahren Aussage, also gilt $u \Rightarrow v$ und $v \Rightarrow k$. Also können wir Satz 1.12a anwenden.

Definition 1.9 Einen Übergang von v auf s mit Hilfe der Implikation $v \Rightarrow s$ nennen wir eine A b l e i t u n g oder auch kurz einen S c h l u ß von v auf s.
Meistens besteht v aus konjunktiv verbundenen Einzelausdrücken (vgl. die folgenden Beispiele)

$$v \Leftrightarrow p_1 \wedge p_2 \wedge p_3 \wedge \ldots \wedge p_n.$$

In einem solchen Fall schreiben wir den Schluß von v auf s in Form einer S c h l u ß - f i g u r :

$$\begin{array}{c} p_1 \\ p_2 \\ \vdots \\ \underline{p_n} \\ s \end{array}$$

Darin sind die Ausdrücke p_i die P r ä m i s s e n (oder V o r a u s s e t z u n g e n) und s nennt man K o n k l u s i o n (oder S c h l u ß f o l g e r u n g).
Die Bedeutung des Schließens besteht darin, daß jede aus wahren Prämissen abgeleitete Schlußfolgerung selbst wahr sein muß.
Vor der Diskussion von Beispielen stellen wir zunächst einfache und auch früher gewonnene Implikationen mit den aus ihnen folgenden Schlußfiguren zusammen.
Unmittelbar einsichtig sind die beiden Implikationen

$$p \wedge q \Rightarrow p \quad \text{und} \quad p \Rightarrow q \vee p$$

Sie führen zu den Schlußfiguren

Separationsschluß	Adjunktionsschluß
$\dfrac{p \wedge q}{p}$	$\dfrac{p}{p \vee q}$

(1.30)

Mit Satz 1.12 und den Äquivalenzen (1.28b und d) gewinnen wir die Implikationen

$p \to (q \wedge r) \Rightarrow (p \to q) \wedge (p \to r) \Rightarrow p \to r$, d. h. $p \to (q \wedge r) \Rightarrow p \to r$
$(p \vee q) \to r \Rightarrow (p \to r) \wedge (q \to r) \Rightarrow p \to r$, d. h. $(p \vee q) \to r \Rightarrow p \to r$

B und damit die

verallgemeinerten Separationsschlüsse

$$\frac{p \to (q \land r)}{p \to r} \quad \text{bzw.} \quad \frac{(p \lor q) \to r}{p \to r} \tag{1.31}$$

die ihrerseits Sonderfälle des

allgemeinen Separationsschlusses

$$\frac{(p \lor q) \to (r \land s)}{p \to r} \tag{1.32}$$

sind.

Zu diesen Formeln gibt es Parallelformen, nämlich

$$p \to r \;\Rightarrow\; (p \land q) \to r \quad \text{bzw.} \quad p \to r \;\Rightarrow\; p \to (r \lor s)$$

und allgemein

$$p \to r \;\Rightarrow\; (p \land q) \to (r \lor s)$$

die zu den

verallgemeinerten Adjunktionsschlüssen

$$\frac{p \to r}{(p \land q) \to r} \quad \text{bzw.} \quad \frac{p \to r}{p \to (r \lor s)} \tag{1.33}$$

und dem

allgemeinen Adjunktionsschluß

$$\frac{p \to r}{(p \land q) \to (r \lor s)} \tag{1.34}$$

führen.

Wir beweisen die den Schlüssen (1.32) und (1.34) zugrunde Implikationen durch das Auswertungsverfahren.

Satz 1.13 Es gelten die Implikationen

a) $\quad (p \lor q) \to (r \land s) \;\Rightarrow\; p \to r$
b) $\quad p \to r \;\Rightarrow\; (p \land q) \to (r \lor s)$ \hfill (1.35)

B e w e i s. Mit Hilfe des Auswertungsverfahrens (s. Fig. 1.23).

1.6 Implikationen und Schlußfiguren

B

a)

p q r s	$[(p \lor q) \to (r \land s)] \to [p \to r]$	
W	$[w \to (r \land s)] \to (w \to r)$ $r \land s \to r$	W
F	$[q \to (r \land s)] \to w$	W

b)

p q r s	$[p \to r] \to [(q \land p) \to (r \lor s)]$	
W	$r \to [q \to (r \lor s)]$ $r \to [\neg q \lor r \lor s]$	W
F	$w \to w$	W

Fig. 1.23

Schließlich liefern die Implikationen (1.19) die folgenden Schlüsse (Fig. 1.36):

Abtrennungsschluß	Widerspruchsschluß	Kettenschluß
p $p \to q$	$\neg p$ $\neg q \to p$	$p \to q$ $q \to r$
q	q	$p \to r$

(1.36)

Formal sind Abtrennungsschluß und Widerspruchsschluß gleichwertig; denn kontraponiert man die zweite Zeile im Widerspruchsschluß, so entsteht

$\neg p$
$\neg p \to q$
―――
q

und das ist der Abtrennungsschluß (in dem lediglich p durch $\neg p$ ersetzt wurde, es steht mir aber frei, eine Aussage mit p oder mit $\neg p$ zu formalisieren). Der Widerspruchsschluß spielt in der Mathematik eine große Rolle. Das liegt daran, daß es oft sehr viel leichter ist $\neg q \to p$ als die kontraponierte Subjunktion $\neg p \to q$ zu beweisen. Auch aus dem Kettenschluß läßt sich ein Widerspruchsschluß entwickeln, der eine noch größere Rolle spielt als der erste. Dazu identifizieren wir im Spezialfall r mit $\neg p$. Dann folgt

$p \to q$
$q \to \neg p$
―――
$p \to \neg p$

Da $p \to \neg p$ aber zu $\neg p \lor \neg p \iff \neg p$ aufgelöst werden kann, erhalten wir nach einer Kontraposition der zweiten Zeile den neuen Widerspruchsbeweis

$p \to q$
$p \to \neg q$
―――
$\neg p$

(1.37)

B Wir stellen die bisher gewonnenen Schlußfiguren in einer Übersicht zusammen (Fig. 1.24).

1. Separationsschlüsse

$$\frac{p \wedge q}{p} \qquad \frac{p \to q \wedge r}{p \to r} \qquad \frac{p \vee q \to r}{p \to r} \qquad \frac{p \vee q \to r \wedge s}{p \to r}$$

2. Adjunktions- und Konjunktionsschlüsse

$$\frac{p}{p \vee q} \qquad \frac{p \to r}{p \wedge q \to r} \qquad \frac{p \to r}{p \to r \vee s} \qquad \frac{p \to r}{p \wedge q \to r \vee s}$$

3. Abtrennungsschluß   4. Kettenschluß   5. Widerspruchsschlüsse

$$\frac{\begin{array}{c}p\\p \to q\end{array}}{q} \qquad \frac{\begin{array}{c}p \to q\\q \to r\end{array}}{p \to r} \qquad \frac{\begin{array}{c}\neg p\\\neg q \to p\end{array}}{q} \qquad \frac{\begin{array}{c}p \to q\\p \to \neg q\end{array}}{\neg p}$$

Fig. 1.24

Zum Schluß des Kapitels wollen wir den Einsatz der Schlußfiguren an einigen Beispielen illustrieren.

Beispiel 1.12 Von den Türmen aus 4 Etagen, Farben blau oder rot, hat sich A einen ausgesucht, den B erraten soll. A liefert dazu die folgenden Aussagen
1. Falls in meinem Turm die 1. und die 4. Etage rot sind, dann ist die 3. Etage blau,
2. Falls die 3. Etage blau, oder die 4. Etage rot ist, dann ist die 2. Etage blau,
3. Ist aber die untere Etage blau, so ist die 2. rot,
4. Die oberste Etage ist rot.

Zur Formalisierung ordnen wir den vier Etagen von unten nach oben die Variablen p, q, r, s zu und den Farben die Wahrheitswerte (blau := W, rot := F). Dann lauten die Formalisierungen:

$$P_1 \iff \neg p \wedge \neg s \to r, \qquad P_2 \iff r \vee \neg s \to q$$
$$P_3 \iff p \to \neg q \qquad P_4 \iff \neg s.$$

P_1, P_2, P_3 und P_4 sind die Prämissen — welche Schlußfolgerungen können wir aus ihnen ziehen? Eine große Hilfe sind hier Torschaltungen (Fig. 1.25), die meist schnell deutlich machen, welche Prämissen wir miteinander zu möglichen Schlußfolgerungen verknüpfen können.

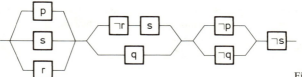

Fig. 1.25

1.6 Implikationen und Schlußfiguren   41

Wegen des 4. Schaltgliedes konnte der Turm im zweiten Schaltglied nur unten laufen, also gilt q. Wegen des 3. Schaltgliedes gilt dann notwendig ¬p und schließlich wegen des ersten r. Der gesuchte Turm hat also von unten nach oben die Farben rot, blau, blau, rot.

Nach dieser Beweisskizze können wir auf die genannten Konklusionen schließen. Dazu legen wir uns eine fortlaufende Schlußfigur an, die sich an der Beweisskizze orientiert:

P_1: ¬p ∧ ¬s → r   ⟹ ¬(¬p ∧ ¬s) ∨ r   ⟺   p ∨ s ∨ r
P_2: r ∨ ¬s → q
P_3: p → ¬q
P_4: ¬s

(1): ¬s → q   Separation aus P_2
(2): q   Abtrennung aus P_4 und (1)
(3): q → ¬p   Kontraposition P_3
(4): ¬p   Abtrennung aus (3) und (2)
(5): ¬p ∧ ¬s   Adjunktion aus P_4 und (4)
(6): r   Abtrennung aus P_1 und (5)
(7): ¬s ∧ q ∧ ¬p ∧ r Konjunktion aus P_4, (2), (4) und (6)

Die Zeilen (1) bis (7) sind Schlußfolgerungen. Wir haben aber die auf sie führenden Einzelschlüsse nicht hingeschrieben, dafür aber die Schlußfigur genannt und die in ihr vertretenen Prämissen rechts in der betreffenden Zeile angegeben.

Beispiel 1.13 In einem zweiten Türmerätsel benutzen wir die 8 Wahrheitstürme von Fig. 1.3, schraffiert: rot, unschraffiert: blau. Textvorgabe:

1. Falls der Turm in der Mitte oder oben blau ist, dann ist er unten rot.
2. Ist er aber unten rot oder oben rot, dann ist er in der Mitte blau.
3. Falls er oben blau ist, dann ist er auch unten blau.

1. S c h r i t t. Formalisieren: P_1 ⟺ q ∨ r → ¬p
                                    P_2 ⟺ ¬p ∨ ¬r → q
                                    P_3 ⟺ r → p

2. S c h r i t t. Aufzeichnen der Torschaltung (Fig. 1.26):

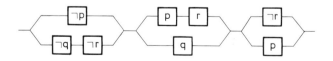

Fig. 1.26

3. S c h r i t t. Ablesen einer Beweisskizze aus der Torschaltung: Ein Turm, der im 1. Schaltelement unten durchkommt, bleibt im 2. stecken. Ein Turm der überhaupt durchkommt, ist also unten rot. (Lösungsschritte (1) bis (7).) Das 3. Schaltelement liefert sofort ¬r und daraufhin das 2. q (Lösungsschritte (8) bis (11)).

4. S c h r i t t. Beweisdurchführung

$P_1: q \vee r \to \neg p$
$P_2: \neg p \vee \neg r \to q$
$P_3: r \to p$

(1):	$p \to \neg q \wedge \neg r$	Kontraposition P_1
(2):	$\neg q \to p \wedge r$	Kontraposition P_2
(3):	$p \to \neg q$	Separation aus (1)
(4):	$\neg q \to r$	Separation aus (2)
(5):	$p \to r$	Kettenschluß aus (3) und (4)
(6):	$p \to \neg r$	Separation aus (1)
(7):	$\neg p$	Widerspruch aus (5) und (6)
(8):	$\neg p \to \neg r$	Kontraposition P_3
(9):	$\neg r$	Abtrennung (7) und (8)
(10):	$\neg p \vee \neg r$	Adjunktion zu (7)
(11):	q	Abtrennung P_2 und (10)
S: (12):	$\neg p \wedge \neg r \wedge q$	Adjunktion aus (7), (9), (11).

Vergleichen Sie jetzt bitte mit dem Beispiel 1.10.

Beispiel 1.14 In unserem letzten Beispiel handelt es sich um eine Lügengeschichte. Die 3 Damen A, B und C sind notorische Lügner oder strikte Wahrheitsfanatiker. Sie geben die folgenden Erklärungen ab:

A sagt: „Ich sage die Wahrheit"

B sagt: „C lügt oder A lügt"

C sagt: „B und A sagen die Wahrheit"

Beim Formalisieren müssen wir bedenken, daß jede der drei Damen sowohl lügen, als auch die Wahrheit sagen kann. Betrachten wir den Fall der Dame A. Ihre Aussage ist eine Tautologie, wir erfahren nichts von ihr. Anders bei der Dame B. Sagt sie die Wahrheit, so ist ihre Aussage wahr, lügt sie, so ist ihre Aussage falsch. Setzen wir also beim Formalisieren b := B sagt die Wahrheit und ¬b := B lügt (und entsprechend bei A bzw. C), so lautet die Formalisierung

$$b \leftrightarrow \neg c \vee \neg a \iff (b \to \neg c \vee \neg a) \wedge (\neg b \to \neg(\neg c \vee \neg a))$$

Auch durch C erhalten wir zwei Teilaussagen, so daß dies die Formalisierung wird:

$P_1: b \to \neg c \vee \neg a$
$P_2: \neg b \to a \wedge c$
$P_3: c \to a \wedge b$
$P_4: \neg c \to \neg a \vee \neg b$

Sie führt zu der Torschaltung in Fig. 1.27.

Hier betrachten wir zunächst die Glieder 2 und 3. Ein Turm kann sie nur passieren,

1.6 Implikationen und Schlußfiguren   43

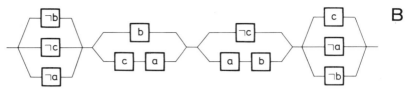

Fig. 1.27

falls für ihn b gilt. Aus b folgt aber aus dem 1. Glied $\neg c \vee \neg a$ und daraus mit Hilfe des 3. Schaltelementes $\neg c$; daraus dann mit Hilfe des letzten Schaltteils $\neg a$, also insgesamt $b \wedge \neg c \wedge \neg a$.

(1): $\neg b \rightarrow c$ Separation aus P_2
(2): $c \rightarrow b$ Separation aus P_3
(3): $\neg b \rightarrow \neg c$ Kontraposition von (2)
(4): b Widerspruch (1) und (3)
(5): $\neg c \vee \neg a$ Abtrennung (4) und P_1
(6): $c \rightarrow \neg a$ Äquivalenzumformung (5)
(7): $c \rightarrow a$ Separation aus P_3
(8): $\neg c$ Widerspruch aus (6) und (7)
(9): $\neg a \vee \neg b$ Abtrennung (8) und P_4
(10): $b \rightarrow \neg a$ Äquivalenzumformung (9)
(11): $\neg a$ Abtrennung (4) und (10)
(12): $b \wedge \neg c \wedge \neg a$ Konjunktion aus (4), (8), (11).

Die einzige Wahrheitsfanatikerin ist also B, A und C sind Lügnerinnen.

Aufgabe 1.22 Begründen Sie die Korrektheit der folgenden Schlußfiguren.

a) $\dfrac{p \rightarrow f}{\neg p}$ b) $\dfrac{\begin{array}{c} p \rightarrow q \\ r \rightarrow s \end{array}}{(p \wedge r) \rightarrow (q \wedge s)}$ c) $\dfrac{\begin{array}{c} p \rightarrow q \\ r \rightarrow s \end{array}}{(p \vee r) \rightarrow (q \vee s)}$

Aufgabe 1.23 Welche der beiden folgenden Schlußfiguren ist korrekt?

$\dfrac{\begin{array}{c} s \rightarrow t \\ \neg s \rightarrow t \end{array}}{\neg t}$ oder $\dfrac{\begin{array}{c} s \rightarrow t \\ \neg s \rightarrow t \end{array}}{t}$

*****Aufgabe 1.24** Wenden Sie den in Aufgabe 1.23 gefundenen Schluß u. a. in dem folgenden Türmerätsel an (Türme wie in Beispiel 1.13).

P_1 := Wenn unten blau, dann Mitte blau

P_2 := Wenn oben rot, dann unten blau

P_3 := Genau einer der beiden unteren Steine ist blau

Zeichnen Sie auch die zugehörige Torschaltung.

*Aufgabe 1.25 Untersuchen Sie die folgende Denksportaufgabe mit Formalisieren: Kommissar K. grübelt. Er weiß:

1. P ist genau dann schuldig, wenn Q unschuldig ist.
2. R ist genau dann unschuldig, wenn S schuldig ist.
3. Falls S Täter ist, dann auch P und umgekehrt.
4. Falls S schuldig ist, dann ist auch Q beteiligt.

*Aufgabe 1.26 Gegeben sind die Prämissen

$P_1 := a \to b \lor c$
$P_2 := b \to c \lor a$
$P_3 := c \to a \lor b$
$P_4 := \neg a \to b$

Schließen Sie auf die folgenden Aussagen

$S_1 := a \lor b \lor c$ und $S_2 := (a \lor b) \land (b \lor c) \land (c \lor a)$

(H i n w e i s : Kontraponieren Sie P_1.)

2 Prädikatenlogik

2.1 Namen und Prädikate

In Beispiel 1.12 des vorhergehenden Kapitels trat die folgende Aussage auf

Die oberste Etage des (ausgewählten) Turmes ist rot. (2.1)

Wir haben den in Beispiel 1.12 gegebenen Kontext dadurch ersetzt, daß wir in (2.1) das Wörtchen „ausgewählt" in Klammern eingefügt haben. Der Satz (2.1) „Die oberste Etage des Turmes ist rot" ist nämlich nur dann eine Aussage, wenn er sich auf einen ganz bestimmten (eben den von A ausgewählten) Turm aus den 16 Wahrheitstürmen bezieht. Ohne das eingeklammerte Wörtchen ist (2.1) keine Aussage, denn je nachdem, auf welchen der 16 Wahrheitstürme die Behauptung bezogen ist, entsteht entweder eine wahre oder eine falsche Aussage.

Im Rahmen der Aussagenlogik haben wir nur mit Aussagen gearbeitet; darum brauchten wir in dem Beispiel 1.12 den Bezug auf einen festen Turm. Ähnlich könnte es bei einem Zahlenrätsel sein. A wählt eine Zahl, die B erraten soll. A gibt dazu die folgenden Informationen:

1. Meine Zahl ist eine Primzahl
2. Meine Zahl liegt zwischen 200 und 215

2.1 Namen und Prädikate

Es handelt sich klar um Aussagen, da von einer ganz bestimmten Zahl gesprochen wird. Da 211 die einzige Zahl ist, die beide Forderungen erfüllt, kann es sich nur um die beiden Aussagen

1. 211 ist eine Primzahl
2. 211 liegt zwischen 200 und 215

handeln.

Diese Aussagen haben eine bestimmte Struktur, sie zerfallen deutlich in zwei Teile. Der erste Teil („Der ausgewählte Turm" (= rot – blau – blau – rot), „Meine Zahl" (= 211) ist jedesmal ein Name, die Kennzeichnung eines ganz bestimmten Subjektes. Der zweite Teil („ist oben rot", „ist eine Primzahl", „liegt zwischen 200 und 215") bezeichnet jedesmal eine Eigenschaft.

In Kapitel 1 haben wir es stets mit unzerlegten Aussagen (wie „211 ist eine Primzahl") zu tun gehabt, deren einziges Merkmal es war, „wahr" bzw. „falsch" zu sein. Jetzt, in der Prädikatenlogik, gehen wir einen Schritt weiter und zerlegen die Aussagen in die beiden Einzelbestandteile

<u>N a m e n</u> bzw.   <u>E i g e n s c h a f t e n   oder   P r ä d i k a t e.</u>

N a m e n haben eine Bedeutung, sie bezeichnen ein einzelnes Ding, eine Person, ein wohlbestimmtes Individuum. Zwischen Namen gibt es eine Gleichheit; denn es kommt vor, daß dasselbe Individuum mehrere Namen hat, wie z. B.

2 = die kleinste Primzahl,
  = die gerade Primzahl,
  = das Doppelte von 1,
  = die Hälfte von 4,
  = (3 + 5) –6 usw., usw.

Namen werden durch ein Gleichheitszeichen verbunden, wenn sie dasselbe Individuum bezeichnen.

So, wie wir früher die unzerlegte Aussage formalisiert haben, formalisieren wir jetzt auch Namen durch einen Buchstaben (x, y, z, u, v, ...). Andererseits führen wir auch ganz allgemein Namensvariable ein. In „x ist eine Primzahl" kann es sich um den ersten Schritt einer Formalisierung der Aussage „211 ist eine Primzahl" handeln, bei der wir statt des Namens der Zahl die Variable x gesetzt haben. x kann aber auch eine Leerstelle sein, in die man beliebige Zahlnamen einsetzen kann: 2 ist eine Primzahl, 3 ist eine Primzahl, 1000 ist eine Primzahl . . . . . Es entstehen auf diese Weise viele Aussagen, die z. T. richtig, z. T. falsch sind.

Wir unterscheiden nicht scharf zwischen „x" als formalisiertem Namen und „x" als einer Variablen für einen Namen. Das haben wir auch in Kapitel 1 nicht getan, wenn wir „p" einmal als formalisierte Aussage und einmal als Variable für eine Aussage benutzten. In praktisch allen wichtigen Fällen kann die Bedeutung von „x" aus dem Kontext abgelesen werden. Namen können ihrerseits strukturiert sein: Der Vater von

46   2 Prädikatenlogik

A   Friedrich dem Großen, die dritte Straße links, 7 + 5, ... Das soll uns aber hier nicht
kümmern, denn auch derartige Umschreibungen sind für uns Namen des betr. Individuums. Sprachlich sind Namensvariable oft verschleiert. Das stellten wir in den Beispielen des letzten Absatzes von Abschn. 1.1 fest. Es ist leicht, weitere Beispiele anzugeben: „Mache nicht auf, wenn jemand kommt", „Jeder wird belohnt, der die Nadel findet" usw.; hier sind „jemand" bzw. „jeder" sprachliche Formen für Namensvariable.

P r ä d i k a t e sind sprachliche Gebilde, die immer in Verbindung mit einem Namen oder einer Variablen für einen Namen auftreten. Auch sie haben eine wohlbestimmte Bedeutung, sie bezeichnen im allgemeinsten Sinn eine Eigenschaft. Die in der Grammatik übliche Satzgliederung Subjekt – Prädikat – Objekt ist für die Logik irrelevant, da wir hier nur Namen und Prädikate unterscheiden. In „Der Mann schlägt den Hund" sind sowohl „der Mann", als auch „der Hund" Variable für einen Namen. Das hier auftretende Prädikat „x schlägt y" ist z w e i s t e l l i g, denn es treten insgesamt zwei Variable auf, an deren Stelle Namen – einmal der einer männlichen Person und einmal der eines Hundes – eingesetzt werden müssen, damit eine Aussage entsteht. Ein anderes zweistelliges Prädikat „x ist größer als y" ist z. B. zwischen Zahlen definiert. Das Prädikat „x ist Primzahl" ist e i n s t e l l i g, während „x ist das Kind von y und z" sogar d r e i s t e l l i g ist.

Aufgabe 2.1 In den folgenden Sätzen treten verschiedene Namen und Prädikate auf (die zur Erläuterung auftretenden Klammern gehören nicht zum Satz).
a) Welches darin sind Namen? Wie lauten die Prädikate? Wievielstellig sind die Prädikate?
b) Formalisieren Sie jeden Satz, indem Sie für die verschiedenen Namen auch verschiedene Variable einsetzen!
1. Die Elbe fließt durch Hamburg
2. Köln ist eine Großstadt
3. 4 ist ein Teiler von 12
4. $3 + 4 = 9 - 2$
5. $6 \cdot 7 = 42$
6. 3, 4 und 5 sind pythagoräische Zahlen (d. h., es gilt $3^2 + 4^2 = 5^2$)
7. 3 cm und 4 cm bilden dasselbe Verhältnis wie 6 cm und 8 cm
8. 4 ist das geometrische Mittel von 2 und 8, weil 8 : 4 = 4 : 2 gilt
9. Das arithmetische Mittel 7, 5 der Zahlen 3 und 12 ist größer als ihr geometrisches Mittel 6. (Hier treten 3 Prädikate auf.)

Wir werden auch Prädikate durch Buchstaben oder andere Kürzel ersetzen. Dadurch kommen wir den Formalisierungen für Aussagen, wie wir sie im ersten Kapitel durchgeführt haben, schon sehr nahe. Im Normalfall wählen wir auch hier die Buchstaben p, q, r, ... In der Mathematik werden aber für besonders oft auftretende Prädikate auch andere Kürzel zur Formalisierung benutzt (vgl. Beispiel 2.1). Durch diese doppelte Formalisierung entstehen Gebilde der Form p(x) für ein einstelliges Prädikat, p(x, y) für ein zweistelliges usw. Werden in einer derartigen Formalisierung die Prädikatsvariable durch ihr sprachliches Äquivalent und die Individuumsvariablen durch Namen ersetzt, so entsteht eine Aussage.

Beispiel 2.1 a) In der Geometrie gilt der Satz: Falls x zu y und y zu z parallel ist, so ist auch x zu z parallel. In dieser Aussage tritt das zweistellige Prädikat „... ist parallel zu ..." auf. Wir könnten es abkürzen durch p(x, y) und erhielten dann formalisiert: A

p(x, y) und p(y, z) hat p(x, z) zur Folge.

Da spezielle Schreibweisen für oft wiederkehrende Prädikate die Erläuterung ersparen, schreibt man statt p(x, y) in der Geometrie x ∥ y. Der Satz lautet dann

x ∥ y und y ∥ z hat x ∥ z zur Folge.

b) Wir benutzen die folgenden Prädikatsvariablen

s(x) := x ist eine Primzahl (einstellig)

t(x, y) := x ist Teiler von y (zweistellig)

q(x, y, z) := z ist das Produkt von x und y (dreistellig).

Dann gilt der Satz

Wenn s(p) und q(a, b, r) und t(p, r), so t(p, a) oder t(p, b).

Mit den in der Mathematik üblichen Abkürzungen wird die Formalisierung viel lesbarer, sie lautet dort

Für jede Primzahl p gilt: p | a · b → p | a v p | b

in Worten: Wenn eine Primzahl ein Produkt teilt, so teilt sie mindestens einen der Faktoren.

Aufgabe 2.2 Schreiben Sie die folgenden Formalisierungen als Text, nennen Sie auftretende Namen (bzw. Variablen für Namen), suchen Sie auftretende Prädikate und geben Sie an, wievielstellig diese Prädikate sind:
a) Wenn a ⊥ b und b ⊥ c, so ist a ∥ c (a ⊥ b bedeutet „a senkrecht b")
b) Wenn x | y und y | z, so gilt x | z   p(a,b) := a|b   p(x,y) ∧ p(y,z) → p(x,z)
c) Wenn p Primzahl, so gilt p = a · b → a = 1 v b = 1
d) Im rechtwinkligen Dreieck gilt $a^2 + b^2 = c^2$

Aufgabe 2.3 Nennen Sie je zwei ein-, zwei- bzw. dreistellige Prädikate.

2.2 Aussageformen und Erfüllungsmengen

In unseren Beispielen (x ist eine Primzahl, x schlägt y usw.) haben wir es nicht mit Aussagen zu tun. Aussagen entstehen erst, wenn man die Variable in passender Weise durch einen Namen ersetzt. Da aber bereits die Form einer Aussage vorliegt (es ist ja lediglich ein Name durch eine Variable ersetzt), spricht man von A u s s a g e f o r m e n.
Ersetzen wir x in der Aussageform „x ist eine Primzahl" durch den Namen „Kaiser Wilhelm", so entsteht keine Aussage, sondern sinnloses Blabla. Wir werden darauf aufmerksam, daß jede Aussageform p(x) einen D e f i n i t i o n s b e r e i c h hat, den

A man auch G r u n d m e n g e nennt. Das ist eine Gesamtheit von Individuum folgender Art: Das Einsetzen eines ihrer Namen führt die Aussageform p(x) in eine Aussage über. Unter diesen Individuen befinden sich insbesondere solche, deren Name beim Einsetzen eine wahre Aussage erzeugt. Diese bilden die E r f ü l l u n g s m e n g e der Aussageform. Hiermit ist nicht gesagt oder definiert, was eine M e n g e ist. Wir nehmen vielmehr an, daß jeder eine intuitive Vorstellung von Mengen hat.

Zu unserer intuitiven Vorstellung von Mengen gehört, daß sie einzelne Individuen „enthalten", daß sie aus einzelnen, wohlunterscheidbaren Individuen bestehen, zu deren Kennzeichnung z. B. Namen gebraucht werden können. Wenn wir sagen „3 ist eine Primzahl", so denken wir an die Menge P aller Primzahlen und sagen aus, daß 3 ein E l e m e n t dieser Menge P ist; wir schreiben das in der Form „$3 \in P$" und gewinnen in „$x \in P$" eine z. B. über der Menge **N** der natürlichen Zahlen definierte Aussageform. Die Erfüllungsmenge wird dann von denjenigen Zahlen der Grundmenge gebildet, die Primzahlen sind – d. h., von den Zahlen die genau 2 verschiedene Teiler haben, nämlich 1 und sich selbst.

Aussageformen treten auch in der Umgangssprache auf. So können wir z. B. „Sie ißt gern Eis" als Aussageform mit der nichtformalisierten Variablen „sie" ansehen, deren Definitionsbereich – falls keine anderen Abmachungen vorliegen – aus allen lebenden weiblichen Personen besteht. Lebend, weil das Verb „essen" im Präsens steht; weiblich, wegen der Art des persönlichen Fürworts und Mensch, weil „essen" nur bei Menschen gebraucht wird.

Eine über dem Definitionsbereich G definierte Aussageform p(x) gibt uns die Möglichkeit, aus G eine neue Menge P, die Erfüllungsmenge von p(x) im Definitionsbereich G auszusondern. Es ist üblich, dies so zu formalisieren

$$P = \{x \mid x \in G \land p(x)\}$$

Darin ist die geschweifte Klammer das Symbol für eine Mengenbildung und wir lesen die aufgeschriebene Zeile

„P enthält genau diejenigen x aus G, für die p(x) gilt."

Falls über den Definitionsbereich keine Zweifel bestehen, dann kann man in der geschweiften Klammer auch auf seine explizite Angabe verzichten.

Beispiel 2.2 Als Grundmenge wird **N**, die Menge der natürlichen Zahlen, gewählt.
a) Über **N** wird die Aussageform

$$p(x) := x \text{ ist gerade}$$

betrachtet. Ihre Erfüllungsmenge P lautet

$P = \{x \mid x \in \mathbf{N} \land x \text{ ist gerade}\}$ (beschreibende Form)

$P = \{2, 4, 6, 8, 10, \ldots\}$ (aufzählende Form – wobei allerdings vorausgesetzt wird, daß aus den aufgeschriebenen Elementen unmißverständlich klar wird, welche weiteren folgen)

Es gilt $2 \in P; 3 \notin P$

b) Mit der Aussageform

q(x) := x ist Primzahl

erhält man die Erfüllungsmenge in beschreibender Form

Q = {x | x ∈ **N** ∧ x ist Primzahl}

Hier ist die aufzählende Form ungeeignet, denn aus „Q = {2, 3, 5, 7, ...}" läßt sich nicht unmißverständlich ablesen, welche Menge gemeint ist.
Es gilt

$2 \in Q; 4 \notin Q$

c) Mit der Aussageform

r(x) := x ist kleiner als 6

ergibt sich die Menge

R = {x | x < 6 ∧ x ∈ **N**} (beschreibende Form)
R = {1, 2, 3, 4, 5} (aufzählende Form)

Es gilt $2 \in R; 6 \notin R$

Zwischen Aussageformen kann man Junktoren setzen — genauso wie zwischen Aussagen bzw. Ausdrücke. Allerdings sollten zwei oder mehr verknüpfte Aussageformen einen gemeinsamen Definitionsbereich haben. Durch die Verknüpfung entsteht dann eine neue Aussageform über diesem Definitionsbereich, die wir z u s a m m e n g e - s e t z t e Aussageform nennen wollen. Eigentlich müßte man eine Verknüpfung von Aussageformen eine Ausdrucksform nennen — das ist aber nicht üblich.
Die früher von uns entwickelten Darstellungen von Aussagen sind nach wie vor brauchbar, den Belegungen sind allerdings die Individuen des Definitionsbereiches vorgeschaltet; denn sind am Aufbau eines Ausdrucks s(x) die Aussageformen p(x), q(x) und r(x) beteiligt, dann wird bei jeder Wahl eines Individuums, dessen Namen in die Variable eingesetzt wird, jede der Aussageformen eine Aussage mit einem bestimmten Wahrheitswert. Jedes Element des Definitionsbereiches erzeugt also eine bestimmte Belegung des Ausdrucks, der dann selbst einen der Wahrheitswerte W oder F annimmt.

Beispiel 2.3 Wir wählen als Grundmenge G die neun Türme mit zwei Etagen, die man aus Steinen der Farben r (rot), b (blau), g (gelb) bauen kann. Über ihr sind die folgenden Aussageformen definiert

p(x) := Der Turm x hat oben eine andere Farbe als unten
q(x) := Der Turm x ist oben nicht rot und unten nicht blau
r(x) := Der Turm x hat mindestens einen gelben Stein
s(x) := (p(x) v̇ q(x)) ∧ r(x).

50 2 Prädikatenlogik

A Jedes Element von G führt über die Wahrheitswerte, die die Aussageformen p(x), q(x) bzw. r(x) für das betreffende Element annehmen, zu einer Belegung. Nehmen wir z. B. den ersten Turm, der nur aus gelben Steinen besteht. Für diesen Turm ist p(x) falsch, q(x) und r(x) sind wahr, d. h. er führt auf die Belegung (p, q, r) := (F, W, W). Setzen wir diese Belegung in s(x) ein, so ergibt sich für s(x) der Wahrheitswert W, dieser Turm gehört also zur Erfüllungsmenge von s(x). In Fig. 2.1 wird diese Vorgehensweise grafisch dargestellt.

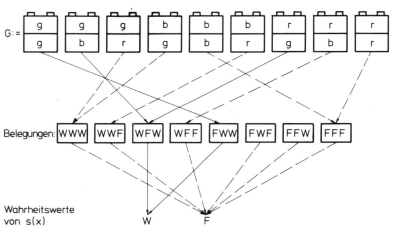

Fig. 2.1

Während die Belegung, die sich für jedes der Elemente von G ergibt, allein von den Aussageformen p(x), q(x) und r(x) abhängt, entsteht der Wahrheitswert von s(x) daraus in der uns von der Aussagenlogik her bekannten Art. Die Türme, die über den Umweg der Belegungen auf W abgebildet werden, bilden die Erfüllungsmenge der Aussageform, d. h.

S = {x | x ∈ G ∧ s(x)}.

Zu S gehören die Türme

Jedes Element des Definitionsbereiches wird in zwei Schritten auf einen der Werte W bzw. F abgebildet. Der erste ordnet es bestimmten Belegungen zu, die ihrerseits — wie in der Aussagenlogik — den untersuchten Ausdruck entsprechend auf W oder F abbilden.
In Fig. 2.1 hätten wir statt der Belegungen auch die entsprechenden Zeilen der Wahrheitstafel aufschreiben können. Dabei könnte man die Elemente von G links von der

2.2 Aussageformen und Erfüllungsmengen   51

Tafel aufzeichnen und dann ihren Belegungen zuordnen, wie dies in der Fig. 2.2 angedeutet ist.
Schließlich können wir auch hier mit der Tordarstellung arbeiten. Wählen wir die Tordarstellung eines Ausdrucks und darin etwa das Tor —| p(x) |— dann fragt man jetzt

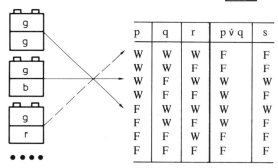

Fig. 2.2

nicht mehr „Ist p wahr?", sondern wir gehen einen Schritt weiter zurück auf die Grundmenge, wählen dort ein Element x und fragen „Wird p(x) durch das Einsetzen von diesem x wahr?" Wenn ja, darf das Element durch, wenn nein, wird es gestoppt und muß am Start zurückbleiben.

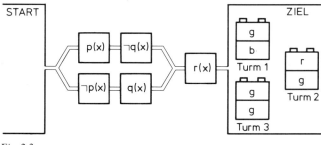

Fig. 2.3

In Fig. 2.3 konnte der Turm 1 durch die Tore —| p(x) |—| ¬q(x) |—| r(x) | weil die Aussageformen p(x), ¬q(x) bzw. r(x) für diesen Turm den Wahrheitswert W annehmen. Dasselbe gilt für den Turm 2, während für den Turm 3 die Aussageformen ¬p(x), q(x) und r(x) den Wahrheitswert W annehmen und er über den unteren Weg ans Ziel gelangte.

Die Darstellung durch Wahrheitsfelder läßt sich ebenfalls sehr elegant auf die neue Situation uminterpretieren. Diese Möglichkeit wird im 3. Kapitel erst voll ausgeschöpft. Wir begnügen uns hier zunächst mit einer einzigen Aussageform p(x), zur Überleitung auf

A den folgenden Abschnitt gehen wir dann von einer aus zwei Aussageformen p(x) und q(x) zusammengesetzten Aussageform aus.

In Fig. 2.4 denken wir in dem Rechteck alle Elemente der Grundmenge G aufgesammelt. Ins Innere des Feldes P werden dann genau diejenigen x ∈ G ausgesondert, für die p(x) wahr wird, d. h. genau die Elemente der Erfüllungsmenge

$$P = \{x \mid x \in G \wedge p(x)\}$$

Die Darstellung in Fig. 2.4 nennen wir M e n g e n d i a g r a m m bzw. V e n n - D i a g r a m m.

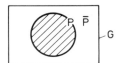

Fig. 2.4

Auch die Elemente von G, die außerhalb des Feldes P liegen, legen eine Menge fest, die man Komplement von P nennt und mit $\bar{P}$ bezeichnet. Dabei handelt es sich um die Erfüllungsmenge von ¬p(x), d. h.

$$\bar{P} = \{x \mid x \in G \wedge \neg p(x)\} \tag{2.2}$$

Aufgabe 2.4 Zeichnen Sie das vollständige Mengendiagramm für die Grundmenge G in Beispiel 2.1 mit

$$S = \{x \mid x \in G \wedge s(x)\}$$

H i n w e i s : Für jede der Aussageformen p(x), q(x) und r(x) muß ein Feld vorgesehen werden.

*Aufgabe 2.5 Gegeben sind die Aussageformen

p(x) := Der Turm x ist oben nicht blau und unten nicht rot.

q(x) := Der Turm x hat mindestens einen roten Stein.

r(x) := Im Turm x hat kein Stein die Farbe rot.

s(x) := p(x) ∧ q(x) ↔ r(x)

Führen Sie die Untersuchungen in der Grundmenge G in Beispiel 2.3 mit allen dort eingeführten Darstellungsformen durch.

Bei zwei Aussageformen p(x) und q(x) wird die gegenseitige Lage der beiden Erfüllungsmengen P bzw. Q in G interessant.

Beispiel 2.4 Wir gehen von den beiden Aussageformen

    p(x) := x ist eine Primzahl

und   q(x) := x ist eine gerade Zahl

aus, die beide über der Grundmenge **N** definiert sind. Zeichnen wir das zugehörige Diagramm (Fig. 2.5), so finden wir in dem mittleren Feld allein die Zahl 2. Wir können hier die folgenden wahren Aussagen formulieren:

Es gibt (mindestens) eine gerade Primzahl,

alle Primzahlen, die von 2 verschieden sind, sind ungerade,

alle geraden Zahlen, die größer als 2 sind, sind keine Primzahlen,

keine von 2 verschiedene gerade Zahl ist Primzahl,

keine Primzahl außer 2 ist gerade,

es gibt ungerade Zahlen, die keine Primzahlen sind usw., usw.

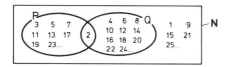

Fig. 2.5

Sind allgemein p(x) und q(x) zwei Aussageformen über demselben Definitionsbereich G, so sind die folgenden gegenseitigen Lagen der Erfüllungsmengen P bzw. Q möglich. In der Fig. 2.6 bedeutet ein Sternchen in einem der Wahrheitsfelder, daß dieses Feld leer ist, eine Schraffur dagegen deutet an, daß das betreffende Feld nicht leer ist. Die zu den Fällen 3 und 4 gehörenden Untersuchungen sind zu denen der Fälle 1 und 2 analog. Es handelt sich lediglich um eine Vertauschung von P und Q.

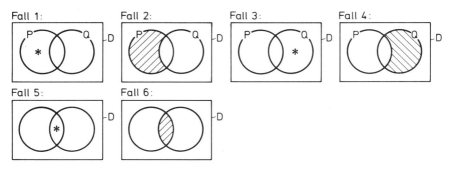

Fig. 2.6

Beispiel 2.5 Zur Illustration der Fälle 1–6 geben wir je ein Beispiel an. Alle sind sie aus dem **Grundbereich N** der natürlichen Zahlen gewählt.

F a l l 1.

$p(x)$:= x besteht aus drei gleichen Ziffern

$q(x)$:= 3 | x, d. h., x ist Vielfaches von 3

A Für alle natürlichen n gilt: Falls x aus drei gleichen Ziffern besteht, so ist x durch 3 teilbar, oder: Für kein natürliches x gilt, daß x aus drei gleichen Ziffern besteht, ohne durch 3 teilbar zu sein.

F a l l 2.

$p(x)$:= Die Quersumme von x ist 9
$q(x)$:= x ist dreistellig

Es gibt natürliche Zahlen x, für die $p(x)$ wahr, $q(x)$ dagegen falsch ist. Beispiel: x = 81.

F a l l 3.

$p(x)$:= x ist ungerade
$q(x)$:= x ist eine mehrziffrige Primzahl

Für alle x gilt: Ist $q(x)$ wahr, d. h., ist x prim und mehrziffrig, so ist auch $p(x)$ wahr — d. h., x ist ungerade.
Für kein x gilt: $q(x)$ ist wahr, aber $p(x)$ ist falsch.

F a l l 4.

$p(x)$:= x ist ungerade
$q(x)$:= x ist eine Primzahl

Es gibt mindestens ein x aus **N**, für das $p(x)$ falsch, $q(x)$ aber wahr ist. Beispiel: x = 2.

F a l l 5.

$p(x)$:= x ist ein Vielfaches von 8
$q(x)$:= die letzte Ziffer von x ist ungerade

Für alle $x \in$ **N**: Wenn $p(x)$ wahr ist, so ist $q(x)$ falsch.
Für kein $x \in$ **N**: $p(x)$ und $q(x)$ sind zugleich wahr, d. h. bei derselben Wahl von x.

F a l l 6.

$p(x)$:= x ist ein Vielfaches von 12
$q(x)$:= x ist ein Vielfaches von 13

Es gibt natürliche Zahlen, für die $p(x)$ und $q(x)$ gleichzeitig wahr sind. Beispiel x = 12 · 13 = 156 (und alle Vielfache von 156).

Aufgabe 2.6 Suchen Sie für jeden der Fälle 1–6 je ein Beispiel in der Grundmenge der Polygone (Dreiecke, Vierecke, . .)

In den Fällen 5 und 6 treten $p(x)$ und $q(x)$ „symmetrisch" auf, d. h., daß man in allen abgelesenen Aussagen p und q bzw. P und Q vertauschen darf.
Im Fall 1 gilt
a) Alle Elemente von P sind auch Elemente von Q.

b) Kein Element von P gehört $\overline{Q}$ an.
c) Für alle $x \in G$ gilt $p(x) \to q(x)$, für kein x gilt $p(x) \wedge \neg q(x)$.

Fall 2 tritt genau dann ein, wenn Fall 1 nicht eintritt, die aufgeschriebenen Aussagen sind die logischen Gegenteile zu den unter Fall 1 aufgeschriebenen Aussagen. Hier gilt
a) Es gibt Elemente von P, die Q nicht angehören.
b) Es gibt $x \in G$ für die gilt $p(x) \wedge \neg q(x)$.

Im Fall 5 finden wir die folgenden untereinander äquivalenten Aussagen:
a) Kein Element von P gehört Q an.
b) Alle Elemente von P gehören $\overline{Q}$ an.
c) Für alle $x \in G$ gilt $p(x) \to \neg q(x)$, für kein x gilt $p(x) \wedge q(x)$
Fall 6 ist wieder das logische Gegenteil von Fall 5, hier gilt
a) Es gibt Elemente von P, die Q angehören.
b) Es gibt $x \in G$, für die gilt: $p(x) \wedge q(x)$.

Alle Aussagen, die zu einem der Fälle aufgeschrieben wurden, besagen trotz ihrer verschiedenen Form dasselbe. Es handelt sich dabei — obwohl stets die Variable auftritt — nicht um Aussageformen, sondern um Aussagen (und ihre in verschiedener Form formulierten logischen Gegenteile). Durch die Satzteile „Für alle $x \in G$ gilt . . . ", „Für kein $x \in G$ gilt . . . " bzw. „es gibt $x \in G$, für die gilt . . . " sind die Variablen **gebunden**, sie sind für Einsetzungen nicht mehr frei. Durch diese Bindung werden aus den Aussageformen Aussagen. Diese Aussagen beginnen mit „Für alle Elemente . . . " — darum nennt man sie A l l a u s s a g e n — bzw. mit „Es gibt Elemente . . . ", die man E x i s t e n z a u s s a g e n nennt, da in ihnen eine Existenz behauptet wird. Die Bindung „Für kein x gilt $p(x)$" ist gleichwertig mit der Bindung „Für alle x gilt $\neg p(x)$" und ist daher nicht besonders zu betrachten.

Formal gewinnen wir die Möglichkeiten
1. Für alle x: $p(x) \to q(x)$ $\iff$ Für kein x: $p(x) \wedge \neg q(x)$
2. Es gibt x: $p(x) \wedge \neg q(x)$ (das logische Gegenteil von 1)
3. Für alle x: $p(x) \to \neg q(x)$ $\iff$ Für kein x: $p(x) \wedge q(x)$
4. Es gibt x: $p(x) \wedge q(x)$ (als logisches Gegenteil von 3)

2.3 Quantoren

In der Prädikatenlogik betrachten wir A u s s a g e n und A u s s a g e f o r m e n. A u s s a g e n haben zwei Bestandteile: N a m e n und P r ä d i k a t e. In A u s s a g e f o r m e n sind die Namen durch V a r i a b l e für Namen ersetzt — beim vollständigen Formalisieren ersetzt man auch die Prädikate durch Variable.

Definition 2.1 $p(x)$ heißt Aussageform, wenn durch das Ersetzen von p durch ein Prädikat und beim Ersetzen von x durch einen geeigneten Namen eine Aussage entsteht.

B e i s p i e l. $p(x)$: x ist eine Primzahl (p := ist eine Primzahl). Ersetzt man x durch 3, so entsteht die richtige Aussage:

B

„3 ist eine Primzahl".

Entsprechend sind Aussageformen mit 2, 3, ... Variablen definiert, man schreibt p(x, y), p(x, y, z), ...

B e i s p i e l. p(x, y) := x ist durch y teilbar.

Hier entsteht eine Aussage, falls p durch ein Prädikat (im Beispiel . . . ist teilbar durch . . .) und jede der Variablen durch einen geeigneten Namen (6 ist durch 3 teilbar) ersetzt wird.

Einen Bereich von Individuen, deren Namen eine gegebene Aussageform beim Einsetzen in eine Aussage überführt, nennen wir den D e f i n i t i o n s b e r e i c h, meist G r u n d m e n g e G. Diejenigen ihrer Individuen, durch die p(x) in eine wahre Aussage übergeht, bilden ihre E r f ü l l u n g s m e n g e, formal gekennzeichnet durch $\{x \mid x \in G \wedge p(x)\}$, gelesen: Die Menge aller x aus G, für die p(x) gilt – kürzer, die Menge aller $x \in G$ mit p(x).

Über gleichen Grundmengen definierte Aussageformen lassen sich wie Aussagen durch Junktoren verknüpfen und liefern wieder (zusammengesetzte) Aussageformen, die über derselben Grundmenge definiert sind.

Eine Aussageform kann dadurch zu einer Aussage werden, daß wir die Variablen in passender Weise durch Namen ersetzen.

In den beiden folgenden Beispielen wird die Aussageform aber dadurch zu einer Aussage, daß wir die Variable nicht e r s e t z e n, sondern b i n d e n – d. h. wir setzen der Aussageform Satzteile voran, so daß die Variable für Einsetzungen nicht mehr frei ist.

Beispiel 2.6 Es sei K die Menge der Schüler einer Klasse. Über dieser Grundmenge bilden wir die Aussageform

p(x) := „x ist jünger als 18 Jahre"

und mit ihrer Hilfe die Aussagen

„Es gibt x aus K, für die gilt: x ist jünger als 18 Jahre".

„Für alle x aus K gilt: x ist jünger als 18 Jahre".

In den Aussagen wird durch die jeweils ersten Satzteile die Variable x im zweiten Satzteil g e b u n d e n, so daß sie für Einsetzungen nicht mehr frei ist.
Durch die Schreibweise dieser Aussagen wird die Aussageform p(x) durch den Doppelpunkt deutlich von den neuen vorangesetzten Satzteilen abgetrennt. Beziehen wir die Worte „für die gilt" bzw. „gilt" mit in den Doppelpunkt ein, so entstehen die beiden formalisierten Aussagen

Es gibt x: p(x)   Für alle x: p(x)   (2.3)

Definition 2.2 Die in (2.3) auftretenden Satzteile

„Es gibt . . ."   bzw.   „Für alle . . ."

nennt man Q u a n t o r e n. Den ersten nennt man E x i s t e n z q u a n t o r, den zweiten nennt man A l l q u a n t o r.

Auch Quantoren werden durch Kürzel formalisiert, und zwar setzt man[1])

$$\bigvee_{x \in K} p(x) := \text{Es gibt x aus K: } p(x) \qquad \qquad (2.4)$$

$$\bigwedge_{x \in K} p(x) := \text{Für alle x aus K: } p(x)$$

Der Existenzquantor kann in verschiedener Weise gelesen werden: „Für manche x ...", „Für einige x ...", „Es gibt mindestens ein x ..." – aber nicht: „Für genau ein x ...".
Auch der Allquantor wird in verschiedener Form verbalisiert, je nachdem, was betont werden soll: „Jedes $x \in K$ erfüllt ...", „Wird x beliebig aus K gewählt, so gilt ..."
usw. Die Aussage „Für genau ein $x \in K$ gilt p(x)", müssen wir formal in zwei Bestandteile zerlegen – und zwar in eine Existenzaussage

  r := Es gibt überhaupt $x \in K$, die p(x) erfüllen

und eine Eindeutigkeitsaussage

  s := Stellt sich für beliebig aus K gewählte x_1, x_2 heraus, daß $p(x_1)$ und $p(x_2)$ beide wahr sind, so muß notwendig $x_1 = x_2$ gelten.

$$r \wedge s := \bigvee_{x \in K} p(x) \wedge \bigwedge_{x_1, x_2 \in K} p(x_1) \wedge p(x_2) \to x_1 = x_2$$

Der zweite Teil (die Aussage s) kann auch für sich allein stehen und enthält dann die Aussage, daß es h ö c h s t e n s ein x in K gibt mit p(x).

2.3.1 Quantoren in Definitionen

In der Mathematik werden Quantoren oft beim Aufschreiben von Definitionen gebraucht.

Beispiel 2.7 Wir formalisieren

  $x | y :=$ x ist ein Teiler von y

und definieren die Teilerbeziehung über die Menge **N** der natürlichen Zahlen zunächst in Worten so: „x ist ein Teiler von y, falls sich y als Produkt mit x als einem Faktor darstellen läßt, d. h., falls es eine natürliche Zahl n gibt, so daß $y = n \cdot x$ gilt. Dies führt zur formalen Definition

$$x | y \underset{\text{def}}{\Longleftrightarrow} \bigvee_{n \in \mathbf{N}} n \cdot x = y. \qquad (2.5)$$

Die drei Buchstaben (def) unter dem Äquivalenzzeichen sollen andeuten, daß die Äquivalenz zwischen den beiden Aussageformen allein aufgrund der Definition besteht.

---

[1]) In der Literatur findet man auch $\exists_{x \in K} p(x)$ statt $\bigvee_{x \in K} p(x)$ und $\forall_{x \in K} p(x)$ statt $\bigwedge_{x \in K} p(x)$.

Aufgabe 2.7 Zu formalisieren ist $\neg(x \mid y)$, d. h., „x ist nicht Teiler y" abgekürzt durch $x \nmid y$.

Lösung. $x \mid y$ können wir in Worten auch so ausdrücken, daß y eine Zahl aus dem „Einmaleins von x", d. h. von der Form $m \cdot x$ ist. Gilt $\neg(x \mid y)$, so gehört y nicht zu diesem Einmaleins, ist also nicht von der Form $m \cdot x$, d. h. es ist

$$x \nmid y \iff \bigwedge_{m \in \mathbf{N}} m \cdot x \neq y \qquad (2.6)$$

Aufgabe 2.8 In der Menge **N** wird die Kleiner-Relation so definiert: x ist kleiner als y ($x < y$) gilt genau dann, wenn es eine natürliche Zahl n gibt, so daß $x + n = y$ gilt.
a) Formalisieren Sie diese Definition.
b) Wie lautet ihr logisches Gegenteil? Schreiben Sie es formal und in Worten auf. Wählen Sie dabei unter den Kürzeln $>$ (größer), $\geq$ (größer oder gleich) bzw. $\leq$ (kleiner oder gleich).

Beispiel 2.7 (F o r t s e t z u n g) Haben y und z keinen gemeinsamen Teiler, so nennt man sie auch t e i l e r f r e m d. Das schreibt man formal folgendermaßen

$$\text{y ist teilerfremd zu z} \iff \bigwedge_{n \in \mathbf{N} \wedge n \neq 1} n \mid y \to n \nmid z \iff \bigwedge_{n \in \mathbf{N} \wedge n \neq 1} \neg(n \mid y \wedge n \mid z) \qquad (2.7)$$

und das heißt in Worten: Für alle natürlichen Zahlen n, $n \neq 1$, gilt: Ist n Teiler von y, so darf er nicht Teiler von z sein — oder, in äquivalenter Formulierung: Wie man auch $n \in \mathbf{N}$ wählt, nie gelten die Beziehungen $n \mid y$ und $n \mid z$ gleichzeitig.

Besitzen dagegen y und z einen gemeinsamen Teiler, so müssen wir das so ausdrücken

$$\text{y und z sind nicht teilerfremd} \iff \bigvee_{n \in \mathbf{N} \wedge n \neq 1} n \mid y \wedge n \mid z \qquad (2.8)$$

Beispiel 2.8 Ein wichtiger Begriff der Zahlentheorie ist der der Primzahl. Wir definieren

$$\text{p ist Primzahl} \underset{\text{def}}{\iff} p \neq 1 \wedge \bigwedge_{a, b \in \mathbf{N}} p \mid a \cdot b \to p \mid a \vee p \mid b \qquad (2.9)$$

Aus dieser Definition folgt durch Negation

$$\text{p ist nicht prim} \iff p = 1 \vee \bigvee_{a, b \in \mathbf{N}} \neg(p \mid a \cdot b \to p \mid a \vee p \mid b)$$

$$\iff p = 1 \vee \bigvee_{a, b \in \mathbf{N}} p \mid a \cdot b \wedge p \nmid a \wedge p \nmid b$$

In dieser Definition gehen wir von einer Zahl p aus und suchen Produkte $a \cdot b$ so, daß p Teiler wird. Gilt für alle derartigen Produkte, daß p mindestens einen der Faktoren teilt, dann ist p Primzahl. Wählen wir z. B. $p = 6$, so finden wir $6 \mid 3 \cdot 4$, aber 6 teilt weder 3 noch 4. Also ist 6 keine Primzahl. Gehen wir dagegen von 3 aus, so wird es uns nicht gelingen, ein derartiges Gegenbeispiel zu finden. So gilt z. B. $3 \mid 11 \cdot 6$ und damit $3 \mid 11 \vee 3 \mid 6$ usw. Wir haben absichtlich eine sehr komplizierte Definition für Primzahlen gewählt (vgl. dazu Aufgabe 2.9), weil wir im kommenden Kapitel einen Primzahlsatz beweisen wollen, wobei uns diese Definition sehr nützlich sein wird.

Aufgabe 2.9 Man kann Primzahlen auch einfacher als in (2.9) definieren. In Worten: Eine Zahl p ist genau dann Primzahl, wenn in jeder Zerlegung von p in ein Produkt p = a · b mit natürlichen Zahlen a und b genau einer der beiden Faktoren gleich 1 ist.
a) Formalisieren Sie die in Worten gegebene Definition einer Primzahl
b) Formalisieren Sie mit Hilfe dieser Definition
1. p ist keine Primzahl
2. Es gibt genau eine gerade Primzahl

Im Beispiel 2.7 treten 4 Aussagen auf, die paarweise logische Gegenteile voneinander sind. (2.6) enthält die Verneinung von (2.5) und entsprechend ist es mit (2.7) und (2.8). Es gilt also

$$\neg(x \mid y) \iff \neg \bigvee_{n \in \mathbf{N}} n \cdot x = y \iff \bigwedge_{n \in \mathbf{N}} \neg(n \cdot x = y)$$

Formalisieren wir in (2.7) und (2.8) $\neg(n \mid y \land n \mid z)$ durch t (n, y, z), so folgt hier

$$\neg \bigwedge_{n \in \mathbf{N}} t(n, y, z) \iff \bigvee_{n \in \mathbf{N}} \neg t(n, y, z).$$

Es handelt sich hier um Sonderfälle von

Satz 2.1

a) $\quad \neg \bigwedge_{x \in K} q(x) \iff \bigvee_{x \in K} \neg q(x)$ (2.10)

b) $\quad \neg \bigvee_{x \in K} p(x) \iff \bigwedge_{x \in K} \neg p(x).$

B e w e i s. Zunächst stellen wir fest, daß b) aus a) hergeleitet werden kann. Dazu führen wir die folgenden, mit Hilfe von a) gewonnenen Äquivalenzumformungen durch

$$\neg(\neg \bigwedge_{x \in K} q(x)) \iff \neg(\bigvee_{x \in K} \neg q(x)) \quad \text{also (wegen der doppelten Negation links)}$$

$$\bigwedge_{x \in K} q(x) \iff \neg \bigvee_{x \in K} \neg q(x)$$

Setzt man hier $\neg q(x) \iff p(x)$ und entsprechend $q(x) \iff \neg p(x)$, so folgt

$$\bigwedge_{x \in K} \neg p(x) \iff \neg \bigvee_{x \in K} p(x)$$

und das ist genau die Aussage b) des Satzes 2.1. Es genügt also, a) zu beweisen. Denken wir zunächst eine endliche Menge K = $\{x_1, x_2, x_3, \ldots x_n\}$, über der eine Aussageform q(x) definiert ist. Dann läßt sich der Allquantor in eine Konjunktion auflösen

$$\bigwedge_{x \in K} q(x) \iff q(x_1) \land q(x_2) \land q(x_3) \land \ldots \land q(x_n).$$

Dann folgt aus den Regeln von de Morgan (vgl. Aufgabe 1.8)

$$\neg \bigwedge_{x \in K} q(x) \iff \neg(q(x_1) \land q(x_2) \land \ldots \land q(x_n))$$

$$\iff \neg q(x_1) \lor \neg q(x_2) \lor \neg q(x_3) \lor \ldots \lor \neg q(x_n).$$

Die so gewonnene rechte Seite aber ist genau dann wahr, wenn für mindestens eine der Aussagen $\neg q(x_i)$ gilt, daß sie wahr ist. Daher ist

$$\neg \bigwedge_{x \in K} q(x) \iff \bigvee_{x \in K} \neg q(x).$$

Hat aber K unendlich viel Elemente, so bedenken wir, daß $\bigwedge_{x \in K} q(x)$ ja auch bedeutet, daß es kein $x \in K$ gibt, für das $\neg q(x)$ gilt – und das ist genau dann falsch, wenn es eben doch ein x_i aus K gibt, für das $\neg q(x_i)$ wahr ist.

Bemerkung 2.1 Die Kürzel für den All- bzw. Existenzquantor sind aus mnemotechnischen Gründen den Zeichen für „und" ($\wedge$) bzw. „oder" ($\vee$) nachgebildet; denn bei endlicher Grundmenge K ist die mit dem All- bzw. Existenzquantor gebildete Aussage eine Abkürzung für mehrfache Konjunktion bzw. Disjunktion.

$$\bigwedge_{x \in K} q(x) \iff q(x_1) \wedge q(x_2) \wedge q(x_3) \wedge \ldots \wedge q(x_n)$$

$$\bigvee_{x \in K} q(x) \iff q(x_1) \vee q(x_2) \vee q(x_3) \vee \ldots \vee q(x_n)$$

Satz 2.2 Sind $p(x)$ und $q(x)$ Aussageformen über derselben Grundmenge G mit den Lösungsmengen P bzw. Q, so gilt

a) $\quad \bigwedge_{x \in P} q(x) \iff \bigwedge_{x \in G} p(x) \to q(x)$

b) $\quad \bigvee_{x \in P} q(x) \iff \bigvee_{x \in G} p(x) \wedge q(x)$

c) $\quad \bigvee_{x \in P} q(x) \iff \bigvee_{x \in Q} p(x)$

d) $\quad \bigwedge_{x \in P} q(x) \iff \bigwedge_{x \in \overline{Q}} \neg p(x)$

B e w e i s. Wir beginnen mit dem Beweis von b). Links wird die Existenz eines Elementes x aus P behauptet, das auch zur Lösungsmenge von $q(x)$ gehört. Da dieses x in G (wie alle Elemente aus P) liegt, gilt also für dieses x: Es liegt in G und erfüllt $p(x) \wedge q(x)$. Entsprechend folgt die linke Seite aus der rechten.
Die Aussage a) folgern wir mit Hilfe von Satz 2.1. Dazu negieren wir die nach b) richtige Aussage

$$\bigvee_{x \in P} \neg q(x) \iff \bigvee_{x \in G} p(x) \wedge \neg q(x)$$

und gewinnen $\bigwedge_{x \in P} q(x) \iff \bigwedge_{x \in G} \neg p(x) \vee q(x) \iff \bigwedge_{x \in G} p(x) \to q(x)$. Beachtet man in b) rechts die Kommutativität von $\wedge$, so folgt sofort die Aussage c, während wir d) durch Kontraposition der Subjunktion im rechten Allquantor von a) gewinnen:

$$\bigwedge_{x \in P} q(x) \iff \bigwedge_{x \in G} p(x) \to q(x) \iff \bigwedge_{x \in G} \neg q(x) \to \neg p(x) \iff \bigwedge_{x \in \overline{Q}} \neg p(x).$$

Aufgabe 2.10 Wir wollen die Ebene E als Menge ihrer Punkte auffassen und Geraden als ganz bestimmte Teilmengen der Ebenenpunkte. Nennen wir **G** die Menge der Geraden der Ebene E, so schreiben wir g ∈ **G**, falls g eine Gerade dieser Ebene ist und wir schreiben P ∈ g, falls P ein auf g liegender Punkt ist. Es ist üblich, die folgenden Beziehungen zwischen zwei Geraden zu betrachten:

1. $g = h \underset{\text{def } P \in E}{\Longleftrightarrow} \bigwedge P \in g \leftrightarrow P \in h$ (g ist gleich h)

2. $g \times h \underset{\text{def } P \in E}{\Longleftrightarrow} \bigvee P \in g \wedge P \in h$ (g schneidet h) (2.11)

3. $g \parallel h \underset{\text{def}}{\Longleftrightarrow} g = h \vee \neg(g \times h)$ (g ist parallel zu h)

a) Sprechen Sie die angegebenen Definitionen in Worten aus.
b) Schreiben Sie mit Hilfe der Definitionen formal auf
1. $g \neq h$ (d. h. $\neg(g = h)$)
2. $\neg(g \times h)$
3. $\neg(g \parallel h) \Longleftrightarrow g \nparallel h$.

c) Begründen Sie
1. $g = h \Longleftrightarrow h = g$
2. $g \times h \Longleftrightarrow h \times g$
3. $g \parallel h \Longleftrightarrow h \parallel g$

2.3.2 Quantoren in Aussagen und mathematischen Sätzen

Praktisch alle Sätze der Mathematik enthalten Quantoren. Denken wir z. B. an den Lehrsatz des Pythagoras, so sagt dieser Satz etwas über a l l e rechtwinkligen Dreiecke aus, der Strahlensatz sagt etwas über alle Streckenverhältnisse aus, die in Büscheln untereinander paralleler Geraden auftreten. Ein anderer Satz z. B. sagt aus, daß es zwischen Brüchen auf der Zahlengeraden keine Lücken gibt, formal (mit B als Menge aller Brüche)

$$\bigwedge_{\substack{a, b \in B \\ a < b}} \bigvee_{c \in B} a < c < b$$

d. h. in Worten: Sind a und b zwei Brüche (von denen b der größere ist), so läßt sich in jedem Fall ein dritter Bruch finden, der größer als a, aber kleiner als b ist.

Auch in den Definitionen des vorangegangenen Abschnitts traten Quantoren auf. Die Definitionen wurden aber meistens so formuliert, daß nur ein Teil der auftretenden Variablen durch Quantoren gebunden wurden, die anderen blieben „freie" Variablen. In (2.5) z. B. wird auf der rechten Seite nur die Variable n durch den Existenzquantor gebunden, während x und y ungebunden bleiben. Es handelt sich also — trotz der Bindung von n — noch immer um eine Aussageform in den Variablen x und y (was auch in der Form der linken Seite des Äquivalenzzeichens deutlich wird). Ähnlich ist es in Beispiel 2.8. Hier bindet der Quantor die zwei Variablen a und b, während p frei bleibt.

Beispiel 2.9 Wir wollen nun aus der Primzahl-Definition einen kleinen Satz ableiten, der zu ihr äquivalent ist. Dazu formen wir den Bestandteil hinter dem Allquantor äquivalent um.

Satz. Sei $P = \{x \mid x \in \mathbf{N} \land x \text{ ist prim}\}$. Dann gilt

$$\bigwedge_{q \in \mathbf{N}} [q \in P \leftrightarrow \bigwedge_{a,b \in \mathbf{N}} (q \dagger a \land q \dagger b \rightarrow q \dagger a \cdot b)]$$

Das bedeutet in Worten: Wählt man aus den natürlichen Zahlen irgendeine Zahl q aus, dann ist q genau dann eine Primzahl, wenn sie bezüglich aller natürlichen Zahlen a und b die folgende Eigenschaft besitzt: Teilt sie weder a noch b, so wird sie auch das Produkt $a \cdot b$ nicht teilen.

Man erkennt, daß in dem Satz auch noch die in der Definition freie Variable gebunden ist. Da die Definition (2.9) alle Primzahlen innerhalb von **N** charakterisiert, muß jetzt im Satz die Bindung mit einem Allquantor über **N** erfolgen.

B e w e i s.

$$q \mid a \cdot b \rightarrow q \mid a \lor q \mid b \iff q \dagger a \cdot b \lor q \mid a \lor q \mid b \iff q \mid a \lor q \mid b \lor q \dagger a \cdot b$$
$$\iff \neg(q \mid a \lor q \mid b) \rightarrow q \dagger a \cdot b \iff q \dagger a \land q \dagger b \rightarrow q \dagger a \cdot b$$

Beispiel 2.10 In der über der Menge **R** der reellen Zahlen definierten zweistelligen Aussageform $y^2 < x$ binden wir eine der Variablen mit einem Existenzquantor und versuchen Folgerungen zu ziehen. Wir erhalten zunächst eine Aussageform, z. B.

$$p(x) \iff \bigvee_{y \in \mathbf{R}} y^2 < x$$

In Worten: Es gibt eine reelle Zahl y, deren Quadrat kleiner als x ist. Da das Quadrat einer reellen Zahl nie negativ ist, gilt

$$\bigwedge_{y \in \mathbf{R}} y^2 \geq 0$$

und daher wird p(x) sicher falsch für den Fall, daß x negativ oder gleich Null ist. Also

$$\bigwedge_{\substack{x \in \mathbf{R} \\ x \leq 0}} \neg p(x) \iff \bigwedge_{\substack{x \in \mathbf{R} \\ x \leq 0}} \neg \bigvee_{y \in \mathbf{R}} y^2 < x \iff \bigwedge_{\substack{x \in \mathbf{R} \\ x \leq 0}} \bigwedge_{y \in \mathbf{R}} y^2 \geq x$$

Für alle $x > 0$ ist p(x) dagegen wahr. Um das einzusehen, unterscheiden wir drei Fälle.
F a l l 1. $0 < x < 1$. Um festzustellen, daß hier stets $x^2 < x$ gilt, multiplizieren wir in der Gleichung $x = x$ die rechte Seite mit 1, die linke aber mit der kleineren Zahl x. Dann erhalten wir $x^2 < x$. Also gilt die Aussage

$$\bigwedge_{\substack{x \in \mathbf{R} \\ 0 < x < 1}} x^2 < x \quad \text{und damit auch} \quad \bigwedge_{\substack{x \in \mathbf{R} \\ 0 < x < 1}} \bigvee_{y \in \mathbf{R}} y^2 < x;$$

denn wir brauchen lediglich das spezielle y, y = x, zu wählen.

Fall 2. x = 1. Da für alle $0 < y < 1$ erst recht $y^2 < 1$ gilt, ist die Aussage

$$\bigvee_{y \in \mathbf{R}} y^2 < 1$$

sicher wahr.

Fall 3. $x > 1$. Die Kennzeichnung dieses Falles enthält bereits die Lösung; denn bei beliebigem x wählen wir y = 1 und finden p(x) wahr für $x > 1$. Damit haben wir eine Aussage erhalten, nämlich den

Satz

$$\bigwedge_{\substack{x \in \mathbf{R} \\ x > 0}} p(x) \iff \bigwedge_{\substack{x \in \mathbf{R} \\ x > 0}} \bigvee_{y \in \mathbf{R}} y^2 < x$$

In Worten: Zu jeder positiven reellen Zahl x gibt es eine reelle Zahl y, deren Quadrat kleiner als x ist.

Es handelt sich offensichtlich nicht mehr um eine Aussageform, sondern um eine Aussage, da in ihr beide Variablen x und y durch Quantoren gebunden sind. Der Satz sagt aus, daß die Erfüllungsmenge der Aussageform p(x) die Menge aller positiven reellen Zahlen ist.

Aufgabe 2.11 Zeigen Sie, daß die Erfüllungsmenge der über **R** definierten Aussageform

$$q(y) \iff \bigvee_{x \in \mathbf{R}} y^2 < x$$

aus der Menge aller reellen Zahlen besteht.

Beispiel 2.10 (Fortsetzung) Diesmal binden wir in der zweistelligen Aussageform $y^2 < x$ die Variable y durch einen Allquantor. Wir erhalten

$$p(x) \iff \bigwedge_{y \in \mathbf{R}} y^2 < x$$

Unsere Frage gilt wieder der Erfüllungsmenge von p(x) innerhalb der Grundmenge **R**. Dazu denken wir x beliebig gewählt; dann soll für dieses x stets, d. h. bei jeder Wahl von y, die Ungleichung $y^2 < x$ gelten. Für die Wahl von y stehen uns aber alle reellen Zahlen, auch sehr große, zur Verfügung. Wir können also y so wählen, daß $y^2 \geq x$, d. h. $\neg(y^2 < x)$ gilt. Die Lösungsmenge ist leer, d. h. es gilt

$$\bigwedge_{x \in \mathbf{R}} \neg p(x) \iff \bigwedge_{x \in \mathbf{R}} \neg \bigwedge_{y \in \mathbf{R}} y^2 < x \iff \bigwedge_{x \in \mathbf{R}} \bigvee_{y \in \mathbf{R}} \neg(y^2 < x)$$

$$\iff \bigwedge_{x \in \mathbf{R}} \bigvee_{y \in \mathbf{R}} y^2 \geq x,$$

und das bedeutet in Worten, daß es zu jedem beliebig gewählten x ein reelles y gibt, dessen Quadrat nicht kleiner als x ist.

*****Aufgabe 2.12** Untersuchen Sie entsprechend die Lösungsmenge von

$$q(y) \iff \bigwedge_{x \in \mathbf{R}} y^2 < x.$$

Beispiel 2.11 An einem einfachen Beispiel untersuchen wir noch einmal systematisch alle Möglichkeiten der Bindung der zwei Variablen einer zweistelligen Aussageform durch Quantoren. — Wir wählen: v(x, y) := „x ist verliebt in y" und gewinnen:

$\bigvee_x \bigvee_y v(x, y) \iff$ es gibt jemanden, der in jemanden verliebt ist

$\bigvee_y \bigvee_x v(x, y) \iff$ es gibt jemanden, in den jemand verliebt ist

$\bigvee_x \bigwedge_y v(x, y) \iff$ es gibt jemand, der in alle Menschen verliebt ist

$\bigvee_y \bigwedge_x v(xy) \iff$ es gibt jemanden, in den alle Menschen verliebt sind

$\bigwedge_x \bigvee_y v(x, y) \iff$ jedermann ist in jemanden verliebt

$\bigwedge_y \bigvee_x v(x, y) \iff$ jedermann wird von jemandem geliebt

$\bigwedge_x \bigwedge_y v(x, y) \iff$ jeder liebt jeden

$\bigwedge_y \bigwedge_x v(x, y) \iff$ jeder wird von jedem geliebt.

Die beiden ersten und die beiden letzten Aussagen unterscheiden sich in der Reihenfolge der Variablen in den Quantoren und damit natürlich auch sprachlich. Inhaltlich sind sie allerdings äquivalent. Ganz allgemein gilt der

Satz 2.3

a) $\quad \bigwedge_{x \in M} \bigwedge_{y \in M} r(x, y) \iff \bigwedge_{y \in M} \bigwedge_{x \in M} r(x, y)$

b) $\quad \bigvee_{x \in M} \bigvee_{y \in M} r(x, y) \iff \bigvee_{y \in M} \bigvee_{x \in M} r(x, y)$

B e w e i s. a) In der linksstehenden Aussage darf zunächst x beliebig gewählt werden — und jedesmal darf y die Gesamtmenge M durchlaufen, ohne daß r(x, y) falsch wird. Das bedeutet, daß die Wahl von y unabhängig von der vorweg erfolgten Wahl von x durchgeführt werden darf. x und y können also voneinander unabhängig und beliebig gewählt werden — deshalb können wir auch zunächst y und dann x wählen, wie es die rechte Seite verlangt. Wegen der Unabhängigkeit der Wahl schreiben wir auch

$$\bigwedge_{x, y \in M} r(x, y).$$

b) Im zweiten Fall muß — der Reihenfolge auf der linken Seite entsprechend — zuerst x gewählt werden, wobei aber bereits die Abhängigkeit von y vorhanden ist: Man kann x so wählen, daß es ein dazu passendes y gibt. Es gibt also ein Paar $x = x_0$ und $y = y_0$, so daß $r(x_0, y_0)$ wahr ist. Von diesem Paar kann man natürlich auch zuerst y — wieder im Hinblick auf mögliche x — wählen. Deshalb kann man hier die beiden Quantoren zu einem zusammenziehen und schreiben

$$\bigvee_{x, y \in M} r(x, y)$$

2.3 Quantoren 65

*Aufgabe 2.13 Untersuchen Sie wie in Beispiel 2.10 die über der Menge **N** der natürlichen Zahlen definierte Aussageform

$$0 < x - y < 10.$$

a) Schreiben Sie die vier verschiedenen Aussageformen auf, die durch die Bindung je einer Variablen mit einem Quantor ($\wedge$ bzw. $\vee$) entstehen,
b) formulieren Sie diese Aussageformen mit Worten,
c) untersuchen Sie ihre Erfüllungsmengen.

*Aufgabe 2.14 Untersuchen Sie wie in Beispiel 2.11 die zweistellige Aussageform
a) x hat Achtung vor y, abgekürzt durch a(x, y).
b) x ist Teiler von y, abgekürzt durch t(x, y).
Welche der 8 Aussagen im Fall b) sind wahr, welche sind falsch?

*Aufgabe 2.15 Sind die folgenden Aussagen richtig?
a) $\bigwedge_{x \in \mathbf{R}} \bigvee_{y \in \mathbf{R}} x^2 - 3x + 5 > y$ b) $\bigwedge_{x \in \mathbf{R}} \bigvee_{y \in \mathbf{R}} x^2 - 3x + 5 < y,$
c) $\bigwedge_{y \in \mathbf{R}} \bigvee_{x \in \mathbf{R}} x^2 - 3x + 5 > y,$ d) $\bigwedge_{y \in \mathbf{R}} \bigvee_{x \in \mathbf{R}} x^2 - 3x + 5 < y.$

*Aufgabe 2.16 Bestimmen Sie die Lösungsmenge der Aussageform

$$u(y) \iff \bigvee_{x \in \mathbf{R}} x^2 + 2x < y.$$

Aufgabe 2.17 Formulieren Sie in Worten möglichst exakt mit Hilfe von Quantoren:
a) den Satz des Pythagoras
b) den Strahlensatz und seine Umkehrung,
c) die Formel $(a + b)^2 = a^2 + 2ab + b^2$.

2.3.3 Ein geometrisches Axiomensystem

In der Geometrie gibt es Punkte und Geraden, die in einer Ebene liegen können. Für die folgenden Aussagen ist es nicht nötig, zu definieren, was Punkte bzw. Geraden sind. Jeder von uns verbindet mit diesen Begriffen bestimmte Vorstellungen, es würde uns aber sehr schwer fallen, diese Vorstellungen zu verwenden, um Definitionen auszusprechen. Will man aber Geometrie treiben, ohne Gefahr zu laufen, daß aus der Anschauung unbewiesene Sachverhalte unbewußt und unkontrolliert in die Untersuchungen eingehen, so tut man gut daran, wenn man schon die Grundbegriffe nicht definieren kann, so doch zumindest zugelassene Zusammenhänge zu formalisieren und dann mit ihnen nur noch formal zu operieren. Wir werden uns in der Auswahl dieser „Axiome", wie man die Grundforderungen nennt, beschränken, um die Möglichkeit zu haben, Uminterpretationen durchzuführen. Wie gesagt, wir definieren nicht, was Punkte oder Geraden sind. Wenn es uns gelingt, irgendwelche Grund- und Erfüllungsmengen für die mit Variablen geschriebenen Axiome zu finden, dann werden wir deren Elemente eben

B Punkte bzw. Geraden nennen. Je nach Interpretation werden Punkte einmal solche und ein anderesmal andere Individuen sein.

Wir nennen eine nichtleere Menge E, deren Elemente wir als Punkte bezeichnen, eine (affine) Ebene, falls die unten aufgeschriebenen 4 Axiome erfüllt sind. In E sind gewisse Teilmengen ausgezeichnet, die wir Geraden nennen, die Menge der Geraden bezeichnen wir mit G. Als Variable für Punkte wählen wir – wie in der Geometrie üblich – P, Q, R, S, ..., als Variable für Geraden g, h, i, j, ... Zwischen den Geraden sollen die Beziehungen definiert sein, die wir in Aufgabe 2.10 aufgeschrieben haben.

Axiome. 1. Die Geraden (als Teilmengen von Punkten) sollen mindestens 2 Punkte enthalten, d. h. formal

$$\bigwedge_{g \in G} \bigvee_{P, Q \in E} P \in g \wedge Q \in g \wedge P \neq Q$$

2. Es gibt mindestens drei paarweise verschiedene Geraden[1])

$$\bigvee_{g, h, i \in G} g \neq h \wedge h \neq i \wedge i \neq g$$

3. Durch jedes Paar v e r s c h i e d e n e r Punkte gibt es s t e t s genau eine Gerade. Dieses Axiom müssen wir formal in zwei aufspalten:

a) Es gibt mindestens eine Gerade

$$\bigwedge_{\substack{P, Q \in E \\ P \neq Q}} \bigvee_{g \in G} P \in g \wedge Q \in g$$

b) Es gibt höchstens eine solche Gerade

$$\bigwedge_{\substack{P, Q \in E \\ P \neq Q}} \bigwedge_{g, h \in G} P, Q \in g \wedge P, Q \in h \to g = h$$

oder, in äquivalenter Formulierung

$$\bigwedge_{P, Q \in E} \bigwedge_{g, h \in G} P \neq Q \wedge P \in g, h \wedge Q \in g, h \to g = h. \tag{2.12}$$

4. Es gilt das Parallelenaxiom: Zu jeder Geraden g gibt es durch jeden beliebigen Punkt P stets genau eine Parallele. Auch hier müssen wir wegen der Forderung „genau eine Parallele" das Axiom wieder aufspalten in

a) Es gibt mindestens eine Parallele

$$\bigwedge_{P \in E} \bigvee_{\substack{i \in G \\ g \in G}} P \in i \wedge i \parallel g.$$

b) Es gibt höchstens eine Parallele:

$$\bigwedge_{\substack{P \in E \\ g \in G}} \bigwedge_{i, j \in G} P \in i, j \wedge i, j \parallel g \to i = j. \tag{2.13}$$

---

[1]) Wir verabreden eine Reihe durchsichtiger Abkürzungen. So bedeutet z. B.
g, h, i ∈ **G** := g ∈ **G** ∧ h ∈ **G** ∧ i ∈ **G**; P, Q ∈ g := P ∈ g ∧ Q ∈ g; P ∈ g, h := P ∈ g ∧ P ∈ h; g ∥ h, i := g ∥ h ∧ g ∥ i usw.

2.3 Quantoren   67

Bemerkung 2.2 Es ist deutlich, daß hier Zusammenhänge beschrieben werden, die in der Geometrie, wie wir sie in der Schule gelernt haben, als wahr angesehen werden. Während die Forderungen 1 und 2 recht bescheidene Existenzforderungen sind, könnten wir uns die Frage stellen, ob denn die Forderungen 3 und 4 die Wirklichkeit so beschreiben, wie sie tatsächlich ist. Wir müssen zugeben, daß dies unentscheidbar bleibt, z. B. wegen der Unklarheit über die Natur der Punkte bzw. der Geraden. Gelingt es uns aber nun, aus den „ungewissen" Axiomen 1 bis 4 neue Aussagen logisch abzuleiten, dann können wir immerhin die folgende Feststellung treffen: Sollte die Welt so beschaffen sein, daß die Aussagen 1 bis 4 wahr sind, so müssen in der Welt auch die gefolgerten Aussagen gelten. Axiome erheben keinen Anspruch darauf, wahr zu sein, d. h. die Wirklichkeit so zu beschreiben, wie sie faktisch ist. Natürlich formulieren wir sie nicht ganz willkürlich. Einschließlich der aus ihnen gezogenen Folgerungen beschreiben sie aber nur mögliche Modelle der Wirklichkeit – und mit dieser bescheidenen Rolle muß sich die gesamte „Geometrie" begnügen.

An dem vorgestellten Axiomensystem stellen wir den Begriff „Modell" eines Axiomensystems vor. Dazu interpretieren wir, was die Grundmenge **E** sein soll und in welcher Weise aus ihr die Teilmengen festgelegt werden, die wir dann Geraden nennen.

Modell 1 Wir gehen von einem Tetraeder aus, dessen Ecken A, B, C und D die „Punkte" unseres Modells, d. h. die Elemente von **E** bilden, während AB, AC, AD, BC, BD, CD die „Geraden" des Modells liefern (vgl. Fig. 2.7). Als Geraden „parallel" sind jeweils AB – CD, AC – BD, AD – BC. Wir finden unsere axiomatischen Forderungen erfüllt, denn

1. Keine der 6 Geraden enthält weniger als 2 Punkte,
2. Keine zwei der 6 Geraden sind „gleich",
3. Die „Geraden" haben wir so gebildet, daß Axiom 3 erfüllt wird,
4. Denken wir uns z. B. den Punkt A vorgegeben und dazu eine weitere Gerade g, so unterscheiden wir zwei Fälle. 1. Fall: g geht durch A, dann ist g selbst die Parallele. 2. Fall: A liegt nicht auf g, dann ist die Parallele eine der drei Geraden durch A, denn zu jeder durch A laufenden Geraden gibt es genau eine Parallele. Entsprechend kann man überlegen, wenn statt A ein anderer Punkt vorgegeben wird.

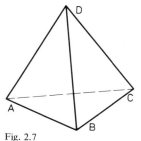

Fig. 2.7

Aufgabe 2.18 Zu zeigen ist, daß auch die 9 kleinen Kreise A bis I als „Punkte" und die 12 „Geraden" ABC, DEF, GHI, ADG, BEH, CFI, GEC, HFA, BDI, AEI, DHC, BFG ein

68　2 Prädikatenlogik

B　Modell darstellen (vgl. Fig. 2.8). Führen Sie Ihre Begründung anschaulich an der Figur durch, bei Axiom 4. genügen einige Beispiele.

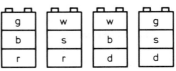

Fig. 2.9

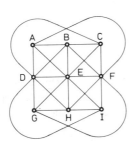

Fig. 2.8

Aufgabe 2.19 Ein drittes Modell wird durch die folgenden 4 Legotürme gebildet. Sie wurden dreietagig aus Steinen der 6 Farben r (rot), b (blau), g (gelb), w (weiß), s (schwarz) und d (durchsichtig, farblos) gebaut (Fig. 2.9).

a) Bestätigen Sie, daß hier ein Modell vorliegt.
b) Zeigen Sie, daß das vorgelegte Modell aus dem Tetraedermodell durch Uminterpretation der Variablen entsteht.

*Aufgabe 2.20 Wir ändern das vierte Axiom ab und fordern, daß nicht nur 2 Punkte stets genau eine Gerade festlegen (Axiom 3), sondern daß auch gilt:

　　4'. Zwei beliebige Geraden haben stets genau einen Punkt gemeinsam.

a) Formalisieren Sie die Forderung 4'.
b) Zeigen Sie, daß bei geeigneter Interpretation (2 Möglichkeiten) die 7 Legotürme der Fig. 2.10 (hier ist eine 7. Farbe v (violett) hinzugekommen) ein Modell des abgeänderten Axiomensystems bilden.

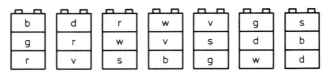

Fig. 2.10

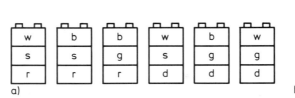

a)　　　　　　　　　　　　　　　　　　　　　　　　　b)

Fig. 2.11

Aufgabe 2.21 Diesmal ändern wir das Axiom 3 ab, während das Axiom 4 (Parallelenaxiom) erhalten bleibt. Dazu definieren wir für zwei beliebige Punkte P, Q: B

P ist parallel zu Q (in Zeichen P ∥ Q) genau dann, wenn P = Q ist oder wenn es keine Gerade gibt, der P und Q gemeinsam angehören.

a) Formalisieren Sie die Definition für Parallelität von Punkten. Anstelle von Axiom 3 des Ausgangssystems wählen wir jetzt ein Parallelenaxiom für Punkte, nämlich

3$'_.$ (Parallelenaxiom für Punkte): Zu jedem beliebigen Paar (g, P), g $\in$ G und P $\in$ E gibt es stets und genau einen Punkt Q $\in$ E, so daß P ∥ Q und Q $\in$ g.

b) Zeigen Sie, daß für dieses System sowohl in Fig. 2.11a als auch 2.11b ein Modell gegeben ist.

c) Geben Sie eine Uminterpretation von einem System in das andere an.

2.4 Aussageformen und Lösungsmengen im Schulunterricht   C

Die Begriffe „Aussageform" und „Lösungsmenge" sind erst in letzter Zeit mit der Reform des mathematischen Unterrichts in die Schule eingedrungen. Während sie im Rahmen der Lehre von den Gleichungen und Ungleichungen (vgl. 4.5) durchaus sinnvoll und angebracht sind, scheint ihre Einführung sonst, besonders aber im 5. Schuljahr, stark überbewertet zu sein. Das gilt erst recht für die im 5. Schuljahr mit großem Aufwand getriebene aber recht formale und verbalistische Mengenlehre (vgl. 3.4).

Es ist aber durchaus möglich, zur Vorbereitung dieser Begriffe Kindern schon früh motivierende und unmittelbar auf logische Schulung zielende Spiel- und Denkangebote zu machen, die ohne jeden verbalen Druck und ohne formalistische Verfrühung sind. Die G r u n d m e n g e n, mit denen man zunächst arbeitet, sind „didaktische Materialien" wie „Logische Blöcke"[1]) oder Turmsätze aus farbigen Steckbausteinen oder Legosteinen.

Die 48 Logischen Blöcke können sich voneinander in vier verschiedenen Eigenschaften unterscheiden:

1. in der Form (rechteckig, quadratisch, dreieckig, rund)
2. in der Farbe (rot, blau, gelb)
3. in der Dicke (dick, dünn)
4. in der Größe (groß, klein).

Legotürme kann man mit Steinen verschiedener Farbe und mit verschieden vielen Etagen bauen. Sehr gut verwendbar ist der (3,3)-Satz (mit der Höhe 3, bei dem wir die Farben gelb, blau, rot verwenden).

---

[1]) Die verschiedenen Verlage bringen verschiedene didaktische Materialien auf den Markt, die sich aber nur äußerlich, nicht grundsätzlich von den „Logischen Blöcken" unterscheiden.

70 2 Prädikatenlogik

C Die **A u s s a g e f o r m e n** werden averbal in der Form von „Merkmalkärtchen" gegeben. Beispiele für die Logischen Blöcke zeigt Fig. 2.12, und Beispiele für Legotürme zeigt Fig. 2.13.

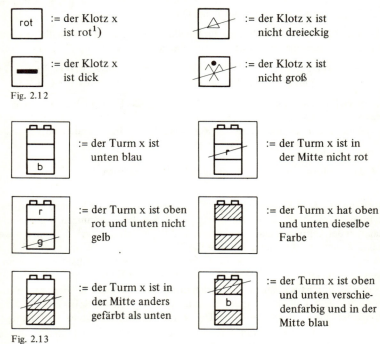

Fig. 2.12

Fig. 2.13

2.4.1 Venn-Diagramme und Lösungsmengen

Zur Kennzeichnung einer Lösungsmenge P des Merkmalkärtchens (der Aussageform) p(x) legt man das Kärtchen auf die Umgrenzungslinie von P (Fig. 2.14).

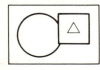

Fig. 2.14

Bereits in der Vorschule kann man mit attraktiven Spielen beginnen, die in ihrer Weiterführung zu vielseitigen logischen Übungen führen. Dazu muß ausdrücklich festgestellt werden, daß bereits 5jährige Kinder zu schlußfolgerndem Denken fähig sind, wenn sich dieses mit Handlungen eng verbindet.

---
[1]) Auf den benutzten Merkmalkärtchen sind die Farben natürlich aufgemalt und nicht wie hier durch Buchstaben gekennzeichnet.

2.4 Aussageformen und Lösungsmengen im Schulunterricht 71

Die Bedeutung der Merkmalkärtchen verstehen sie wegen der suggestiven Gestaltung C
sofort. Man kann Vierergruppen ohne große Vorbereitung zumuten, in Plänen wie in
der Fig. 2.14 die Elemente der Grundmenge zu verteilen, wenn man mit einfachen
Kärtchen beginnt. Auch die Verabredung über die Verneinung setzt sich mit nur wenig
Hilfe schnell durch.

Natürlich macht es den Kindern große Schwierigkeiten, ein Zweier- oder gar ein Dreier-
diagramm mit Elementen richtig auszulegen.

Das liegt daran, daß sie erst lernen müssen, 2 oder gar 3 Merkmale in einer Simultanentscheidung richtig zu verknüpfen. Unter einer „Simultanentscheidung" verstehen wir
jegliche Art des Zusammenfassens mehrerer Informationen, die zunächst einzeln, eine
nach der anderen, oder — wie wir sagen — sukzessiv aufgenommen werden, zu einer
einzigen Information bzw. Handlung. Derartige Simultanprozesse sind in der Mathematik
sehr häufig, wobei in dem Akt des Zusammenfassens nicht ausschließlich die Logik eine
Rolle spielen muß.

In einer Spielsequenz kann das Zusammenfassen von sukzessiv gewonnenen Informationen zu einer Simultanentscheidung vorbereitet werden:

Spiel 1. A. S u k z e s s i v a u f f a s s u n g
S p i e l m a t e r i a l 1. Ein Plan mit drei ineinander verschlungenen verschiedenfarbigen
Kreisen, etwa in den Farben gelb, blau, rot (Fig. 2.15).
2. Ein Würfel — je zwei Seiten tragen einen roten, einen blauen bzw. gelben Aufkleber.
3. für jeden Spieler 4—5 Halmasetzer einer („seiner") Farbe.

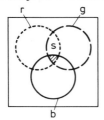

Fig. 2.15

S p i e l v e r l a u f. Ziel ist es, so schnell wie möglich seine 4 Halmasetzer ins „warme"
Mittelfeld zu bringen. Die Spieler würfeln reihum, wobei jeder dreimal würfeln darf.
Jeder der Würfe zeigt eine Farbe. Nach dem Einzelwurf darf ein Setzer in Richtung
Mitte über die Linie dieser Farbe gesetzt werden. Man erkennt die Sukzessiventschei-
dungen nach den einzelnen Würfen. Im günstigsten Fall gelingt es dem Spieler, der „dran"
ist, durch das Würfeln von 3 verschiedenen Farben in drei Schritten das Mittelfeld zu erreichen. Sonst aber setzt er seinen Weg beim nächsten „Dransein" fort.

Spiel 1. B. S i m u l t a n e n t s c h e i d u n g
S p i e l m a t e r i a l 1. Spielplan wie bei A.
2. 3 Würfel. Würfel 1 trägt 6 rote Aufkleber, von denen 3 durchgestrichen sind (nicht
rot!), entsprechend wird Würfel 2 der Farbe gelb und Würfel 3 der Farbe blau zugeordnet.
3. Je Spieler diesmal 8 Halmasetzer seiner Farbe.

2 Prädikatenlogik

C **S p i e l v e r l a u f.** Jeder Spieler würfelt nur einmal, aber mit allen drei Würfeln zugleich. Jeder Wurf entspricht einem Feld auf dem Spielplan, der Wurf rot-blau-nicht gelb z. B. dem Feld S der Figur 2.15. Würfelt ein Spieler einen Wurf, den er bereits einmal gewürfelt hatte, so kann er keinen Setzer setzen, hat er den Wurf aber noch nicht gewürfelt, so besetzt er das betreffende Feld des Planes. Es kommt darauf an, als erster alle 8 Felder zu besetzen, wobei auch das Außenfeld mit dem Wurf: nicht rot-nicht gelb-nicht blau mitgezählt ist.

Statt der Halmasetzer kann man an jeden Spieler einen Turmsatz der folgenden Art verteilen (vgl. Fig. 2.16), wobei auf den 8 Feldern für jeden Spieler je ein Platz individuell vorgeschrieben wird. Dabei wird einem Wurf, in dem z. B. „rot" oben liegt, eine Aufforderung zugeordnet, die einer Aussageform schon recht nahe kommt, nämlich diese: „Du darfst einen Turm setzen, in dem die Farbe Rot vorkommt."

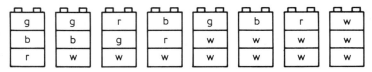

Fig. 2.16

Zur Schulung von Raumanschauung und zur Motivationssteigerung kann man als Spielfeld auch einen Würfel bzw. eine Kugel (z. B. aus Styropor) wählen. Beim Würfel werden drei in einer Ecke zusammenstoßende Flächen je mit einer der drei beteiligten Farben angemalt. Dann kennzeichnet jeder Wurf eindeutig eine der 8 Ecken, auf die man einen leicht wieder zu lösenden Aufkleber der Spielerfarbe klebt (etwa Avery-Markierungspunkte). Auf der Kugel zieht man drei Kreise, einen von jeder Farbe. Dann entstehen 8 Felder. Um sie wie im Spielplan der Fig. 2.15 eindeutig den verschiedenen Würfeln zuzuordnen, gibt man den Kreisen einen Durchlaufsinn durch Anbringen von Pfeilen (vgl. auch Fig. 2.17, in der ein entsprechendes Feld für einen A4-Bogen vorgeschlagen wird – hier fehlt allerdings ein 8. Feld). Würfelt man z. B. u. a. die Farbe rot, so heißt die zugehörige Aussageform: das zugehörige Feld x liegt links der roten Linie.

Fig. 2.17

Weiterführende Spiele Nach diesen Vorbereitungen kann man zum Auslegen von Venndiagrammen übergehen – bei den log. Blöcken z. B. mit den Eigenschaften „dreieckig, rot, groß", bei den Legotürmen ist über die Prädikate „unten blau, Mitte blau, oben blau" eine große Fülle von Schritten in der Steigerung der Schwierigkeiten möglich. Beim Spielen besetzt der Spieler jeweils das betreffende Feld (die Würfel müssen entsprechend gezeichnet sein). Zugleich darf er sich aber auch aus der Grundmenge – solange der Vorrat reicht – ein Element der gewürfelten Eigenschaften aussuchen.

2.4 Aussageformen und Lösungsmengen im Schulunterricht   73

In einem 3. Schritt, ab dem 4. Schuljahr etwa, wählt man Zahlen oder geometrische   C
Figuren als Grundmengen. Bei Zahlen (Grundmenge **N**) kommen als Aussageformen in
Frage

$$p(x) := x\,|\,30, \qquad q(x) := x\,|\,70, \qquad r(x) := x\,|\,105$$

oder $\quad p(x) := 2\,|\,x. \qquad q(x) := 3\,|\,x, \qquad r(x) := 5\,|\,x$

oder $\quad p(x) := x < 0, \qquad q(x) := x < 7, \qquad r(x) := x > -4$

Bringt man z. B. diese Symbole und ihre Verneinung auf Würfeln an, so fordert wieder jeder Wurf das Erfülltsein bzw. Nichterfülltsein mehrerer Forderungen. Kann der Werfer eine erfüllende Zahl angeben, so wird diese notiert (damit sie nicht noch einmal genannt wird) außerdem darf er das betreffende Feld mit einem Setzer besetzen. Man kann auch verabreden, die genannte Zahl mit einer dem Spieler zugeordneten Farbe in das Spielfeld zu schreiben.

Man erkennt, wieviel verschiedene Aufgabentypen sich hier stellen. Im „innersten" Feld handelt es sich bei Aussageformen über Teiler stets um gemeinsame Teiler und man stellt leicht fest, daß diese a l l e wieder Teiler des größten gemeinsamen Teilers sind.

Entsprechendes gilt für Aussageformen mit Vielfachen.

Gezielte Beobachtungen führen also hier zu quantorisierten Aussagen.

Bei Vierecken sind z. B. die folgenden Aussageformen möglich:

$\quad p(x) \quad := \quad$ x hat senkrechte Diagonalen

$\quad p(x) \quad := \quad$ in x halbieren sich die Diagonalen

$\quad r(x) \quad := \quad$ x hat mindestens einen rechten Innenwinkel.

2.4.2 Venn-Diagramme und logisches Schließen

Für die folgenden Betrachtungen wählen wir die in Fig. 2.18 angegebene Bezeichnung für die 8 Felder eines Venndiagrammes: Das folgende Beispiel (vgl. Fig. 2.19) ist für ein 5/6. Schuljahr geeignet. Aus der richtigen Verteilung der Türme eines (3,3)-Satzes sind

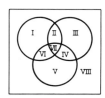

Fig. 2.18

einige zurückgeblieben. Angegeben ist von diesen allein die Farbe eines bzw. keines Steines. Die Aufgabe besteht darin, auf die fehlenden Farben zu schließen.

2 Prädikatenlogik

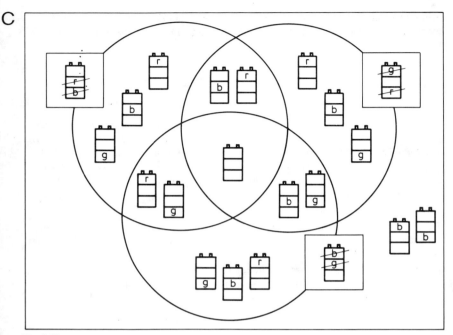

Fig. 2.19

Die geforderten Entscheidungen können durch Anmalen getroffen aber auch begründet werden. Im Feld I z. B. gilt $p(x) \wedge \neg q(x) \wedge \neg r(x)$. Ist der Turm – wie angegeben – unten gelb, so könnte er gemäß dieser Angabe auch noch $q(x)$ und $r(x)$ erfüllen. Dies aber muß durch die fehlenden Farben der beiden anderen Steine verhindert worden sein. Nur wenn er in der Mitte gelb ist, erfüllt er eine der beiden anderen Aussageformen nicht ($r(x)$ wird falsch). Ist er auch noch oben gelb, so erfüllt er $q(x)$ nicht. Der vollständig gelbe Turm also könnte hier stehen. Ist er der einzige, der hier stehen könnte, wenn er unten gelb ist? In der Mitte kann er wegen $p(x)$ nicht rot sein. Könnte er in der Mitte blau sein? Nein, das ist nicht möglich; denn dann könnte die Farbe des oberen Steines nicht mehr verhindern, daß er in eines der anderen Felder rückt: In das Feld II, wenn der obere Stein blau wäre, in das Feld VII, wenn der obere Stein rot und in das Feld VI, falls die Farbe des oberen Steines gelb wäre. Entsprechend schließen wir auf die Eindeutigkeit der Farbe des oberen Steins. Ähnlich können die Folgerungen für die beiden anderen Türme im Feld I gezogen werden.

In Feld II wählen wir z. B. den Turm, von dem wir wissen, daß er oben rot ist. Für den unteren Stein muß „nicht rot" (wegen des Erfülltseins von $q(x)$) und „nicht blau" (wegen des Erfülltseins von $p(x)$) gelten. Dieser Stein hat also die Farbe gelb. Wegen $p(x)$ ist der mittlere Stein nicht rot. Wäre er blau, so würde unser Turm $r(x)$ erfüllen. Da er dies nicht tut, muß er ebenfalls die Farbe gelb haben.

2.4 Aussageformen und Lösungsmengen im Schulunterricht

Diese Folgerungen lassen sich auch in der Schule teilformalisieren. Für den zuletzt betrachteten Turm gilt:

P_1 : oben rot
P_2 : p(x)
P_3 : q(x)
P_4 : ¬r(x)

Durch Separation gewinnen wir aus P_2 : unten nicht blau
und aus P_3 : unten nicht rot
also: unten gelb

Durch Äquivalenzumformung oben blau oder in der Mitte gelb
gewinnen wir weiter aus P_4 : wenn oben nicht blau, so in der Mitte gelb

da oben rot den Vordersatz „oben nicht blau" zur Folge hat, folgt durch Abtrennung: Mitte gelb.

Wir betrachten noch den Turm in Feld VII. Für ihn gilt die Konjunktion aller in den Merkmalkärtchen bezeichneter Verneinungen. Daher gewinnen wir durch Separation:

1. unten nicht blau und unten nicht rot, also unten gelb

2. in der Mitte nicht rot und in der Mitte nicht gelb, also in der Mitte blau

3. oben nicht gelb und oben nicht blau, also oben rot.

Es dürfte einleuchten, daß sich wegen der Fülle möglicher Merkmalkärtchen sehr viele Probleme ähnlicher Art konstruieren lassen – wobei der Schwierigkeitsgrad stark variiert werden kann.

2.4.3 Venn-Diagramme und Quantoren

Wir greifen auf das Beispiel von Fig. 2.19 zurück. Die Verteilung der Türme motiviert eine Reihe von quantorisierten Aussagen, die sich allein auf die Beobachtung stützen, die sich aber dann im zweiten Schritt auch begründen lassen.

U. a. sind die folgenden quantorisierten Aussagen möglich:

I: Es gibt genau ein x: x ist unten gelb
Für alle x: Wenn x in der Mitte blau ist, so ist er auch oben blau

II: Für alle x: x ist unten gelb
Für kein x: x ist dreifarbig

III: Es gibt genau ein x: x ist oben rot
Es gibt mindestens ein x: x ist dreifarbig

IV: Für alle x: x ist oben rot
Für alle x: wenn x in der Mitte rot ist, so ist er unten nicht rot

V: Für genau ein x: x ist einfarbig
   Es gibt x: x ist oben anders als unten

VI: Es gibt x: x ist oben genauso gefärbt wie unten
   Für alle x: x ist in der Mitte blau

VII: Es gibt genau ein x: x ist dreifarbig

VIII: Für alle x: x ist oben anders als unten
   Für alle x: x ist in der Mitte nicht blau.

Die Begründungen für Existenzaussagen folgen – ähnlich wie in den durch Fig. 1.19 gegebenen Fragestellungen – durch die direkte Angabe eines Beispiels. Die Allaussagen müssen dagegen allgemein, als für jedes x geltend, nachgewiesen werden.

Wählen wir z. B. die Allaussage in I. Um sie zu gewinnen, genügt die Prämisse $\neg r(x)$, die für alle x aus I gültig ist. Wir führen den Kettenschluß

Mitte blau → Mitte nicht gelb
Mitte nicht gelb → oben blau   (Äquivalenzumformung von $\neg r(x)$)
―――――――――――――――――――――
Mitte blau → oben blau.

Da wir lediglich $\neg r(x)$ benutzt haben, können wir sagen

$\bigwedge\limits_{x \in R}$ Mitte blau → oben blau.

Im Unterricht werden Begründungen weitgehend argumentierend geführt werden, d. h. so, daß andere von der Gültigkeit des zu beweisenden Satzes überzeugt werden. Derartige Möglichkeiten sollen noch an zwei anderen Beispielen skizziert werden.

Im Feld II gilt: Für kein x: x ist dreifarbig. Unmittelbar aus den Aussageformen folgt: Der untere Stein ist nicht rot und er ist nicht blau, also ist er gelb. Der mittlere Stein ist nicht rot, der obere nicht gelb. Wegen der Dreifarbigkeit und da der untere Stein gelb ist, folgt für den mittleren Stein die Farbe blau.

Da Feld II zu $\overline{R}$ gehört, muß der Turm auch oben blau sein. Dreifarbigkeit kann nicht auftreten.

Wir wenden uns jetzt noch der letzten Allaussage für das Feld VIII zu. Dazu gehen wir die Fälle einzeln durch und zeigen, daß oben und unten gleichgefärbte Türme in jedem Fall „innen" stehen müssen. Man sieht sofort, daß der Fall „Oben und unten blau" die Aussageform q(x) erfüllt. Die Fälle „oben und unten rot" bzw. „oben und unten gelb" gehören beide sogar den Lösungsmengen von r(x) bzw. p(x) an. Wir treffen auf sie also in einem der beiden Felder VI bzw. VII.

2.4.4 Gleichungen als Aussageformen

Wie unsere Sätze zeigen, sind die Aussagen der Mathematik All- bzw. Existenzaussagen. In der Gleichungslehre treten daneben auch Aussageformen auf; denn Gleichungen bzw. Ungleichungen sind Aussageformen, z. B.

$$3x^2 - 15x \leqq x^2 - 4x - 5$$

2.4 Aussageformen und Lösungsmengen im Schulunterricht 77

Betreibt man Gleichungs- bzw. Ungleichungslehre, so kommt es darauf an, die zugehörigen Lösungsmengen zu finden. Insbesondere interessiert dabei natürlich auch die Frage nach der Existenz von Lösungen.

C

Hauptbestandteile von (Un-)Gleichungen sind T e r m e, die für den Bereich der Sekundarstufe I so definiert sind.

1. Zahlen und Variable für Zahlen sind Terme
2. Sind t_1 und t_2 zwei Terme, so ist auch $t_1 + t_2$, $t_1 - t_2$, $t_1 \cdot t_2$ und $t_1 : t_2$ (sofern $t_2 \neq 0$) ein Term.

Im Beispiel sind $3x^2 - 15x$ und $x^2 - 4x - 5$ Terme.

Innerhalb der Gleichungslehre treten zwei sorgfältig zu unterscheidende Äquivalenzen auf: Die Äquivalenz von Termen, die wir hier „Gleichwertigkeit" nennen, und die Äquivalenz von Gleichungen. Terme sind genau dann gleichwertig, wenn sie beim Ersetzen gleicher Variablen mit gleichen Zahlen gleiche Zahlen liefern. Eine Aussage über die Gleichwertigkeit von Termen ist stets eine Allaussage. In unserm Beispiel:

$$\bigwedge_{x \in \mathbf{R}} 3x^2 - 15x = 3x(x - 5)$$

bzw. $$\bigwedge_{x \in \mathbf{R}} x^2 - 4x - 5 = (x - 5)(x + 1)$$

An diese Stelle treten beim Umformen von Gleichungen durch das Ersetzen von Termen durch gleichwertige sämtliche algebraischen Formeln in Erscheinung, wie die kommutativen, assoziativen und distributiven Gesetze, wie z. B.

$$\bigwedge_{a, b, c \in \mathbf{R}} (a + b) \cdot c = a \cdot c + b \cdot c \text{ usw.}$$

(bei denen man in der Schule den Allquantor meist nicht formal, sondern nur verbal oder überhaupt nicht kennzeichnet. Im letzten Fall sollte die Allgemeingültigkeit, die ja das Wesen einer algebraischen Formel ausmacht, den Kindern bewußt sein – am besten dadurch, daß man für diese Art von Gleichwertigkeit ein anderes Zeichen wählt). Der zweite Hauptbestandteil der Gleichungslehre ist die Äquivalenz von Gleichungen. Äquivalenz von Gleichungen, d. h. Aussageformen, bedeutet die Übereinstimmung der Lösungsmengen in gegebenen Grundmengen; sie ist also stets relativ zur Grundmenge.

In der Gleichungslehre kommt es nun darauf an, Gleichungen mit Hilfe der beiden Arten von Äquivalenzen schrittweise so umzuformen, daß die Lösungsmenge leicht abgelesen werden kann. Im Beispiel wird die Aussageform

$$3x^2 - 15x \underset{=}{\leq} x^2 - 4x - 5$$

zunächst dadurch in eine äquivalente überführt, daß auf beiden Seiten die Terme in gleichwertige umgeformt werden. Wir erhalten

$$3x(x - 5) \underset{=}{\leq} (x - 5)(x + 1)$$

Im zweiten Schritt erfolgt eine Äquivalenzumformung dieser Ungleichung in

$$3x(x - 5) - (x - 5)(x + 1) \underset{=}{\leq} 0$$

C Aus dieser entsteht durch Umformen des links stehenden Terms im ersten Schritt

$$(x - 5) \cdot (3x - (x + 1)) \leq 0$$

und im zweiten

$$(x - 5) \cdot (2x - 1) \leq 0.$$

Die so gewonnene Aussageform läßt sich nun in zwei zerlegen, nämlich

$$(x - 5) \cdot (2x - 1) = 0 \lor (x - 5) \cdot (2x - 1) < 0.$$

Hieraus läßt sich nun die Lösungsmenge leicht bestimmen. Zu ihr gehören die Lösungen der linken Gleichung, nämlich $x = 5$ und $x = 1/2$ und zusätzlich die der rechten Ungleichung. Damit $(x - 5)(2x - 1) < 0$ wird, muß genau einer der beiden Terme $(x - 5)$ oder $(2x - 1)$ negativ sein. Die Ungleichung $x - 5 < 0$ ist äquivalent zu $x < 5$, $2x - 1 < 0$ ist äquivalent zu $x < 1/2$. Die Lösungsmenge läßt sich also schreiben

$$L = \{x \mid [(x < 5 \lor x < \tfrac{1}{2}) \lor (x = 5) \lor (x = \tfrac{1}{2})]\}$$

$$L = \{x \mid (x < 5 \land x \geq \tfrac{1}{2}) \lor (x \geq 5 \land x < \tfrac{1}{2}) \lor (x = 5) \lor (x = \tfrac{1}{2})\}$$

Da für kein $x \in \mathbf{R}$ $x \geq 5 \land x < \tfrac{1}{2}$ richtig ist, wird

$$L = \{x \mid x \leq 5 \land x \geq \tfrac{1}{2}\}$$

2.4.5 Ein Spiel zum Thema „Quantoren"

S p i e l a l t e r. Ab 5. Schuljahr

S p i e l m a t e r i a l. Ein Satz Legotürme (3,3), Spielkärtchen, Merkmalkärtchen (insbesondere bei Spiel 3).

Die Spielkärtchen stellt man sich mit zwei Din-A4-Bögen leicht selbst her, die man in je 12 gleichgroße Felder einteilt. Jedes Feld erhält einen der folgenden Texte (ohne die Nummern):

1. Für alle Türme gilt . . .
2. Für alle Türme gilt . . . nicht
3. Nicht für alle Türme gilt . . .
4. Für nicht alle Türme gilt . . .
5. Für keinen Turm gilt . . .
6. Für keinen Turm gilt . . . nicht
7. Für genau einen Turm gilt . . .
8. Für genau einen Turm gilt . . . nicht
9. Für manche Türme gilt . . .
10. Für manche Türme gilt . . . nicht
11. Für nicht genau einen Turm gilt . . .
12. Für genau drei Türme gilt . . .
13. Für höchstens einen Turm gilt . . .
14. Für höchstens einen Turm gilt . . . nicht
15. Für mindestens einen Turm gilt . . .
16. Für mindestens einen Turm gilt . . . nicht
17. Für weniger als zwei Türme gilt . . .
18. Für weniger als zwei Türme gilt . . . nicht

2.4 Aussageformen und Lösungsmengen im Schulunterricht

19. Für zwei oder mehr Türme gilt . . .
20. Für zwei oder mehr Türme gilt . . . nicht
21. Es gibt Türme, für die gilt . . .
22. Es gibt Türme, für die gilt . . . nicht
23. Für genau zwei Türme gilt . . .
24. Für genau zwei Türme gilt . . . nicht

C

S p i e l v e r l a u f 1. Die Spieler wählen reihum Türme und stellen sie vor sich auf. Dann werden die Kärtchen gemischt und mit der Rückseite nach oben in die Tischmitte gelegt (gebündelt bzw. ungebündelt).
Die Spieler ziehen reihum ein Kärtchen. Der „Spieler am Zug" liest seinen Text laut vor. Dazu sucht er eine Eigenschaft, die auf die Turmmenge seines linken Nachbarn, d. h. die des nächsten Spielers, paßt. Dabei bezieht sich die von ihm verbalisierte Aussage natürlich auf die ganze Teilmenge dieses Nachfolgespielers. Sie wird richtig sein, weil in dieser Teilmenge – je nach Kärtchentext – Türme existieren, aufgrund deren die gemachte Aussage wahr wird. Der Spieler darf diese Türme von seinem Nachbarn nehmen und zu seinem eigenen Vorrat stellen. Bei den Kärtchen 1, 2, 5 und 6 ist dies sogar der gesamte Vorrat des Nachbarn. Wird keine zutreffende Eigenschaft gefunden, so geht der Spieler leer aus.

Verliert ein Spieler alle Türme, so darf er beim folgenden Zug zwei Kärtchen ziehen, um auf diese Weise sicherer wieder zu einem gewissen Vorrat zu kommen. Gewinnt er keinen Turm, so muß er ausscheiden.

Man kann die Menge der zugelassenen Prädikate dadurch einschränken, daß man Merkmalkärtchen auslegt, auf die man sich vorweg geeinigt hat. Damit gestaltet sich das Spiel auch weniger anspruchsvoll.

S p i e l v e r l a u f 2. Auf dem Tisch werden 6 Din-A5-Blätter ausgelegt. Auf jedes Blatt wird eine Teilmenge von 4–5 Türmen gestellt. Wir beim 1. Spiel ziehen die Spieler reihum Kärtchen (je eins) und wählen ein Prädikat, das auf eine der Teilmengen zutrifft. Diese Teilmenge wird markiert, indem sie auf das betreffende Feld eine Marke legen. Diese Marke soll kenntlich machen, daß diese Teilmenge von dem betreffenden Spieler in den folgenden Spielzügen nicht mehr gewählt werden darf. Jeder Spieler bekommt 5 (individuell verschiedene) Marken. Es kommt darauf an, möglichst als erster alle Marken aufzulegen.

S p i e l v e r l a u f 3. Diesmal bildet sich der Spieler am Zug aus dem gesamten noch vorhandenen Türmevorrat eine Teilmenge aus 4 Türmen. Erst dann wählt der 1. aus den offen liegenden Merkmalkärtchen zwei und 2. aus den verdeckt liegenden Spielkärtchen eines. Gelingt es ihm, mit Hilfe eines der beiden Merkmalkärtchen und seinem Spielkärtchen eine Aussage zu machen, die auf seine 4 Türme zutrifft, so darf er die entscheidenden Türme (vergleiche dazu Spielverlauf 1) behalten, die anderen Türme kommen in den Spielvorrat zurück. Wer gewinnt am meisten Türme?

3 Mengenalgebra

3.1 Erfüllungsmengen von Aussageformen

Im vorangegangenen Abschnitt haben wir uns ausgiebig mit Aussageformen befaßt. Aufgrund der Definition 2.1 nennen wir p(x) dann eine (einstellige) A u s s a g e f o r m, wenn durch das Ersetzen von p durch ein Prädikat und der (einen) Variablen x durch einen geeigneten Namen eine Aussage entsteht. Um eine Aussageform p(x) festzulegen, benötigen wir einen Bereich von Individuen, deren Namen, für die Variable x eingesetzt, aus der Aussageform eine Aussage machen. Einen derartigen Individuenbereich nennen wir G r u n d m e n g e der Aussageform, wobei wir, wie üblich, die Abkürzung G verwenden wollen. Innerhalb einer Grundmenge G können wir uns für diejenigen Individuen interessieren, durch die p(x) in eine w a h r e Aussage übergeht. Auf diese Weise (vgl. Abschn. 2.1) geben uns Aussageformen p(x), die über einer Grundmenge G definiert sind, Anlaß zur Bildung eines neuen Individuums, nämlich der E r f ü l l u n g s -
m e n g e P von p(x) in der Grundmenge G. Während im vorangegangenen Kapitel das Arbeiten mit Aussageformen im Vordergrund stand, werden wir uns jetzt direkt mit diesen neuen Gebilden, den M e n g e n, befassen. Dabei bleibt natürlich der Zusammenhang zum Bisherigen über die entsprechenden Aussageformen gewahrt.

Es ist üblich, zur Bezeichnung von Mengen große Buchstaben zu verwenden, z. B. A, B, C, . . . , G, . . P, Q, R, . . . Dies entspricht den bisher eingesetzten Bezeichnungsweisen. Kennzeichnend für die Mengenbildung ist, bei gegebenem Individuum x_0 entscheiden zu können, ob es zu einer Menge gehört oder nicht. Die Z u g e h ö r i g k e i t drückten wir durch das Zeichen $\in$ aus. Ist P die infragestehende Menge und x_0 der Name für ein gegebenes Individuum, so besteht immer genau eine der folgenden beiden Beziehungen

x_0 g e h ö r t z u r M e n g e P (3.1)

Schreibweise: $x_0 \in P$, Sprechweise: x_0 i s t E l e m e n t von P

oder x_0 g e h ö r t n i c h t z u r M e n g e P

Schreibweise: $x_0 \notin P$, Sprechweise: x_0 i s t n i c h t E l e m e n t von P (3.2)

Im Abschn. 2.1 wurde bereits eine Formalisierung für den Übergang von einer Aussageform zu ihrer Erfüllungsmenge eingeführt:

Beschreibende Form zur Darstellung von Mengen. Sei p(x) eine über der Grundmenge G definierte Aussageform. S c h r e i b w e i s e für die Erfüllungsmenge P:

$$P = \{x \mid x \in G \wedge p(x)\} \quad (3.3)$$

S p r e c h w e i s e: P ist die Menge aller x, für die gilt: x ist Element von G und p(x) ist wahr.
Zur vereinfachten Schreibweise wird häufig (in 3.3) dann auf die Angabe der Grundmenge verzichtet, wenn der Einsetzbereich aus dem Zusammenhang unmißverständlich hervorgeht.

3.1 Erfüllungsmengen von Aussageformen   81

Die geschweifte Klammer ist das Symbol für die Mengenbildung. Die geschweifte Klammer ist auch kennzeichnend für eine weitere Schreibfigur zur Darstellung von Mengen, die dann eingesetzt werden kann, wenn die einzelnen Elemente der Menge angegeben werden können.

Aufzählende Form der Darstellung von Mengen

$$P = \{x_1, x_2, x_3, \ldots, x_n\} \qquad (3.4)$$

ist Schreibweise für die Menge P, die die Elemente $x_1, x_2, x_3, \ldots, x_n$ und nur diese enthält.

Diese Schreibweise ist nur dann sinnvoll, wenn alle Elemente explizit zwischen die Klammern geschrieben werden können, bzw. wenn unmißverständlich klar ist, welche Elemente durch die verwendeten Punkte gemeint sind.

Die folgende Aufgabe betrifft die beiden Darstellungsformen für Mengen (vgl. (3.3) und (3.4) und die Zugehörigkeitsbeziehung (vgl. (3.1) und (3.2)).

Aufgabe 3.1 Sei G die Menge der geraden natürlichen Zahlen. Über dieser Grundmenge werden die folgenden Aussageformen definiert:

$p_1(x) := $ x ist Primzahl

$p_2(x) := $ x ist Vielfaches von 6

$p_3(x) := $ x ist Teiler von 24

a) Geben Sie die Erfüllungsmengen P_1, P_2 und P_3 der Aussageformen $p_1(x)$, $p_2(x)$ und $p_3(x)$ in beschreibender und aufzählender Form an
b) Welche der folgenden Aussagen sind wahr?

1. $(4 \in P_2) \wedge (4 \in P_3)$, $(4 \in P_2) \vee (4 \in P_3)$, $(4 \in P_2) \dot{\vee} (4 \in P_3)$

2. $\bigwedge_{x \in G} (x \in P_1) \rightarrow (x \in P_3)$ $\bigwedge_{x \in G} (x \in P_2) \rightarrow (x \in P_3)$

3. $\bigvee_{x \in G} x \in P_1 \wedge x \in P_2$, $\bigvee_{x \in G} x \in P_3 \rightarrow x \in P_2$

c) Geben Sie die Erfüllungsmengen der folgenden Aussageformen über G in beschreibender und aufzählender Form an

1. $p_2(x) \wedge p_3(x)$, $p_1(x) \vee p_3(x)$, $\neg p_1(x)$

2. $p_1(x) \rightarrow p_2(x)$, $p_1(x) \rightarrow p_3(x)$

Mit der Zugehörigkeitsbeziehung konnten wir zu Aussagen kommen, in denen einerseits Elemente – d. h. Mitglieder eines Individuenbereichs, unserer Grundmenge – und andererseits Mengen vorkommen, die wir als Erfüllungsmengen über dieser Grundmenge kennengelernt haben. Dabei haben wir die Zugehörigkeitsbeziehung so eingeführt, daß für alle x aus der Grundmenge G die Aussageform $x \in P$ äquivalent zur Aussageform $p(x)$ ist, falls P Erfüllungsmenge von $p(x)$ ist.
In Zeichen: In G sei $P = \{x \mid p(x)\}$.

3 Mengenalgebra

A Dann gilt

$$\bigwedge_{x \in G} x \in P \leftrightarrow p(x) \tag{3.5}$$

So wie wir einer Aussageform über G ihre Erfüllungsmenge zuordnen konnten, können wir nun wegen dieser Äquivalenz einer Menge P in G eine Aussageform zuordnen, nämlich $x \in P$, und damit den Zusammenhang zurück zur Aussagenlogik herstellen.

Kennzeichnend für die Aussagenlogik war, daß wir analysieren konnten, wie sich logische Ausdrücke aus einfachen Bestandteilen aufbauen ließen — dabei spielten Aussagevariablen und Junktoren die entscheidende Rolle — und daß wir weiterhin zu Aussagen über solche Ausdrücke kamen, die immer wahr sind, egal welche Interpretation wir für die Aussagevariablen wählten. Diese Aussagen nannten wir logische Formeln und hierbei spielten Implikation und Äquivalenz die entscheidende Rolle. Ganz analog wollen wir uns jetzt überlegen, wie man Mengenausdrücke aus Mengen aufbauen kann — wir werden dabei von Mengentermen sprechen — und wie man zu Mengenformeln gelangen kann, d. h. zu Aussagen über Mengen, die stets wahr sind, gleichgültig, welche Interpretation man den Mengen unterlegt, die in einer derartigen Formel auftreten.
In Mengenformeln spielen Gleichheits- und Teilmengenbeziehung die kennzeichnende Rolle. Aufgabe 3.2 soll ihre Einführung vorbereiten. Um diese Aufgabe lösen zu können, rufen wir uns eine Veranschaulichung zur Darstellung von Mengen ins Gedächtnis zurück, das V e n n - D i a g r a m m.

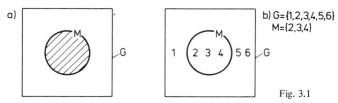

Fig. 3.1

Ein rechteckiges Feld (vgl. Fig. 3.1) dient zur Kennzeichnung der Grundmenge G. Es wird als „Lagerplatz" für alle Elemente der Grundmenge verstanden. Eine Menge M wird durch das Innere einer geschlossenen Linie veranschaulicht. Für alle Elemente der Grundmenge, die im Inneren der Linie liegen, gilt $x \in M$, für alle außerhalb $x \notin M$. Wir werden das M kennzeichnende Gebiet durch Schraffur auszeichnen (vgl. Fig. 3.1a) bzw. die Namen zugehöriger Elemente explizit in die entsprechenden Felder eintragen (vgl. Fig. 3.1b).

Aufgabe 3.2 Als Grundmenge wird G, $G = \{x \mid x \in \mathbb{N} \wedge x < 9\}$ gewählt. In G wird eine Menge P, $P = \{x \mid x < 5\}$, gebildet und der Reihe nach mit den Mengen Q_1, Q_2, Q_3 bzw. Q_4 verglichen. Dabei gilt

$Q_1 = \{2, 3, 4\}$ $Q_2 = \{5 - 2, 4 - 3, 2 \cdot 2, 1 + 1\}$
$Q_3 = \{x \mid 2 < x < 6\}$ $Q_4 = \{x \mid x > 6\}$

a) Führen Sie den Vergleich im Venn-Diagramm durch. Beschreiben Sie jeweils die gegenseitige Lage der beiden Mengen.

3.1 Erfüllungsmengen von Aussageformen

b) Setzen Sie in den folgenden Aussagen der Reihe nach für Q die Mengen Q_1, Q_2, Q_3 und Q_4 ein. Prüfen Sie, welche Aussagen dabei wahr werden.

1. $\bigwedge\limits_{x \in G} x \in P \to x \in Q$

2. $\bigwedge\limits_{x \in G} x \in Q \to x \in P$

3. $\bigvee\limits_{x \in G} x \in Q \wedge x \notin P$

4. $\bigvee\limits_{x \in G} x \in P \wedge x \notin Q$

Weiß man von einer Menge P, daß alle ihre Elemente auch in einer Menge Q liegen, so nennt man P Teilmenge von Q bzw. Q Obermenge von P.
In Aufgabe 3.2b zeigte sich, wie sich dieser Sachverhalt in die zugehörigen Aussageformen $x \in P$ und $x \in Q$ über der entsprechenden Grundmenge G übersetzte.

Definition 3.1 P heißt T e i l m e n g e von Q (Q heißt O b e r m e n g e von P) genau dann, wenn für alle Elemente von P gilt, daß sie auch Elemente von Q sind. In Zeichen

$$P \subset Q \underset{\text{def}}{\iff} \bigwedge\limits_{x \in G} x \in P \to x \in Q \iff (x \in P \Rightarrow x \in Q)$$

Man beachte, daß der Allquantor über ganz G erstreckt wird. Natürlich kann man sich beim Überprüfen der Teilmengenbeziehung auf die Elemente von P beschränken – wie es übrigens auch in der sprachlichen Fassung der Definition geschehen ist – denn falls für ein Element x der Grundmenge G gilt $x \notin P$, so ist die Subjunktion $x \in P \to x \in Q$ dafür sicher wahr, da ihr Vordersatz falsch ist.

Es ist nützlich, sich klar zu machen, was „P ist n i c h t Teilmenge von Q" bedeutet. Dazu wird das Negat der Definition gebildet:

$$P \not\subset Q \iff \bigvee\limits_{x \in G} x \in P \wedge x \notin Q, \tag{3.6}$$

d. h., es muß mindestens ein Element in P geben, das nicht zu Q gehört.

Zwei Mengen nennen wir gleich, wenn sie dieselben Elemente enthalten. Natürlich können dabei diese Elemente mit verschiedenen Namen aufgeschrieben worden sein, wie z. B. in Aufgabe 3.2, in der P und Q_2 dieselben Elemente haben, die sich nur durch ihre Namen unterscheiden. (Es sind z. B. $5 - 2$ und 3 verschiedene Namen für dieselbe Zahl.) So wie sich die Teilmengenbeziehung auf eine Implikation entsprechender Aussageformen zurückführen ließ, läßt sich die Mengengleichheit über die Äquivalenz dieser Aussageformen definieren.

Definition 3.2 Eine Menge P heißt g l e i c h einer Menge Q, wenn jedes Element von P auch Element von Q ist und umgekehrt. In Zeichen:

$$P = Q \underset{\text{def}}{\iff} \bigwedge\limits_{x \in G} x \in P \leftrightarrow x \in Q \iff (x \in P \iff x \in Q)$$

Auch hier wollen wir uns überlegen, was $P \neq Q$ bedeutet. Das logische Negat der Gleichheit liefert auch hier eine Existenzaussage:

$$P \neq Q \iff \bigvee_{x \in G} (x \in P \wedge x \notin Q) \vee (x \notin P \wedge x \in Q) \iff \bigvee_{x \in G} x \in P \dot{\vee} x \in Q \quad (3.7)$$

In Worten: Es gibt mindestens ein Element in G, das in genau einer der beiden Mengen P und Q liegt.

Mit den folgenden Aufgaben sollen Sie überprüfen, ob Sie Teilmengen- und Gleichheitsdefinition korrekt anwenden können. Geben Sie daher sorgfältige Begründungen, in denen Sie nachweisen, daß entweder die Bedingungen der jeweiligen Definition 3.1 bzw. 3.2 oder deren logisches Negat (vgl. (3.6) bzw. (3.7)) erfüllt sind.

Aufgabe 3.3 Als Grundmenge wird **N** gewählt. Gegeben sind die folgenden Mengen (vgl. Aufgabe 3.2):

$$Q_1 = \{2, 3, 4\} \qquad Q_2 = \{5-2, 4-3, 2 \cdot 2, 1+1\}$$
$$Q_3 = \{x \mid 2 < x < 6\} \qquad Q_4 = \{x \mid x > 6\}$$

Zum Vergleich stehen die folgenden Mengen zur Verfügung:

$$P_1 = \{1, 2, 3, 4\} \quad \text{und} \quad P_2 = \{x \mid x \text{ ist ungerade} \wedge 3 \cdot x < 8\}$$

Welche der folgenden Aussagen sind wahr?

a) $Q_i \subset P_1$, $\quad i = 1, 2, 3, 4$

b) $P_2 \subset Q_i$, $\quad i = 1, 2, 3, 4$

c) $\bigvee_{i \in \{1,2,3,4\}} P_1 = Q_i$

*__Aufgabe 3.4__ In der Grundmenge G sind zwei Mengen P und Q gegeben, die beide mindestens ein Element enthalten. Mit ihrer Hilfe sind dann in G die folgenden 4 Mengen definiert:

$$R_1 = \{x \mid x \in P \wedge x \in Q\} \qquad R_2 = \{x \mid x \in P \vee x \in Q\}$$
$$R_3 = \{x \mid x \in P \dot{\vee} x \in Q\} \qquad R_4 = \{x \mid x \notin P \wedge x \notin Q\}$$

In den folgenden drei Aussageformen mit den Variablen P, Q ist zu untersuchen, ob an P und Q zusätzliche Bedingungen gestellt werden müssen bzw. können, damit sie stets wahr werden:

a) $\quad P \subset R_i \quad (i = 1, 2, 3, 4)$

b) $\quad P \neq Q \rightarrow P \neq R_i \vee Q \neq R_i \quad (i = 1, 2, 3, 4)$

c) $\quad P = Q \rightarrow P = R_i \quad (i = 1, 2, 3, 4)$.

Bei der Lösung von Aufgabe 3.4 wurde bereits deutlich, wie sich aus vorgegebenen Mengen über die zugehörigen Aussageformen neue Mengen aufbauen lassen. Diese Konstruktion von Mengentermen in Analogie zum Aufbau logischer Ausdrücke soll nun genauer untersucht werden. Wie im Abschn. Aussagenlogik werden auch hier zur Veranschaulichung von Mengentermen verschiedene Darstellungen herangezogen werden.

3.1 Erfüllungsmengen von Aussageformen 85

Gehen wir von einer Menge P aus, so lautet in einer geeigneten Grundmenge G die zu P gehörige Aussageform x ∈ P. Mit der Menge P sind in G auch die Elemente bestimmt, die nicht zu P gehören.

Definition 3.3 Sei in G eine Menge P gegeben. Dann heißt die Menge der Elemente aus G, die nicht zu P gehören, Komplement von P in bezug auf G (Komplementärmenge von P). In Zeichen:

$$\overline{P} = \{x \mid x \in G \wedge x \notin P\}$$

Fig. 3.2 zeigt verschiedene Möglichkeiten zur Darstellung des Komplements.

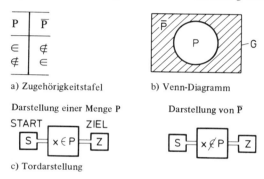

a) Zugehörigkeitstafel b) Venn-Diagramm

Darstellung einer Menge P   Darstellung von $\overline{P}$

c) Tordarstellung

Fig. 3.2 Darstellungen der Komplementmenge

In der Zugehörigkeitstafel werden analog zu den Wahrheitswerten einer Wahrheitstafel die „Zugehörigkeitswerte", die möglich sind, gelistet. Bei einer Menge P können zwei Fälle auftreten, Elemente aus G können zu P gehören (1. Zeile) bzw. Elemente aus G gehören nicht zu P (2. Zeile). Die Komplementbildung ist dann dadurch gekennzeichnet, daß für die Elemente der 1. Zeile gilt, daß sie nicht zu $\overline{P}$ gehören, (∉), während die der 2. Zeile zu $\overline{P}$ gehören (∈). Die Darstellung im Venn-Diagramm ist bereits bekannt. Als Lagerplatz von $\overline{P}$ muß das Außengebiet von P schraffiert werden. In der Tordarstellung schließlich (vgl. Fig. 3.2c) wirkt das Tor als Filter für alle Elemente aus G. Bei der Darstellung von P gelangt die Lösungsmenge von x ∈ P ans Ziel, alle anderen Elemente aus G bleiben am Start, bei der Darstellung von $\overline{P}$ gelangt die Lösungsmenge von x ∉ P ans Ziel.

Aufgabe 3.5 Legen Sie die Mengen aus Aufgabe 3.2 zugrunde und bilden Sie der Reihe nach $\overline{P}$, $\overline{Q}_i$, i = 1, 2, 3 und 4.

Aufgabe 3.6 Legen Sie die Mengen aus Aufgabe 3.4 zugrunde und beweisen Sie $\overline{R}_2 = R_4$ und $\overline{R}_4 = R_1$.

Bei der Komplementbildung kann ein Spezialfall auftreten. In der Definition 3.3 ist nicht ausgeschlossen, daß das Komplement der Grundmenge G gebildet wird. Dabei ergibt sich

$$\overline{G} = \{x \mid x \in G \wedge x \notin G\} \tag{3.8}$$

A Zur Menge $\bar{G}$ gehören keine Elemente, denn betrachtet man die Aussageform $x \in G \wedge x \notin G$, so gibt es kein Element in G, für das diese Aussageform wahr wird. Wir verabreden, daß wir $\bar{G}$ l e e r e M e n g e nennen wollen. Für die leere Menge verwenden wir in Zukunft das Zeichen $\emptyset$.

Wenn wir von d e r leeren Menge $\emptyset$ sprechen, so müssen wir nachweisen, daß es nur eine leere Menge gibt. Dieser etwas merkwürdig anmutende Sachverhalt folgt aber sofort aus der Gleichheitsdefinition 3.1. Nennen wir nämlich jede Menge ohne Elemente leere Menge und nehmen wir an, wir hätten zwei verschiedene leere Mengen $\emptyset_1$ und $\emptyset_2$, so folgt aus der Annahme $\emptyset_1 \neq \emptyset_2$ mit (3.7), daß es mindestens ein Element geben muß, das in genau einer der beiden Mengen $\emptyset_1$ und $\emptyset_2$ liegt. Damit ist bereits der Widerspruch dazu erzielt, daß $\emptyset_1$, $\emptyset_2$ keine Elemente haben und die Eindeutigkeit der leeren Menge nachgewiesen.

Beispiel 3.1 Sei G = $\{x \mid x \in \mathbf{N} \wedge x < 9\}$. Betrachten wir über G die Aussageformen $p(x) := x - 10 > 0$, $q(x) := x$ ist gerade und gleichzeitig ungerade, so liegen in den Erfüllungsmengen beider Aussageformen keine Elemente. Bei P = $\{x \mid x \in G \wedge x - 10 > 0\}$ liegt es daran, daß die Grundmenge nicht „reich" genug ist, bei anderer Grundmenge kann p(x) durchaus wahr werden, bei Q = $\{x \mid x \in G \wedge q(x)\}$ liegt es daran, daß $q(x) \Leftrightarrow f$ ist, — gleichgültig wie die Grundmenge gewählt wird, q(x) wird bei jeder Einsetzung falsch. In beiden Fällen sprechen wir von der leeren Menge als Erfüllungsmenge und schreiben P = $\emptyset$, Q = $\emptyset$.

*Aufgabe 3.7 Zeigen Sie durch Rückgriff auf die Definition 3.2, daß die leere Menge $\emptyset$ Teilmenge jeder Menge P ist.

Gehen wir von zwei Mengen P und Q aus, so können wir die zugehörigen Aussageformen $x \in P$ und $x \in Q$ über der Grundmenge G betrachten, aus ihnen logische Ausdrücke mit Hilfe der bereits bekannten Junktoren aufbauen und die Erfüllungsmengen der zusammengesetzten Aussageformen untersuchen. Auf diese Weise entstehen (zusammengesetzte) Mengenterme. Mit der folgenden Definition werden Namen für spezielle der dabei entstehenden Terme eingeführt.

Definition 3.4 Seien in einer Grundmenge G die Mengen P und Q gegeben.

a) Die Menge der Elemente, welche zu beiden Mengen gehören, heißt D u r c h s c h n i t t der Mengen P und Q (Schnittmenge). In Zeichen:

$$P \cap Q = \{x \mid x \in P \wedge x \in Q\}$$

Sprechweise: P geschnitten Q

b) Die Menge der Elemente, welche zu mindestens einer der beiden Mengen gehören, heißt V e r e i n i g u n g s m e n g e von P und Q. In Zeichen:

$$P \cup Q = \{x \mid x \in P \vee x \in Q\}$$

Sprechweise: P vereinigt mit Q

c) Die Menge der Elemente, welche zu genau einer der beiden Mengen gehören, heißt symmetrische Differenz von P und Q. In Zeichen:

3.1 Erfüllungsmengen von Aussageformen   87

$P \triangle Q = \{x \mid x \in P \,\dot{\vee}\, x \in Q\}$

A

Sprechweise: P symmetrische Differenz mit Q

Fig. 3.3 gibt nun wiederum verschiedene Möglichkeiten zur Darstellung der neu eingeführten speziellen Mengenterme an. Die Nähe dieser Darstellung zu den analogen Darstellungen logischer Ausdrücke erübrigt eine weitere Erläuterung. Wir geben statt dessen eine Aufgabe, die den Einsatz der verschiedenen Darstellungen überprüft.

P	Q	P ∩ Q	P ∪ Q	P △ Q
∈	∈	∈	∈	∉
∈	∉	∉	∈	∈
∉	∈	∉	∈	∈
∉	∉	∉	∉	∉

a) Zugehörigkeitstafel

Schnittmenge P ∩ Q: Vereinigungsmenge P ∪ Q: Symmetrische Differenz P △ Q:

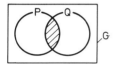 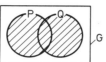 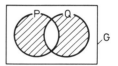

b) Venn-Diagramme

Schnittmenge: Vereinigungsmenge: Symmetrische Differenz:

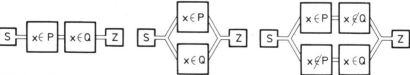

c) Tordarstellungen

Fig. 3.3 Darstellungsformen zur Definition 3.4

Aufgabe 3.8 Seien P, Q, R Mengen in einer Grundmenge G.
a) Finden Sie Darstellungen für den Mengenterm

$$((P \cup Q) \triangle R) \cap (Q \triangle \overline{R})$$

1. mit Hilfe der Zugehörigkeitstafel (sukzessiver Aufbau)
2. über eine Tordarstellung
3. über ein Venn-Diagramm

A b) Finden Sie eine vereinfachte äquivalente Tordarstellung und stellen Sie den zugehörigen Mengenterm auf. Begründen Sie Ihre Vorgehensweise.

Die folgende Aufgabe ist umfangreich, wenn alle Teilaufgaben behandelt werden. Ihre sichere Lösung zeigt aber, daß die mit Definition 3.4 eingeführten Mengenverknüpfungen konsequent angewendet werden können.

*Aufgabe 3.9 Sei $G = \{x \mid x \in \mathbb{N} \wedge x < 9\}$ und $Q_i = \{x \mid x \in G \wedge i < x < i + 4 \wedge i \in \mathbb{N}\}$,

a) Bestimmen Sie für $i < j$

$$Q_i \cap Q_j, \quad Q_i \cup Q_j, \quad Q_i \triangle Q_j$$

b) Welche der folgenden Existenzaussagen sind wahr? Es gibt i, j $\in \{1, 2, 3, 4, 5\}$ mit

1. $Q_i \cap Q_j = \emptyset$
2. $Q_i \cap Q_j = \{5\}$
3. $Q_i \cup Q_j$ hat 6 Elemente
4. $Q_i \cup Q_j = G$
5. $Q_i \triangle Q_j$ hat eine gerade Anzahl von Elementen
6. $Q_i \cup Q_j \subset Q_i \triangle Q_j \subset Q_i \cap Q_j$

c) Welche der folgenden Allaussagen sind wahr? Für alle i, j $\in \{1, 2, 3, 4, 5\}$ gilt

1. $Q_i \cap Q_j$ hat höchstens zwei Elemente
2. $Q_i \triangle Q_j$ hat weniger Elemente als $Q_i \cup Q_j$
3. $Q_i \triangle Q_j$ hat für $i \neq j$ nicht weniger Elemente als $Q_i \cap Q_j$
4. $Q_i \triangle Q_j$ hat für $i \neq j$ mindestens zwei Elemente

Bemerkung 3.1 In Aufgabe 3.8 wurde ein Mengenterm aufgestellt. Von den am Aufbau beteiligten Mengen P, Q und R wurde lediglich festgestellt, daß sie irgendwelche Teilmengen einer Grundmenge G sein sollen. Wir können P, Q und R daher als M e n g e n - v a r i a b l e auffassen. Unsere Darstellungen der Mengenterme werden in Abhängigkeit von diesen Mengenvariablen konstruiert. Dabei bleiben wir in der Analogie zur Darstellung von logischen Ausdrücken, die ebenfalls aus Variablen – nämlich den Aussagevariablen – aufgebaut wurden. Verfolgen wir jetzt Aufgabe 3.9, so werden dort spezielle Mengen betrachtet. Die auftretenden Großbuchstaben sind dort nicht mehr Mengenvariablen, sondern N a m e n für spezielle Mengen. Wird dort von einem Term gesprochen, so ist er nicht aus Mengenvariablen aufgebaut, sondern es wurde bereits eine Interpretation mit speziellen Mengen vorgenommen. Wir unterscheiden jedoch weder in der Schreibweise noch in der Sprechweise zwischen Mengenvariablen und zwischen Namen spezieller Mengen – der Zusammenhang muß darüber Aufschluß geben, wovon die Rede ist.

Mit Definition 3.3 haben wir die Negation ¬ bei Aussageformen in die Komplementbildung bei den Erfüllungsmengen, mit Definition 3.4 die Junktoren ∧, ∨, v̇ aus zusam-

3.1 Erfüllungsmengen von Aussageformen 89

mengesetzten Aussageformen in die Verknüpfungszeichen ∩, ∪, Δ bei Mengentermen aus den Erfüllungsmengen übersetzt.

Wir sind damit unserem Ziel näher gekommen, die Erfüllungsmengen beliebiger zusammengesetzter Aussageformen als Mengenterme der Erfüllungsmengen der einzelnen Aussageformen darzustellen. Es fehlt lediglich die Übersetzung der restlichen Junktoren → und ↔, für die sich in der Mengensprache keine Abkürzung eingebürgert hat.

Mit dem folgenden Beispiel lösen wir diese Aufgabe und zeigen gleichzeitig verschiedene Möglichkeiten zur Übersetzung zusammengesetzter Aussageformen in Mengenterme.

Beispiel 3.2 In G seien die Mengen R_1 und R_2 über vorgegebene Aussageformen $p(x)$ und $q(x)$ folgendermaßen festgelegt:

$R_1 = \{x \mid p(x) \rightarrow q(x)\}$

$R_2 = \{x \mid p(x) \leftrightarrow q(x)\}$

Die Aufgabe lautet, die Mengen R_1 und R_2 als Mengenterme aus den Erfüllungsmengen P und Q der Aussageformen $p(x)$ und $q(x)$ darzustellen.

1. L ö s u n g s m ö g l i c h k e i t. Äquivalente Umformung der zusammengesetzten Aussageform.

Da äquivalente Aussageformen dieselbe Erfüllungsmenge besitzen, sind die folgenden Umformungen erlaubt:

$R_1 = \{x \mid p(x) \rightarrow q(x)\} = \{x \mid \neg p(x) \vee q(x)\} = \{x \mid x \notin P \vee x \in Q\} = \overline{P} \cup Q$

$R_2 = \{x \mid p(x) \leftrightarrow q(x)\} = \{x \mid \neg(p(x) \dot\vee q(x))\} = \{x \mid \neg(x \in P \dot\vee x \in Q)\} = \overline{P \Delta Q}$

2. L ö s u n g s m ö g l i c h k e i t. Wir stellen zu R_1 und R_2 Tordarstellungen auf und finden dazu passende Mengenterme (vgl. Fig. 3.4).

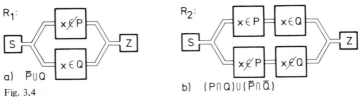

a) $\overline{P} \cup Q$

Fig. 3.4

b) $(P \cap Q) \cup (\overline{P} \cap \overline{Q})$

3. L ö s u n g s m ö g l i c h k e i t. Wir stellen die Zugehörigkeitstafeln von R_1 und R_2 in Abhängigkeit von P und Q auf und finden dazu passende Mengenterme (vgl. Fig. 3.5).

P	Q	R_1	R_2	$\overline{P} \cup Q$	$\overline{P \Delta Q}$
∈	∈	∈	∈	∈	∈
∈	∉	∉	∉	∉	∉
∉	∈	∈	∉	∈	∉
∉	∉	∈	∈	∈	∈

Fig. 3.5

3 Mengenalgebra

4. Lösungsmöglichkeit. Wir stellen Venn-Diagramme für R_1 und R_2 in Abhängigkeit von P und Q auf und finden dazu passende Mengenterme (vgl. Fig. 3.6).

$R_1 :=$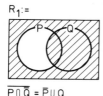

$R_2 :=$

$\overline{P \cap \overline{Q}} = \overline{P} \cup Q$ $\overline{P \triangle Q}$ Fig. 3.6

Mit den folgenden Aufgaben soll das Übersetzen von zusammengesetzten Aussageformen in Mengenterme und umgekehrt geübt werden. Es empfiehlt sich, jede Aufgabe auf zwei verschiedene Arten zu lösen, um Sicherheit im Einsatz der verschiedenen Darstellungen zu bekommen (vgl. Beispiel 3.2). Mit diesen Aufgaben wird gleichzeitig der Zusammenhang zwischen logischen Formeln und Mengenformeln vorbereitet, der explizit erst Gegenstand des nächsten Abschnitts ist.

Aufgabe 3.10 In G sind die Aussageformen p(x), q(x) und r(x) mit den Erfüllungsmengen P, Q und R gegeben. Stellen Sie die folgenden Mengen S_i, $i \in \{1, 2, 3, 4, 5, 6\}$ als Mengenterme aus P, Q und R dar. Versuchen Sie, möglichst einfache Mengenterme zu finden.

a) $\quad S_1 = \{x \mid (p(x) \to q(x)) \leftrightarrow r(x)\}$

Lösungswege: äquivalente Umformung, Zugehörigkeitstafeln

b) $\quad S_2 = \{x \mid (p(x) \wedge q(x)) \vee (p(x) \wedge r(x)) \vee (q(x) \wedge r(x))$
$\to \neg p(x) \wedge \neg q(x) \wedge \neg r(x)\}$

Lösungswege: Venn-Diagramm, Tordarstellung

c) $\quad S_3 = \{x \mid \neg([\neg p(x) \to q(x)] \to \neg[\neg r(x) \to p(x)])\}$

Lösungswege: äquivalente Umformung, Venn-Diagramm

d) $\quad S_4 = \{x \mid p(x) \vee (q(x) \wedge r(x)) \to p(x) \vee q(x)\}$

Lösungswege: Venn-Diagramm, Zugehörigkeitstafel

e) $\quad S_5 = \{x \mid (p(x) \leftrightarrow q(x)) \wedge (p(x) \leftrightarrow r(x)) \wedge \neg r(x)\}$

Lösungswege: äquivalente Umformung, Tordarstellung

f) $\quad S_6 = \{x \mid p(x) \dot{\vee} ([q(x) \wedge p(x)] \vee p(x))\}$

Lösungswege: Tordarstellung, Zugehörigkeitstafeln

Aufgabe 3.11 Geben Sie Darstellungen für die folgenden Mengenterme an. Versuchen Sie jeweils gleiche Mengenterme einfacheren Aufbaus zu finden und schreiben Sie diese Terme als Erfüllungsmengen zusammengesetzter Aussageformen.

3.1 Erfüllungsmengen von Aussageformen   91

a) $[P \triangle (Q \cup R)] \cap R$ A

Darstellung mit Venn-Diagramm und Tordarstellung

b) $[P \cap (Q \cup R)] \triangle [(P \cap Q) \cup (P \cap R)]$

Darstellung mit Zugehörigkeitstafel und Tordarstellung

c) $(P \cap \overline{Q}) \cup (Q \cap \overline{R}) \cup (\overline{P \cap \overline{R}})$

Darstellung mit Venn-Diagramm und Zugehörigkeitstafel

Bemerkung 3.2 In Beispiel 3.2 wurde die Erfüllungsmenge einer Aussageform bestimmt, die sich als Subjunktion bzw. Bijunktion zweier Aussageformen zusammensetzte. Würde nun sogar eine Implikation bzw. eine Äquivalenz zwischen den Aussageformen vorliegen, so hätten wir zusätzliche Information:

$$p(x) \Rightarrow q(x) \quad \text{bedeutet} \quad G = \{x \mid p(x) \to q(x)\}$$
$$p(x) \Leftrightarrow q(x) \quad \text{bedeutet} \quad G = \{x \mid p(x) \leftrightarrow q(x)\} \tag{3.9}$$

d. h., als Erfüllungsmenge muß sich die g e s a m t e Grundmenge G ergeben. Da diese Erfüllungsmenge in Beispiel 3.2 bestimmt wurde, wissen wir also in diesem Fall

$$\overline{P} \cup Q = G \quad \text{bzw.} \quad \overline{P \triangle Q} = G \tag{3.10}$$

Diese Aussage läßt sich am Venn-Diagramm veranschaulichen (vgl. Fig. 3.7). Falls eine Implikation bzw. Äquivalenz vorliegt, bedeutet dies, daß keine Elemente in den nichtschraffierten Gebieten liegen, anders ausgedrückt $P \subset Q$ bzw. $P = Q$ in Übereinstimmung

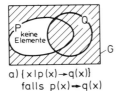
a) $\{x \mid p(x) \to q(x)\}$
   falls $p(x) \Rightarrow q(x)$

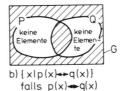
b) $\{x \mid p(x) \leftrightarrow q(x)\}$
   falls $p(x) \Leftrightarrow q(x)$

Fig. 3.7

mit den Definitionen 3.1 und 3.2. Mit Fig. 3.7a) und b) ist jeweils eine Aussage über die Lage der Elemente der beiden Mengen P und Q verbunden, die es uns erlaubt, die Diagramme entsprechend Fig. 3.8 zu zeichnen.

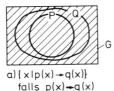
a) $\{x \mid p(x) \to q(x)\}$
   falls $p(x) \Rightarrow q(x)$

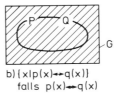
b) $\{x \mid p(x) \leftrightarrow q(x)\}$
   falls $p(x) \Leftrightarrow q(x)$

Fig. 3.8

Während sich bei den Mengentermen für die Erfüllungsmengen von Subjunktion und Bisubjunktion keine besonderen Abkürzungen eingebürgert haben, ist andererseits auch bei den Mengentermen eine Abkürzung üblich, die kein Äquivalent bei den Junktoren besitzt.

Definition 3.5 Seien in einer Grundmenge G die Mengen P und Q gegeben. Die Menge der Elemente von P, die nicht zu Q gehören, heißt D i f f e r e n z m e n g e von P und Q. In Zeichen:

$$P \setminus Q = \{x \mid x \in P \wedge x \notin Q\}$$

Sprechweise: P o h n e Q. (Es handelt sich um das Komplement von $\{x \mid p(x) \to q(x)\}$.)

In Fig. 3.9 werden verschiedene Darstellungen für die Differenzmenge $P \setminus Q$ gegeben.

P	Q	P\Q
∈	∈	∉
∈	∉	∈
∉	∈	∉
∉	∉	∉

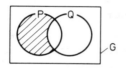
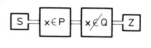

a) Zugehörigkeitstafel   b) Venn-Diagramm   c) Tordarstellung

Fig. 3.9

Aufgabe 3.12 Stellen Sie die folgenden Mengenterme dar.

a) $S_1 = P \setminus (Q \setminus R)$, $S_2 = (P \setminus Q) \setminus R$
1. im Venn-Diagramm
2. mit Zugehörigkeitstafeln
3. Gilt stets $S_1 = S_2$?

b) $S_3 = P \setminus (Q \cap R)$, $S_4 = (P \setminus Q) \cup (P \setminus R)$
1. mit Tordarstellungen
2. als Erfüllungsmengen von Aussageformen
3. Gilt stets $S_3 = S_4$?

c) $S_5 = ((P \setminus Q) \cup (Q \setminus P)) \setminus (P \triangle Q)$
1. mit Tordarstellungen
2. mit Zugehörigkeitstafeln
3. Begründen Sie, warum $S_5 = \emptyset$ gilt.

3.2 Logische Formeln in mengentheoretischer Deutung

Im vorangegangenen Abschn. wurden Mengenterme und ihre Darstellungen untersucht. Dabei bauen sich Mengenterme aus Mengen P, Q, R . . ., die Teilmengen einer Grundmenge G sind, mit Hilfe der Komplementbildung und der Verknüpfungszeichen ∩, ∪,

3.2 Logische Formeln in mengentheoretischer Deutung

△, \ auf. Genauer müßten wir eigentlich formulieren, daß sie sich aus „Mengenvariablen" A aufbauen, denn für die beteiligten Mengen ist i. a. eine spezielle Wahl nicht nötig, es genügt zu vereinbaren, daß es sich um irgendwelche Teilmengen einer Grundmenge G handeln soll. (Vgl. auch Bemerkung 3.1.) Setzen wir zwischen Terme die aus Mengenvariablen aufgebaut sind, das Gleichheits- bzw. Teilmengenzeichen, so entstehen Aussageformen, die in Aussagen übergehen, wenn für die beteiligten Mengenvariablen spezielle Mengen eingesetzt werden. Solche Aussageformen werden in diesem Abschn. untersucht, wobei wir uns insbesondere für diejenigen interessieren, die stets wahr sind, gleichgültig durch welche Mengen wir die beteiligten Mengenvariablen ersetzen. Auf diese Weise stoßen wir auf die sogenannten M e n g e n - f o r m e l n.

Beispiel 3.3 Betrachtet wird die Aussageform

$$A \cap (B \cup C) = (A \cap B) \cup (A \cap C) \tag{3.11}$$

bei der A, B, C Variable für Mengen in einer Grundmenge G sind.

1. Einsatz verschiedener Darstellungen zur Analyse von (3.11)
a) Z u g e h ö r i g k e i t s t a f e l. An der Zugehörigkeitstafel (vgl. Fig. 3.10) erkennen wir, daß unabhängig davon, welche Mengen A, B, C wir wählen, ein Element zum Term

A	B	C	A ∩ (B ∪ C)	(A ∩ B) ∪ (A ∩ C)
∈	∈	∈	∈	∈
∈	∈	∉	∈	∈
∈	∉	∈	∈	∈
∈	∉	∉	∉	∉
∉	∈	∈	∉	∉
∉	∈	∉	∉	∉
∉	∉	∈	∉	∉
∉	∉	∉	∉	∉

Fig. 3.10

der linken Seite in (3.11) gehört, wenn es auch zum Term der rechten Seite gehört und umgekehrt. Dies bedeutet aber, die beiden Terme sind für jede Wahl der Mengen A, B und C gleich.

$$\bigwedge_{A, B, C \subset G} A \cap (B \cup C) = (A \cap B) \cup (A \cap C) \tag{3.12}$$

Mit (3.12) haben wir eine M e n g e n f o r m e l gefunden. Die Mengenvariablen A, B, C sind durch den Allquantor gebunden. Lediglich die Grundmenge G tritt als freie Variable auf.
b) V e n n - D i a g r a m m u n d T o r d a r s t e l l u n g. Auch bei den anderen Darstellungen läßt sich durch den Vergleich der beiden in (3.11) beteiligten Terme zeigen, daß das Gleichheitszeichen für jede Wahl der Mengen in G gilt (vgl. Aufgabe 3.13).

3 Mengenalgebra

2. Analyse von (3.11) durch Rückgriff auf logische Ausdrücke. Wie wir aus Definition 3.2 sehen, ist die Gleichheit von Termen gleichbedeutend mit der Äquivalenz der entsprechenden Aussageformen über die Grundmenge G. Benutzen wir diese Definition in (3.11) und schreiben wir für $x \in A$, $x \in B$, $x \in C$ jetzt $a(x)$, $b(x)$, $c(x)$, so entsteht

$$A \cap (B \cup C) = (A \cap B) \cup (A \cap C)$$
$$\Leftrightarrow \bigwedge_{x \in G} a(x) \wedge (b(x) \vee c(x)) \leftrightarrow (a(x) \wedge b(x)) \vee (a(x) \wedge c(x)) \quad (3.13)$$

Für jede spezielle Wahl von x aus G entsteht über die jeweiligen Zugehörigkeitsbeziehungen zu den Mengen A, B, C eine spezielle Belegung mit Wahrheitswerten für den logischen Ausdruck

$$a \wedge (b \vee c) \leftrightarrow (a \wedge b) \vee (a \wedge c) \quad (3.14)$$

Bei (3.14) handelt es sich aber um eine logische Formel, die stets wahr ist, unabhängig von den Wahrheitswerten der einzelnen Variablen (vgl. Abschn. 1, Distributivregel). Dies bedeutet auch, die rechte Seite von (3.13) ist stets wahr, unabhängig davon, wie die Zugehörigkeitsbeziehungen durch die einzelnen Mengen A, B, C geregelt sind. Damit haben wir die Mengenformel (3.12) durch Rückgriff auf die logische Formel (3.14) bewiesen.

Aufgabe 3.13 Begründen Sie die Gültigkeit der Mengenformel (3.12) mit Hilfe von Venn-Diagrammen und Tordarstellungen.

Beispiel 3.4 Als zweites Beispiel betrachten wir die Aussageform

$$A \cap (B \cup C) \subset B \cup (A \setminus C) \quad (3.15)$$

bei der wiederum A, B, C Variable für Mengen in einer Grundmenge G sind. Wir untersuchen hier zunächst spezielle Interpretationen, d. h. treffen spezielle Wahlen für G, A, B und C.

Setzen wir $G = \{x \mid x \in \mathbb{N} \wedge x < 9\}$ und betrachten

Fall a) $A = \{1, 2, 3\}$, $B = \{3, 4\}$, $C = \{2, 6, 7\}$

und Fall b) $A = \{1, 2, 3\}$, $B = \{3, 4\}$, $C = \{3, 6, 7\}$,

so stellen wir fest, daß (3.15) für die Interpretation Fall a) falsch, für die im Fall b) dagegen wahr wird. (Überprüfen Sie!) Bei (3.15) kann es sich daher um keine Mengenformel handeln, denn es gibt Mengen in G, für die (3.15) falsch wird (vgl. Fall a).

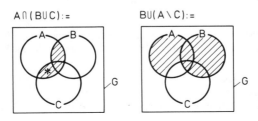

Fig. 3.11
Venn-Diagramme zur Darstellung von (3.15)

3.2 Logische Formeln in mengentheoretischer Deutung 95

1. Einsatz verschiedener Darstellungen zur Analyse von (3.15). In Fig. 3.11 werden die A in (3.15) beteiligten Mengenterme im Venn-Diagramm dargestellt. Dabei zeigt sich, daß die Teilmengenbeziehung im allgemeinen nicht erfüllt ist. Sie würde gelten, wenn in dem mit * gekennzeichneten Gebiet keine Elemente liegen würden. Bei der speziellen Interpretation Fall b) wurden die Mengen gerade so gewählt. Dieser Sachverhalt läßt sich wiederum in Mengenformeln ausdrücken. Berücksichtigen wir nämlich, daß das durch * in Fig. 3.11 gekennzeichnete Gebiet den Term $A \cap \bar{B} \cap C$ darstellt, so ergibt sich die Mengenformel

$$\bigwedge_{A,B,C \subset G} A \cap \bar{B} \cap C = \emptyset \rightarrow A \cap (B \cup C) \subset B \cup (A \setminus C) \tag{3.16}$$

Die Teilmengenbeziehung in (3.15) wird immer dann falsch, wenn zu $A \cap \bar{B} \cap C$ Elemente gehören. Dies liefert die Mengenformel

$$\bigwedge_{A,B,C \subset G} A \cap \bar{B} \cap C \neq \emptyset \rightarrow A \cap (B \cup C) \not\subset B \cup (A \setminus C) \tag{3.17}$$

Nach Kontraposition von (3.17) lassen sich die beiden Formeln (3.16) und (3.17) zu einer Mengenformel zusammenfassen

$$\bigwedge_{A,B,C \subset G} A \cap \bar{B} \cap C = \emptyset \leftrightarrow A \cap (B \cup C) \subset B \cup (A \setminus C) \tag{3.18}$$

Das Venn-Diagramm in Fig. 3.11 wurde zweimal eingesetzt, einmal um zu zeigen, daß (3.15) nicht für alle Mengen gelten kann, zum anderen, um die Mengenformel (3.17) zu finden.

Aufgabe 3.14 a) Begründen Sie mit einer Zugehörigkeitstafel, warum (3.15) nicht bei jeder Wahl der Mengen, A, B und C zu einer wahren Aussage führt. Läßt sich die Mengenformel (3.18) auch auf diesem Wege finden?
b) Analysieren Sie (3.15) mit Hilfe der Tordarstellungen.

Beispiel 3.4 (Fortsetzung)
2. Analyse von (3.15) durch Rückgriff auf logische Ausdrücke. Ersetzen wir wieder die Aussageformen $x \in A$, $x \in B$, $x \in C$ durch a(x), b(x),c(x), so entsteht mit Definition 3.1

$$A \cap (B \cup C) \subset B \cup (A \setminus C) \iff \bigwedge_{x \in G} a(x) \wedge (b(x) \vee c(x)) \rightarrow b(x) \vee (a(x) \wedge \neg c(x)) \tag{3.19}$$

Jedes $x \in G$, das rechts eingesetzt wird, führt zu einer Belegung des logischen Ausdrucks

$$a \vee (b \wedge c) \rightarrow b \vee (a \wedge \neg c) \tag{3.20}$$

Eine Analyse dieses Ausdrucks mit Hilfsmitteln des 1. Kapitels, z. B. Wahrheitstafeln, Auswertungsverfahren, etc. zeigt, daß (3.20) teilgültig ist. Bei der Belegung (a, b, c) := (W, F, W) wird (3.20) falsch, sonst nimmt er den Wahrheitswert W an. Die Teilmengenbeziehung in (3.19) ist daher erfüllt, wenn man die Mengen A, B, C so wählt, daß die Belegung, die (3.20) falsch macht, nicht auftritt. Das bedeutet aber, es muß gelten

$$\neg (\bigvee_{x \in G} a(x) \wedge \neg b(x) \wedge c(x)) \iff A \cap \bar{B} \cap C = \emptyset \tag{3.21}$$

A Die Teilmengenbeziehung in (3.19) ist dagegen nicht erfüllt, falls gilt

$$\bigvee_{x \in G} a(x) \wedge \neg b(x) \wedge c(x) \iff A \cap \overline{B} \cap C \neq \emptyset \qquad (3.22)$$

da dann x auftreten, die zur Belegung (W, F, W) führen.

Damit sind wir aber erneut — diesmal durch die Analyse des zugehörigen logischen Ausdrucks — auf die Mengenformel (3.18) gestoßen.

Aufgabe 3.15 Beweisen Sie die folgenden Mengenformeln.

a) $$\bigwedge_{P,Q \subset G} \overline{(P \cap Q)} = \overline{P} \cup \overline{Q}$$

Lösungsweg: Zugehörigkeitstafel, Rückgriff auf logische Ausdrücke

b) $$\bigwedge_{P,Q,R \subset G} P \cup (Q \cap R) \subset P \cup Q \cup R$$

Lösungsweg: Venn-Diagramme, Rückgriff auf logische Ausdrücke

c) $$\bigwedge_{P,Q,R \subset R} P \cup (Q \cap R) = (P \cup Q) \cap (P \cup R)$$

Lösungsweg: Tordarstellungen und Rückgriff auf logische Ausdrücke

Aufgabe 3.16 Gegeben sind Aussageformen in den Mengenvariablen P, Q, R.

1. $P \cap (\overline{Q} \cup R) \subset \overline{P} \cup \overline{Q} \cup \overline{R}$
2. $P \cup (Q \cap R) = (P \cup Q) \cap \overline{R \setminus P}$
3. $P \triangle (Q \setminus R) = (P \triangle Q) \setminus R$

a) Gehen Sie von der Grundmenge $G = \{x \mid x \in \mathbf{N} \wedge x < 9\}$ aus und zeigen Sie, daß es zu den Aussageformen 1., 2. und 3. in G sowohl Mengen gibt, die sie wahr machen, als auch solche, die auf den Wahrheitswert F führen
b) Versuchen Sie wie in Beispiel 3.4 durch Rückgriff auf logische Ausdrücke zu Mengenformeln zu gelangen. Verwenden Sie zusätzlich bei 1. Tordarstellungen, bei 2. Zugehörigkeitstafeln und bei 3. Venn-Diagramme.

Die bisherige Vorgehensweise war dadurch gekennzeichnet, daß von Aussageformen in Mengenvariablen ausgegangen wurde und diese entweder mit Hilfe verschiedener Darstellungsformen oder durch Rückgriff auf logische Ausdrücke analysiert wurden. Dieses Verfahren erlaubte, Aussageformen in Mengenvariablen einzuteilen in solche, die bei jeder Ersetzung der Variablen durch Mengen wahr wurden — wir nannten sie Mengenformeln — und solche, die nur für spezielle Wahl der Mengen zu wahren Aussagen führten. Wir wollten jetzt die Vorgehensweise umkehren und überlegen, wie sich ausgehend von logischen Formeln durch eine geeignete Übersetzung Mengenformeln konstruieren lassen. Wir werden dabei feststellen, daß sich jede logische Formel direkt in eine Mengenformel übersetzen läßt.

Beispiel 3.5 Ausgangspunkt sei die logische Formel

$$(p \to q) \wedge (q \to r) \Rightarrow (p \to r) \qquad (3.23)$$

3.2 Logische Formeln in mengentheoretischer Deutung

1. Direkte Übersetzung in eine Mengenformel. Da (3.23) eine Implikation ist, wird (3.23) für jede Belegung der Aussagevariablen p, q, r mit Wahrheitswerten wahr. Ersetzen wir p, q, r durch Aussageformeln p(x), q(x) und r(x), die über einer gemeinsamen Grundmenge G definiert sind, so entsteht

$$(p(x) \to q(x)) \wedge (q(x) \to r(x)) \;\Rightarrow\; (p(x) \to r(x)) \tag{3.24}$$

Da Einsetzen eines speziellen $x \in G$ in (3.24) zu einer speziellen Belegung von (3.23) führt und (3.23) allgemeingültig ist, können wir die Variable x mit einem Allquantor binden und wissen, daß die folgende Aussage wahr ist

$$\bigwedge_{x \in G} (p(x) \to q(x)) \wedge (q(x) \to r(x)) \;\to\; (p(x) \to r(x)) \tag{3.25}$$

Mit Definition (3.1) ergibt sich

$$\{x \mid (p(x) \to q(x)) \wedge (q(x) \to r(x))\} \subset \{x \mid p(x) \to r(x)\} \tag{3.26}$$

Übersetzen von (3.26) in Mengenterme mit den Erfüllungsmengen P, Q, R von p(x), q(x), r(x) liefert

$$(\overline{P} \cup Q) \cap (\overline{Q} \cup R) \subset \overline{P} \cup R \tag{3.27}$$

Da über die Aussageformen und damit auch über ihre Erfüllungsmengen keine speziellen Einschränkungen gemacht wurden, sie konnten frei gewählt werden, mußten lediglich auf eine Grundmenge G bezogen werden, gilt die Mengenformel

$$\bigwedge_{P, Q, R \subset G} (\overline{P} \cup Q) \cap (\overline{Q} \cup R) \subset (\overline{P} \cup R) \tag{3.28}$$

2. Übersetzung einer analogen Formel für Implikationen. Die logische Formel (3.24) bleibt korrekt, falls alle Subjunktionen durch Implikationen ersetzt werden. Es entsteht

$$(p(x) \Rightarrow q(x)) \wedge (q(x) \Rightarrow r(x)) \;\Rightarrow\; (p(x) \Rightarrow r(x))^{1)} \tag{3.29}$$

durch die Wahl geeigneter Aussageformen. So ergibt sich

$$\bigwedge_{x \in G} (p(x) \to q(x)) \wedge \bigwedge_{x \in G} (q(x) \to r(x)) \;\Rightarrow\; \bigwedge_{x \in G} (p(x) \to r(x)) \tag{3.30}$$

Definition 3.1 liefert jetzt die Mengenformel

$$\bigwedge_{P, Q, R \subset G} ((P \subset Q) \wedge (Q \subset R) \;\to\; (P \subset R)) \tag{3.31}$$

---

[1]) $p(x) \Rightarrow q(x)$ liegt z. B. bei den über **N** definierten Aussageformen

$p(x) :=$ x ist mehrstellige Primzahl, $\quad q(x) :=$ x ist ungerade

vor. Sind in (3.23) p, q und r geeignete Ausdrücke (und nicht Variable für einfache Aussagen), so kann auch dort gelten

$(p \Rightarrow q) \wedge (q \Rightarrow r) \;\Rightarrow\; (p \Rightarrow r)$

A 3. Übersetzung einer äquivalenten Formel. Die Aussage, daß (3.23) eine Implikation ist, läßt sich auch mit der Aussagenkonstanten w ausdrücken

$$((p \to q) \wedge (q \to r)) \to (p \to r)) \iff w \qquad (3.32)$$

Gehen wir hier zu Aussageformen über, so können wir wiederum beliebige $p(x)$, $q(x)$, $r(x)$ über G wählen, für w müssen wir aber eine Aussageform wählen, die bei jeder Ersetzung durch $x \in G$ wahr wird, d. h. deren Erfüllungsmenge G selbst wird.

Mit Definition 3.2 ergibt sich schließlich

$$\{x \mid (p(x) \to q(x)) \wedge (q(x) \to r(x)) \to (p(x) \to r(x))\} = G$$

Übersetzen der linken Seite in einen Mengenterm liefert, bei Berücksichtigung der freien Wahl von $p(x)$, $q(x)$, $r(x)$ die Mengenformel

$$\bigwedge_{P,Q,R \subset G} (\overline{\overline{P} \cup Q} \cap (\overline{Q} \cup R)) \cup (\overline{P} \cup R) = G \qquad (3.33)$$

Aufgabe 3.17 Übersetzen Sie analog zu Beispiel 3.5 die logische Formel

$$(p \vee q \to r \wedge t) \Rightarrow (p \to r)$$

Verfahren Sie entsprechend mit

$$((p \vee q \to r \wedge t) \to (p \to r)) \iff w$$

und $\quad [p(x) \vee q(x) \Rightarrow r(x) \wedge t(x)] \Rightarrow [p(x) \Rightarrow r(x)]$

*Aufgabe 3.18 a) Beweisen Sie die Mengenformel

$$\bigwedge_{P,Q,R \subset G} P \cup Q \subset R \leftrightarrow (P \subset R) \wedge (Q \subset R)$$

durch Rückgriff auf eine logische Formel.
b) Verwenden Sie die in a) eingesetzte logische Formel, um weitere Mengenformeln zu erhalten.

B ### 3.3 Mengenterme und Mengenformeln

Während in Abschn. 3.1 und 3.2 die technischen Voraussetzungen für das Umgehen mit Mengen geschaffen wurden, steht in diesem Abschnitt die Zusammenstellung der wichtigsten Begriffe und Formeln aus dem Bereich der Mengen im Vordergrund.

Die Begriffe M e n g e und i s t E l e m e n t v o n (Zugehörigkeitsbeziehung) wurden nicht definiert, sondern als Grundbegriffe lediglich beschrieben. Der Zusammenhang zur Logik wurde dadurch erreicht, daß E r f ü l l u n g s m e n g e n von Aussageformen über einer für den jeweiligen Zusammenhang festgewählten G r u n d m e n g e G betrachtet wurden. Ist $p(x)$ eine derartige Aussageform und P ihre Erfüllungsmenge, so gilt

$$\bigwedge_{x \in G} p(x) \leftrightarrow x \in P \qquad (3.34)$$

und für P wird die Schreibfigur

$P = \{x \mid x \in G \land p(x)\}$

verwendet. Umgekehrt kann über (3.34) jeder Menge P, die über die Zugehörigkeit ihrer Elemente festgelegt ist, eine Aussageform über G zugeordnet werden. In Aussagen über Mengen treten M e n g e n v a r i a b l e auf, die genau wie spezielle Mengen mit großen Buchstaben A, B, C, ... P, Q, R, ... bezeichnet werden. An die Stelle von freien Mengenvariablen dürfen beliebige Mengen, die innerhalb der gewählten Grundmenge gebildet wurden, eingesetzt werden. Zum Aufbau von Mengentermen aus Mengenvariablen werden Komplementbildung und Mengenverknüpfungen benötigt. Wir wiederholen die in Definition 3.3, 3.4 und 3.5 gegebenen Festlegungen in geringfügig abstrakterer Form.

Definition 3.6 a) Ist P eine Mengenvariable, so wird mit $\overline{P}$ das Komplement von P bezeichnet. Wird die Mengenvariable P durch die Menge

$P = \{x \mid x \in G \land p(x)\}$

ersetzt, so ist

$\overline{P} = \{x \mid x \in G \land \neg p(x)\}$

b) Sind P und Q Mengenvariable, so wird mit

$P \cap Q$ der Durchschnitt „P geschnitten Q"

$P \cup Q$ die Vereinigung „P vereinigt Q"

$P \setminus Q$ die Differenz „P ohne Q"

$P \triangle Q$ die symmetrische Differenz „P delta Q"

bezeichnet. Werden die Mengenvariablen P und Q durch die Mengen

$P = \{x \mid x \in G \land p(x)\}, \quad Q = \{x \mid x \in G \land q(x)\}$

ersetzt, so sind $P \cap Q$, $P \cup Q$, $P \setminus Q$, $P \triangle Q$ die folgenden Mengen

$P \cap Q = \{x \mid x \in G \land p(x) \land q(x)\}$

$P \cup Q = \{x \mid x \in G \land (p(x) \lor q(x))\}$

$P \setminus Q = \{x \mid x \in G \land p(x) \land \neg q(x)\}$

$P \triangle Q = \{x \mid x \in G \land (p(x) \dot\lor q(x))\}$

Aus Mengenvariablen und den soeben definierten Verknüpfungszeichen werden Mengenterme aufgebaut.

Definition 3.7 a) Jede Mengenvariable ist ein Mengenterm.
b) Sind T_1, T_2 Mengenterme, so auch

$\overline{T}_1, \quad \overline{T}_2, \quad T_1 \cap T_2, \quad T_1 \cup T_2, \quad T_1 \setminus T_2, \quad T_1 \triangle T_2.$

Bemerkung 3.3 Nach unserer Definition wird ein Mengenterm erst dann zu einer Menge, wenn für die beteiligten Mengenvariablen spezielle Mengen eingesetzt worden sind. Da aber eine Unterscheidung zwischen Mengenvariable und eingesetzter Menge nur aus dem Kontext ersichtlich ist, läßt sich auch bei Mengentermen nur aus dem Zusammenhang ablesen, ob eine Ersetzung der auftretenden Mengenvariablen durch Mengen bereits vorgenommen ist oder nicht.

Bemerkung 3.4 Definition 3.6 und 3.7 erlaubt zu einer über G definierten Aussageform $t(x)$, die aus mehreren Aussageformen $p(x)$, $q(x)$, .. aufgebaut ist, die Erfüllungsmenge (von $t(x)$) sofort als Mengenterm der einzelnen Erfüllungsmengen (von $p(x)$, $q(x)$ ...) anzugeben.

Die Vorgehensweise ist durch die folgende „Übersetzung" gekennzeichnet:
1. Die Aussageformen $p(x)$, $q(x)$, ... werden durch Mengenvariable P, Q, ... ersetzt.
2. Die Junktoren $\neg, \wedge, \vee, \dot{\vee}$ werden durch Komplementbildung, $\cap, \cup, \triangle$ ersetzt.
3. Bei etwa auftretenden Junktoren $\to$ und $\leftrightarrow$ werden zunächst die Äquivalenzen

$$a(x) \to b(x) \iff \neg a(x) \vee b(x),$$
$$a(x) \leftrightarrow b(x) \iff \neg(a(x) \dot{\vee} b(x))$$

ausgenützt und dann nach 1. und 2. verfahren.

Als Übersetzung entsteht ein Mengenterm T, der zur Erfüllungsmenge von $t(x)$ wird, wenn für seine Variablen P, Q, ... die Erfüllungsmengen von $p(x)$, $q(x)$, ... etc. eingesetzt werden.

Lediglich die Formulierung dieses Sachverhalts wirkt kompliziert – am Beispiel ist das Vorgehen evident. Betrachten wir z. B. die zusammengesetzte Aussageform

$$t(x) \iff [p(x) \wedge \neg(q(x) \leftrightarrow r(x))] \dot{\vee} s(x)$$

dann ist

$$T = (P \cap (Q \triangle R)) \triangle S$$

ihre Erfüllungsmenge mit

$$P = \{x \mid x \in G \wedge p(x)\}, \quad Q = \{x \mid x \in G \wedge q(x)\}$$
$$R = \{x \mid x \in G \wedge r(x)\}, \quad S = \{x \mid x \in G \wedge s(x)\}$$

Mit Beispiel 3.2 und Aufgabe 3.10 wurde dieses Vorgehen bereits geübt.

Zwischen Mengen wurde mit Definition 3.1 und 3.2 die Teilmengen- und Gleichheitsbeziehung definiert. Sind P, Q Mengen mit

$$P = \{x \mid x \in G \wedge p(x)\}, \quad Q = \{x \mid x \in G \wedge q(x)\},$$

so gilt

$$P \subset Q \iff \bigwedge_{x \in G} p(x) \to q(x) \iff [p(x) \Rightarrow q(x)] \tag{3.35}$$

$$P = Q \iff \bigwedge_{x \in G} p(x) \leftrightarrow q(x) \iff [p(x) \Leftrightarrow q(x)]$$

Gleichheits- und Teilmengenzeichen können auch zwischen Mengenterme gesetzt werden. Da Mengenterme aus Mengenvariablen aufgebaut sind, entstehen dabei Aussage-

3.3 Mengenterme und Mengenformeln   101

formen, die bei Ersetzung aller beteiligten Mengenvariablen durch spezielle Mengen in Aussagen übergehen.   B

Beispiel 3.2 ging von einer derartigen Aussageform aus, die bei bestimmten Ersetzungen in wahre, bei anderen in falsche Aussagen überging.

Aus Aussageformen mit Mengenvariablen lassen sich natürlich mit aussagenlogischen Hilfsmitteln zusammengesetzte Aussageformen aufbauen.

So ist z. B.

$$(P \subset Q) \wedge (Q = R) \rightarrow (R \subset P) \tag{3.36}$$

eine Aussageform in P, Q, R die aus drei Aussageformen, nämlich aus $P \subset Q$, aus $Q = R$ und $R \subset P$ mit Hilfe der Junktoren $\wedge$ und $\rightarrow$ aufgebaut ist. Die Aussageform (3.36) geht übrigens nur für solche Ersetzungen der Variablen durch Mengen in eine wahre Aussage über, für die $P = Q = R$ gilt.

Im vorangegangenen Abschnitt wurden Techniken zur Aufstellung von Mengenformeln entwickelt. Mit den jetzt bereitgestellten Begriffen läßt sich eine Mengenformel folgendermaßen definieren.

Definition 3.8 Eine Aussageform in den Mengenvariablen P, Q, R, ... heißt M e n g e n f o r m e l, falls sie bei jeder Ersetzung der Mengenvariablen durch Teilmengen einer Grundmenge G in eine wahre Aussage übergeht.

Entsprechend dieser Definition sind (vgl. Beispiel 3.3, 3.4)

$$P \cap (Q \cup R) = (P \cap Q) \cup (P \cap R) \tag{3.37}$$

$$P \cap \overline{Q} \cap R = \emptyset \iff P \cap (Q \cup R) \subset Q \cup (P \setminus R)$$

Mengenformeln, während es sich bei

$$P \cap (Q \cup R) \subset Q \cup (P \setminus R) \tag{3.38}$$

um keine Mengenformel handelt, da es hier Einsetzungen gibt, für die (3.38) falsch wird. Mit dem Beispiel 3.5 und den Aufgaben 3.17 und 3.18 haben wir Wege kennengelernt, logische Formeln in Mengenformeln zu übersetzen.

Satz 3.1 Jede Übersetzung einer logischen Formel entsprechend der Tabelle in Fig. 3.12 führt zu einer Mengenformel.

B e w e i s. Logische Formeln sind Äquivalenzen bzw. Implikationen zwischen logischen Ausdrücken, d. h. sie lassen sich auf eine der folgenden beiden Arten schreiben

$$\begin{aligned} s_1(p, q, r, \ldots, w, f) &\iff t_1(p, q, r, \ldots, w, f) \\ s_2(p, q, r, \ldots, w, f) &\implies t_2(p, q, r, \ldots, w, f) \end{aligned} \tag{3.39}$$

Dabei sind p, q, r Aussagenvariable, w, f Aussagenkonstanten (die in manchen logischen Formeln explizit auftreten, vgl. (1.29)) und s_i, t_i logische Ausdrücke, die daraus mit Hilfe der Junktoren $\neg, \wedge, \vee, \dot{\vee}, \rightarrow, \leftrightarrow$ aufgebaut sind. Wählen wir nun in einer Grundmenge G irgendwelche Teilmengen P, Q, R so können wir anstelle der Aussagen-

B variablen p, q, r die Aussageformen $x \in P$, $x \in Q$, $x \in R$ in (3.39) einsetzen. An die Stelle von w setzen wir $x \in G$, anstelle von f entsprechend $x \in \emptyset$.

logische Formel	Mengenformel
Aussagenvariable p, q, r, ...	Mengenvariable P, Q, R, ...
Aussagenkonstante w Aussagenkonstante f	Grundmenge G leere Menge $\emptyset$
Implikation $\Rightarrow$ Äquivalenz $\Longleftrightarrow$	Teilmengenbeziehung $\subset$ Gleichheit =
Negation $\neg$ Junktoren $\wedge$, $\vee$, $\dot{\vee}$ $p \to q$, $p \leftrightarrow q$	Komplementbildung Verknüpfungen $\cap$, $\cup$, $\triangle$ $\overline{P} \cup Q$, $P \triangle Q$

Fig. 3.12 Übersetzungstabelle für logische Formeln in Mengenformeln

Auf diese Weise wird (3.39) zu einer Implikation bzw. Äquivalenz von Aussageformen. Da (3.39) wahre Aussagen für jede Belegung der Aussagevariablen mit Wahrheitswerten sind, bleiben sie wahre Aussagen für alle x aus G. Jedes x aus G führt ja zu einer bestimmten Belegung von (3.39).

Bezeichnen wir

$$s_i(x) := s_i(x \in P, x \in Q, x \in R, \ldots, x \in G, x \in \emptyset)$$
$$t_i(x) := t_i(x \in P, x \in Q, x \in R, \ldots, x \in G, x \in \emptyset),$$

so entstehen aus (3.39) die wahren Aussagen

$$\bigwedge_{x \in G} s_1(x) \leftrightarrow t_1(x) \qquad \bigwedge_{x \in G} s_2(x) \to t_2(x) \tag{3.40}$$

Mit Definition 3.1 und 3.2 ergibt sich aber daraus sofort

$$S_1 = \{x \mid x \in G \wedge s_1(x)\} = T_1 = \{x \mid x \in G \wedge t_1(x)\}$$
$$S_2 = \{x \mid x \in G \wedge s_2(x)\} \subset T_2 = \{x \mid x \in G \wedge t_2(x)\} \tag{3.41}$$

Als nächsten Schritt stellen wir die Erfüllungsmengen S_i, T_i als Mengenterme in den Mengenvariablen P, Q, R, ... dar (vgl. Bemerkung 3.2 und Übersetzungstabelle). Damit haben wir die Aussagen des Satzes bewiesen, da die gewonnenen Aussagen für jede Ersetzung der Mengenvariablen durch Teilmengen von P, Q und R wahr sind; wir haben diese Mengen ja bei Beginn des Beweises frei gewählt.

Satz 3.1 erlaubt formal höchst einfach, logische Formeln in Mengenformeln zu übersetzen. Fig. 3.12 liefert dabei das Wörterbuch aus der aussagenlogischen in die Mengensprache.

Im folgenden werden zwei Gegenüberstellungen von Mengenformeln und logischen Formeln gegeben. In der ersten Aufstellung (vgl. Fig. 3.13) werden Regeln über die

3.3 Mengenterme und Mengenformeln   103

logische Formeln Für die Aussagenvariablen p, q, r können beliebige Aussagen eingesetzt werden.	Mengenformeln Für die Mengenvariablen P, Q, R können beliebige Teilmengen einer Grundmenge G eingesetzt werden.
	1. Kommutativregeln
p ∧ q ⟺ q ∧ p p ∨ q ⟺ q ∨ p p ∨̇ q ⟺ q ∨̇ p	P ∩ Q = Q ∩ P P ∪ Q = Q ∪ P P △ Q = Q △ P
	2. Assoziativregeln
p ∧ (q ∧ r) ⟺ (p ∧ q) ∧ r p ∨ (q ∨ r) ⟺ (p ∨ q) ∨ r p ∨̇ (q ∨̇ r) ⟺ (p ∨̇ q) ∨̇ r	P ∩ (Q ∩ R) = (P ∩ Q) ∩ R P ∪ (Q ∪ R) = (P ∪ Q) ∪ R P △ (Q △ R) = (P △ Q) △ R
	3. Distributivregeln
p ∧ (q ∨ r) ⟺ (p ∧ q) ∨ (p ∧ r) p ∨ (q ∧ r) ⟺ (p ∨ q) ∧ (p ∨ r) p ∧ (q ∨̇ r) ⟺ (p ∧ q) ∨̇ (p ∧ r)	P ∩ (Q ∪ R) = (P ∩ Q) ∪ (P ∩ R) P ∪ (Q ∩ R) = (P ∪ Q) ∩ (P ∪ R) P ∩ (Q △ R) = (P ∩ Q) △ (P ∩ R) aber P \ (Q ∩ R) = (P \ Q) ∪ (P \ R) P \ (Q ∪ R) = (P \ Q) ∩ (P \ R)
	4. Absorptionsregeln
p ∧ (q ∨ p) ⟺ p p ∨ (q ∧ p) ⟺ p	P ∩ (Q ∪ P) = P P ∪ (Q ∩ P) = P
	5. Regeln zur Idempotenz
p ∧ p ⟺ p p ∨ p ⟺ p aber p ∨̇ p ⟺ f	P ∩ P = P P ∪ P = P aber P △ P = ∅
	6. Regeln zur Komplementbildung
¬(¬p) ⟺ p p ∧ ¬p ⟺ f, p ∨ ¬p ⟺ w ¬(p ∧ q) ⟺ ¬p ∨ ¬q ¬(p ∨ q) ⟺ ¬p ∧ ¬q ¬(p ∨̇ q) ⟺ ¬p ∨̇ q	$\overline{\overline{P}}$ = P P ∩ $\overline{P}$ = ∅, P ∪ $\overline{P}$ = G $\overline{P \cap Q}$ = $\overline{P}$ ∪ $\overline{Q}$ $\overline{P \cup Q}$ = $\overline{P}$ ∩ $\overline{Q}$ $\overline{P △ Q}$ = $\overline{P}$ △ Q
	7. Regeln mit G und ∅
f ∧ p ⟺ f, w ∧ p ⟺ p f ∨ p ⟺ p, w ∨ p ⟺ w f ∨̇ p ⟺ p, w ∨̇ p ⟺ ¬p	∅ ∩ P = ∅, G ∩ P = P ∅ ∪ P = P, G ∪ P = G ∅ △ P = P, G △ P = $\overline{P}$

Fig. 3.13 Zusammenstellung I: Äquivalenz von logischen Ausdrücken und Gleichheit von Mengen

Gleichheit von Mengentermen aus den entsprechenden Äquivalenzen zwischen logischen Ausdrücken gewonnen. In der zweiten Aufstellung (vgl. Fig. 3.14) werden Aussagen über die Teilmengenbeziehung gelistet, die durch Übersetzung logischer Formeln entstehen, in denen Implikationen auftreten. In allen Fällen wird der Mengenformel die entsprechende logische Formel gegenübergestellt. Die verwendeten logischen Formeln wurden in Kapitel 1 gewonnen (vgl. insbesondere die Sätze in Abschn. 1.5).

Bemerkung 3.5 Für das Verständnis der logischen Formeln, die als Ausgangspunkt für

3 Mengenalgebra

B

logische Formeln Für die Aussagenvariablen p, q, r können beliebige Aussagen eingesetzt werden.	Mengenformeln Für die Mengenvariablen P, Q, R können beliebige Teilmengen von G eingesetzt werden.
$(p \Rightarrow q) \iff (\neg p \vee q \iff w)$ $\iff (p \wedge \neg q \iff f)$	$P \subset Q \iff \overline{P} \cup Q = G$ $\iff P \cap \overline{Q} = \emptyset$
$p \Rightarrow p$ $(p \Rightarrow q) \wedge (q \Rightarrow p) \iff (p \iff q)$ $(p \Rightarrow q) \wedge (q \Rightarrow r) \implies (p \Rightarrow r)$	$P \subset P$ $(P \subset Q) \wedge (Q \subset P) \iff (P = Q)$ $(P \subset Q) \wedge (Q \subset R) \Rightarrow (P \subset R)$
$p \Rightarrow p \vee q$ $p \wedge q \Rightarrow p$ $(p \Rightarrow q \wedge r) \iff (p \Rightarrow q) \wedge (p \Rightarrow r)$ $(p \vee q \Rightarrow r) \iff (p \Rightarrow r) \vee (q \Rightarrow r)$	$P \subset P \cup Q$ $P \cap Q \subset P$ $P \subset Q \cap R \iff (P \subset Q) \wedge (P \subset R)$ $P \cup Q \subset R \iff (P \subset R) \wedge (Q \subset R)$

Fig. 3.14 Zusammenstellung II: Implikationen bei logischen Ausdrücken und Eigenschaften der Teilmengenbeziehung

Fig. 3.14 verwendet werden, ist der folgende Hinweis wichtig. Enthält eine logische Formel Subjunktionen →, so kann aus ihr eine logische Formel mit Implikationen ⇒ gewonnen werden[1]. Man muß dazu lediglich beachten, daß „Implikation" bedeutet, wir verfügen über die zusätzliche Information, daß die entsprechende Subjunktion stets wahr ist. Dies muß an den entsprechenden Stellen der logischen Formel berücksichtigt werden.

Ist z. B. die logische Formel

$$(p \to q) \iff (\neg p \vee q) \tag{3.42}$$

gegeben, so entsteht auf diese Weise die neue logische Formel

$$(p \Rightarrow q) \iff (\neg p \vee q \iff w) \tag{3.43}$$

Der Übersetzungssatz 3.1 muß jetzt auf die Teilausdrücke angewendet werden, die selbst Implikationen bzw. Äquivalenzen logischer Ausdrücke sind. Es entsteht die Mengenformel

$$P \subset Q \iff \overline{P} \cup Q = G \tag{3.44}$$

*Aufgabe 3.19 Wo liegt der Fehler in der folgenden Vorgehensweise?

Aus der logischen Formel

$$p \to (q \vee r) \iff (p \to q) \vee (p \to r)$$

wurde entsprechend Bemerkung 3.5 die logische Formel

$$(p \Rightarrow (q \vee r)) \iff ((p \Rightarrow q) \vee (p \Rightarrow r))$$

gewonnen. Übersetzung gemäß Satz 3.1 ergibt die Mengenformel

$$(P \subset (Q \cup R)) \iff ((P \subset Q) \vee (P \subset R)).$$

---

[1]) Vgl. Fußnote S. 97.

Aufgabe 3.20 Drücken Sie die Mengenformeln in Fig. 3.14 in Worten aus. Erläutern Sie jede dieser Mengenformeln direkt an einer Darstellung im Venn-Diagramm.

Aufgabe 3.21 Versuchen Sie die Mengenformeln aus Fig. 3.13 direkt mit Hilfe von Tordarstellungen zu erläutern.

3.4 „Mengenlehre" in der Schule

Bereits im Abschn. 2.4 wurde an einer Reihe von Unterrichtsvorschlägen gezeigt, in welcher Form Aussageformen und Lösungsmengen in den Schulunterricht eingehen können und welche Bedeutung sie bei der Entwicklung grundlegender Fähigkeiten, wie z. B. des schlußfolgernden Denkens, gewinnen. Mit diesem Abschnitt wurde aber gleichzeitig deutlich, daß „Mengenlehre" nicht Selbstzweck sein darf, sondern sich lediglich als ein Hilfsmittel darstellt; als ein Hilfsmittel, das es z. B. schon für das Grundschulkind erlaubt, Situationen zu schaffen, in denen logisches Schließen an konkretem Arbeitsmaterial verlangt wird, als ein Hilfsmittel, das es z. B. in der Sekundarstufe I ermöglicht, Gleichungslehre in durchsichtiger Weise aufzubauen und weiterzuführen. Diese untergeordnete Rolle, die wir damit diesem Gebiet zumessen, scheint in offenem Widerspruch zur Diskussion der letzten Jahre zu stehen, in der das Schlagwort „Mengenlehre" zum vermeintlichen Hauptkennzeichen der Unterscheidung eines modernen Mathematikunterrichts gegenüber einem traditionellen Rechenunterricht aufgebaut wurde. Für oder wider Mengenlehre wurden Hearings in Landtagen veranstaltet, wurden Fernsehdiskussionen abgehalten, zur Mengenlehre wurden Elternkurse organisiert, erschien eine Fülle von mehr oder weniger geeigneter „Aufklärungs"literatur. Die folgenden Bemerkungen dienen dazu, diesen scheinbaren Widerspruch aufzuklären, der zwischen dem überhöhten Stellenwert der Mengenlehre in der allgemeinen Diskussion und unserer Einschätzung dieses Gebiets als vergleichsweise nachrangiges Hilfsmittel für den heutigen Mathematikunterricht besteht. Wir fassen die Hauptgesichtspunkte in Thesen zusammen, um die Argumentation durchsichtiger gestalten zu können.

These 1 Ein weitverbreitetes Mißverständnis (vor allem unter Eltern) besteht darin, unter „Mengenlehre" alle die Inhalte zu verstehen, die neu gegenüber dem überlieferten Rechenunterricht sind.

Diese falsche Globalauffassung von Mengenlehre wird oft mit Ansichten verbunden, die sich prinzipiell gegen Neuerungen im Mathematikunterricht wenden. Dies zeigt sich z. B. darin, daß auch veränderte Fragestellungen im Zahlenrechnen, wie Zahldarstellungen in verschiedenen Positionssystemen, oder die Verwendung von Operatoren in der Bruchrechnung der Mengenlehre zugeordnet werden, obwohl sie nichts mit dem zu tun haben, was hier in den Kapiteln 2 und 3 behandelt wurde. Diese Argumentation kann soweit gehen, daß sogar ein Unterricht mit erhöhtem Materialeinsatz und veränderter Unterrichtsform, z. B. häufigem Gruppenunterricht, als Mengenlehreunterricht apostrophiert wird, ganz unabhängig von den behandelten Inhalten.
Eine vernünftige Argumentation, die sich mit diesen Auffassungen auseinandersetzt,

C muß zunächst erreichen, daß eine veränderte Unterrichtsauffassung eigentliches Reformziel darstellt, wobei die gewählten Inhalte nur von zweitrangiger Bedeutung sind. Werden jedoch neue Inhalte in den Mathematikunterricht eingeführt, so muß selbstverständlich anerkannt werden, daß sie nicht widerspruchslos hingenommen werden, sondern daß die Frage nach ihrer Legitimation sehr berechtigt ist — diese Frage sollte übrigens auch an die überlieferten Inhalte gestellt werden. Bei der Entscheidung über die Aufnahme von mathematischen Schulstoffen sollte der Anteil im Vordergrund stehen, den sie bei der Entwicklung kognitiver Fähigkeiten leisten können und ihre Anwendungsnähe, die sie vor allem für den späteren Nichtmathematiker tragen. Wenig Gewicht sollte dagegen der Frage zugemessen werden, ob ein neues Gebiet Bedeutung innerhalb der Fachdisziplin Mathematik selbst trägt, d. h. sich z. B. durch fachwissenschaftliche Aktualität auszeichnet. Begründungen dieser letzteren Art waren in letzter Zeit gelegentlich dafür maßgeblich, daß Spezialfragen fachmathematischen Interesses — meist mit zeitlicher Verzögerung — von den Universitäten über die Oberstufe des Gymnasiums in die Schule einsickerten. Hier scheint Reserve durchaus angebracht.

Es kann im Rahmen dieses Buches nicht unserer Aufgabe sein, eine didaktische Rechtfertigung für alle neueren Inhalte des Mathematikunterrichts in Angriff zu nehmen. Wir wenden uns daher jetzt Argumenten zu, die sich mit der Mengenlehre im engeren Sinn auseinandersetzen, d. h. mit unterrichtlichen Fragestellungen, welche an unsere Kapitel 2 und 3 anschließen. Hier scheint ein wesentlicher Teil vorgebrachter Kritik mit einem Problem zusammenzuhängen, das wir als zweite These formulieren wollen.

These 2 Bei der unterrichtlichen Behandlung der Gebiete Mengen und Mengenverknüpfungen besteht die Gefahr, unnötige Formalisierungen und Verbalisierungen in den Vordergrund zu stellen.

Bei kritischer Durchsicht der derzeitigen Schulbuchliteratur zeigt sich, daß vor allem auch in der Orientierungsstufe, d. h. im 5/6. Schuljahr das Arbeiten mit Mengen leicht dazu abgleiten kann, den Aufbau einer Kunstsprache als eigentliches Lernziel zu sehen. Kommutativ-, Assoziativ-, Distributivregeln und andere Formeln, wie wir sie in Fig. 3.12 zusammengestellt haben, werden von Schülern auswendig gelernt. Dabei werden diese Regeln oft nicht einmal durch Rückgriff auf logische Zusammenhänge gewonnen, sondern in vielen Fällen lediglich durch Nachrechnen mit einigen Mengen, die in aufzählender Form vorgegeben sind, wozu dann ein grafisches Nachprüfen im Venn-Diagramm tritt. Auf diese Art kann zwar ein Kalkülverfahren erworben werden, das es recht schematisch erlaubt, systematisch Gesetze anzuwenden, um mit Mengen zu rechnen, aber Grund und Sinn für diese formale Tätigkeit bleiben nicht nur für den Schüler fragwürdig. Außerdem gerät das so behandelte Gebiet, da es im sonstigen Mathematikunterricht nicht wieder aufgegriffen wird, schnell wieder in Vergessenheit. Es hieße aber nun, berechtigte Einwände unzulässig zu verallgemeinern, wollte man wegen der erwähnten Fehlleistungen Fragestellungen insgesamt verbannen, die sich mit Erfüllungsmengen von Aussageformen und ihren Verknüpfungen befassen. In Abschn. 2.4 haben wir bereits eine Reihe von Möglichkeiten aufgezeigt, ohne jede Formalisierung und Verbalisierung Aufgabenstellungen anzubieten, an denen sich logische Fähigkeiten von Schülern jeder Altersstufe entwickeln lassen. Vor allem für den Bereich der Grundschule eröffnet sich damit ein

3.4 „Mengenlehre" in der Schule   107

breites Feld, das den Rechenunterricht aus seiner Isolation herausführen kann, indem   C
der bisherige enge Rahmen der Fähigkeiten erweitert wird, an deren Aufbau der
Rechenunterricht beteiligt ist. Die Chance, ein breiteres Fähigkeitsspektrum anzusprechen, hängt allerdings davon ab, daß die folgende zusammenfassende These 3 akzeptiert
wird.

These 3 An die Stelle eines formalen und verbalen Arbeitens mit Mengen müssen verstärkt Fragestellungen treten, an denen sich logische Fähigkeiten der Schüler schulen
lassen. Bei Grundschulkindern sollten dabei insbesondere die Fähigkeit zur Begriffsbildung, zur Simultanentscheidung und zum schlußfolgernden Denken angesprochen
werden, in der Sekundarstufe I kann schlußfolgerndes Denken bis hin zur Stufe einfacher argumentierender Beweise aufgebaut werden.

Inwieweit argumentierendes Beweisen in die Schulwirklichkeit der Sekundarstufe I aufgenommen werden kann, wird in Abschn. 4.4 näher ausgeführt werden.

These 3 befaßt sich mit dem Einsatz von Mengen zur Entwicklung logischer Fähigkeiten.
Man darf darüber aber nicht vergessen, daß es für die Schule ein weiteres wichtiges Gebiet gibt, bei dem viel von Mengen die Rede ist, nämlich die Arithmetik. Zwar erscheint
es, als ob die Frage, wie dieser Zusammenhang didaktisch aufbereitet werden soll, noch
nicht entschieden ist – verschiedene Möglichkeiten sind hier im Gespräch. Auch muß
zugestanden werden, daß gerade bei diesem Gebiet formale Übersteigerungen zur Beunruhigung beigetragen haben. Andererseits aber muß klar sein, daß Mengen nicht wegzudenken sind beim Aufbau eines umfassenden Zahlbegriffs und bei einer breiten Grundlegung von Addition/Subtraktion, aber auch von Multiplikation/Division.

These 4 Das Operieren mit Dingmengen und der Übergang zu ihren Anzahlen hat eine
entscheidende Funktion bei der Entwicklung des Zahlbegriffs und bei der Grundlegung
arithmetischer Verknüpfungen. Die Frage einer geeigneten didaktischen Umsetzung ist
noch nicht ausdiskutiert.

Der Übergang von Mengen zur Arithmetik ist nicht Gegenstand dieses Buches. Wir knüpfen
daher an ein Vorverständnis des Lesers an und verzichten darauf, die infrage stehenden
Begriffe zu definieren. Der entscheidende Gesichtspunkt in diesem Zusammenhang ist,
unserer Meinung nach, daß sowohl die Entwicklung des Zahlbegriffs als auch das Verständnis arithmetischer Operationen Prozesse sind, die von mehreren Seiten her unterstützt werden müssen. Die bereits in Abschn. 2.4 in Zusammenhang mit logischen Fragestellungen erläuterten Fähigkeiten zur Sukzessiv- und zur Simultanentscheidung spielen
hier eine bedeutsame Rolle. So werden im Zahlbegriff eine Reihe verschiedener Vorstellungen miteinander verbunden. Die Zahl tritt als Ordinalzahl auf, als Zahl in einer Folge
von Zählzahlen, wobei Vorgänger und Nachfolger kennzeichnende Begriffe sind. Das
Kind, das zählt, das beim Addieren bzw. Subtrahieren weiter- bzw. zurückzählt, nützt
diesen Aspekt aus und geht dabei sukzessiv vor – dabei ist, wie wir ausgeführt haben,
diese Sukzessiventscheidung die logische Qualifikation, die kleinen Kindern leichter
fällt als Simultanentscheidungen. Das Kind aber, das bei vorliegenden Objekten Anzahlen vergleicht, das zu Aussagen über mehr, weniger, gleichviel gelangt, indem es
vorgegebene Mengen zergliedert, sie in Gedanken wieder zusammenfaßt, das bei Addi-

C tionen und Subtraktionen Zusammenfügen bzw. Wegnehmen mehrerer Objekte gleichzeitig bewältigt, setzt Simultanentscheidungen ein. Der kardinale Zahlaspekt, der dabei in den Vordergrund tritt, ist entsprechend der anspruchsvolleren Simultanentscheidung für die Schulanfänger auch die Seite des Zahlbegriffs, deren Aufbau schwerer fällt. Ganz entsprechend lassen sich auch bei der Multiplikation beide Aspekte beleuchten. Mehrmaliges Tun − auch in Verbindung mit Zahlwörtern wie zweimal, dreimal, viermal, − betont den sukzessiven (leichteren) Zugang. Ein Produkt kann aber erst aufgefaßt werden, wenn die konstituierenden Bestandteile gleichzeitig erkannt werden. In der Felddarstellung, in der z. B. mehrere Reihen mit gleichviel Objekten liegen, wird diese Auffassung deutlich, für die schon seit langem in der herkömmlichen Rechendidaktik die Begriffsbildung „räumlich simultan" üblich war. Es wäre nun eine unzulässige Verarmung, wollte man den arithmetischen Unterricht auf eine Seite beschränken. Sicher ist eine Übersteigerung des Kardinalzahlaspekts unangebracht, aber genau so wenig zeichnet sich mit der Überbetonung der Zählreihe wie sie z. B. in Verbindung mit den sogenannten Strichlistenverfahren vorgeschlagen wird, eine letzte Lösung ab. Die Antwort muß in einer ausgewogenen Kombination liegen, wobei wir nach dem Bisherigen nicht mehr betonen müssen, daß der formale Apparat möglichst niedrig gehalten werden soll. Sätze wie der folgende sind natürlich absoluter Unsinn: (Wir zitieren aus einem Buch, das Eltern für Kinder in die Hand gegeben wurde, die noch im Vorschulalter sind)

> „Das ist die Menge des Teddybären" (Erkenntlich durch geschweifte Klammern, die um das Bild eines Teddybären gezeichnet sind)
>
> „Die Anzahl der Menge des Teddybären ist 1"

Man sollte bei der Aufzählung der Argumente ein Mißverständnis nicht zu erwähnen vergessen, das vor allem auch von Fachwissenschaftlern der Universitäten ins Gespräch gebracht wurde. Sie sprechen die Vermutung aus, daß der Beginn mit der Mengenlehre einen systematischen Aufbau der Mathematik in die Schule einschleusen soll, dessen Bedeutung in der Fachwissenschaft selbst kaum noch diskutiert wird.

Unter Fachdidaktikern besteht aber vollständige Einigkeit über die

These 5 Jede Form von Systematik im Aufbau einer mathematischen Theorie kennzeichnet ein Reifestadium, dem auch in der Fachwissenschaft viele heuristische und genetische Phasen vorausgegangen sind. Das kann so weit gehen, daß die Systematik die Reihenfolge der ursprünglichen Einsichten völlig vertauscht. Mit dieser Feststellung wird die Orientierung der Lehre der Mathematik an der fachlichen Systematik auf jeder Stufe problematisch − in der Grundschule aber darf sie überhaupt keine Rolle spielen.

4 Beweisen in der Mathematik

4.1 Argumentierendes Beweisen   A

In vorausgegangenen Kapiteln haben wir — als Beispiele für die Verwendung von Quantoren — eine Reihe von mathematischen Sätzen ausgesprochen. Bei einigen von ihnen haben wir auch versucht, Beweisskizzen anzudeuten.

Die wesentlichste Feststellung in diesem Zusammenhang ist die, daß beim Beweisen stets Sätze auf andere, schon bewiesene oder glaubhaftere zurückgeführt werden. Will man einen Gesprächspartner von einer ihm unglaubwürdig erscheinenden Tatsache überzeugen, so genügt oft der Rückgang auf einen Zusammenhang, von dessen Richtigkeit er überzeugt ist, um daraus den angezweifelten oder zumindest nur vermuteten Satz abzuleiten.

Beispiel 4.1 Zwei Pfennigstücke A und B liegen dicht aneinander (vgl. Fig. 4.1a). A soll liegen bleiben, während B um A herum abgerollt wird. Wir fragen unseren Gesprächspartner, um wieviel sich B gedreht hat, wenn es in der Lage angekommen ist, die in Fig. 4.1b angedeutet ist. Mit großer Wahrscheinlichkeit wird er sagen, daß nach der ausgeführten halben Drehung die „1" auf dem Kopf steht. Wie überzeugen wir ihn ohne

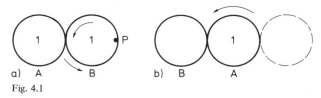

a) A   B   b) B   A

Fig. 4.1

Experiment davon, daß B bereits eine volle Drehung gemacht hat, die „1" also wieder so wie am Anfang steht? Wir fragen ihn z. B.: „Wo liegt nach der Drehung der in der Fig. 4.1a angezeichnete Punkt P?" Sicher ist er bereit zuzugeben, daß P im Berührpunkt der beiden Pfennige liegt — und nachdem ihm dies klargeworden ist, wird er auch zugeben, daß dann die „1" wieder aufrecht stehen muß.

Beispiel 4.2 Können wir jemanden von der Richtigkeit des pythagoräischen Lehrsatzes überzeugen, ohne komplizierte Beweise durchzuführen? Damit uns das gelingt, müssen wir gemeinsam mit unserem Partner eine Basis festlegen, auf der wir seine Überzeugung aufbauen können. Dazu fragen wir unseren Gesprächspartner: „In einem großen Raum werden mehrere kleinere Teppiche so auf verschiedene Weise ausgelegt, daß sie sich nicht überdecken. Wie steht es in jedem Fall mit dem nicht überdeckten Bodenteil?" Er wird bereitwillig zugeben, daß in allen Lagen der Teppiche die gleiche Bodenfläche unbedeckt bleibt.

Wir stellen nun in geeigneter Weise eine vergleichbare Situation her. Dazu lassen wir uns von unserem Partner 2 deckungsgleiche Rechtecke geben, deren Größe und Form er beliebig wählen durfte. Diese Rechtecke bringen wir zunächst in die Lage der Fig. 4.2a

110 4 Beweisen in der Mathematik

und dann verschieben wir das Rechteck A soweit nach links wie es Fig. 4.2b zeigt – außerdem ergänzen wir um beide Rechtecke herum gestrichelt den „Raum", in dem die beiden Teppiche A und B ausgelegt wurden. Unser Partner wird bereit sein zuzu-

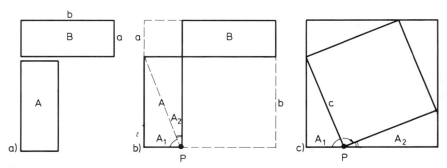

Fig. 4.2

geben, daß die beiden unbedeckten Bodenteile Quadrate sind, deren Seitenlängen mit denen des vorgegebenen Rechtecks übereinstimmen. (Er wird auch zugeben, daß der gesamte „Raum" ein Quadrat ist, doch das brauchen wir nicht). Wir zerschneiden dann die Teppiche diagonal in insgesamt 4 kongruente Dreiecke und verteilen diese in unserem Raum so, wie es die Fig. 4.2c zeigt. Wenn unser Partner jetzt zugibt, daß der unbedeckte Raum wieder ein Quadrat ist, dessen Seitenlänge gleich der Hypotenuse der rechtwinkligen Dreiecke ist, dann ist unser Beweis (ihm gegenüber) geglückt, denn in der Lage der Fig. 4.2b ist der freie Raum $a^2 + b^2$, in Fig. 4.2c aber c^2. Möglicherweise zweifelt er aber an, daß die freie Bodenfläche in der Fig. 4.2c ein Quadrat ist. Dann müssen wir eine neue Beweisbasis finden. Wir werden uns leicht darüber einig werden, daß dazu zweierlei bewiesen werden muß: Alle 4 Seiten sind gleichlang und alle vier Winkel sind rechte. Die erste Tatsache leuchtet sofort ein, da es sich um die gleichlangen Hypotenusen der vier gleichen rechtwinkligen Dreiecke handelt. Um ihn auch von der Rechtwinkligkeit zu überzeugen, klappen wir vor seinen Augen – ausgehend von der Fig. 4.2b – das halbe Rechteck A_2 so weit um den Punkt P herum, bis die Seiten im Punkt P eine gerade Linie bilden. Die 3 dort auftretenden Winkel sind zusammen 180° groß, zwei von ihnen bildeten eine Ecke des Rechtecks A, haben also eine Größe von 90°, also bleibt für den dritten Winkel auch nur die Möglichkeit, rechtwinklig zu sein.

Beispiel 4.3 Wir wollen argumentierend einen Beweis für einen ehrwürdigen Satz aus der Zahlentheorie führen, um uns den Prozeß der Zurückführung einer sehr allgemeinen Aussage auf einfachere noch einmal vor Augen zu führen.

Wir formulieren den Satz, um ihn ganz zu verstehen, in verschiedener Weise:

Satz 4.1 F o r m u l i e r u n g 1. Es gibt unendlich viele Primzahlen

oder F o r m u l i e r u n g 2. Zu jeder Primzahl läßt sich eine noch größere finden

oder F o r m u l i e r u n g 3. In der Folge der Primzahlen gibt es keine letzte.

4.1 Argumentierendes Beweisen   111

B e w e i s s k i z z e (gemäß Formulierung 3). Die Primzahlen treten ja in der Folge der natürlichen Zahlen der Reihe nach auf, wir können sie deshalb $p_1 (= 2)$, $p_2 (= 3)$, $p_3 (= 5)$, p_4, p_5, ..., p_n ... usw. nennen. Da wir unseren Beweis indirekt führen wollen, nehmen wir an, daß es eine natürliche Zahl n gibt, so daß p_n die letzte der Primzahlen ist.

Um an eine Beweisidee heranzukommen, vereinfachen wir zunächst unsere Annahme und wir denken, wir hätten ausschließlich die drei ersten Primzahlen 2, 3 und 5 zur Verfügung. Dann könnten wir aber viele Zahlen nicht als Produkte aus diesen Primzahlen darstellen, z. B.

$7 (= 2 \cdot 3 + 1)$, $11 (= 2 \cdot 5 + 1)$, $13 (= 2 \cdot 2 \cdot 3 + 1)$,
$14 (= 2 \cdot 2 \cdot 3 + 2)$, $17 (= 2 \cdot 2 \cdot 2 \cdot 2 + 1)$ usw.

Es fällt auf, daß viele der nicht als Produkt darstellbaren Zahlen dadurch entstehen, daß man zu einem möglichen Produkt (z. B. $2 \cdot 3 = 6$ oder $2 \cdot 5 = 10$) die Zahl 1 addiert. Das leuchtet ein, wenn man an den folgenden Satz denkt:

Satz 4.2 $t \mid n \Rightarrow t \nmid n + 1$ (falls $t \neq 1$).

Dieser Satz ist unmittelbar klar; denn wenn $t \mid n$, so gilt $n = t \cdot k$ und die nächste Zahl, die wieder durch t teilbar ist, ist $t \cdot k + t = (k + 1) \cdot t$, also um t größer als die vorhergehende.

Satz 4.2 läßt sich aber leicht auf unser Beispiel durch Konjunktion ausdehnen und liefert hier

$2 \mid n \wedge 3 \mid n \wedge 5 \mid n \Rightarrow 2 \nmid n + 1 \wedge 3 \nmid n + 1 \wedge 5 \nmid n + 1$.

Fügen wir also zu einer beliebigen Zahl, die sich als ein Produkt aus den Zahlen 2, 3 und 5 schreiben läßt, den Summanden 1 hinzu, so entsteht in jedem Fall eine Zahl, die weder durch 2 noch durch 3, noch durch 5 teilbar ist. Genau aus diesem Grunde kommen wir mit den drei Primzahlen 2, 3 und 5 nicht aus, um alle natürlichen Zahlen als Produkte darzustellen. Es gilt nun aber

Satz 4.3 Jede natürliche Zahl läßt sich als ein Produkt schreiben, in dem nur Primzahlen auftreten.

Jetzt erkennen wir vermutlich bereits, wie wir einen Widerspruch herleiten können, denn mit den endlich vielen Primzahlen p_1 bis p_n lassen sich nicht alle natürlichen Zahlen als Produkte darstellen, z. B. nicht die Zahl $q + 1$ mit $q = p_1 p_2 p_3 \ldots p_n$. Bei wiederholter Anwendung von Satz 4.2 folgt nämlich

$p_1 \mid q \Rightarrow p_1 \nmid q + 1 \wedge p_2 \mid q \Rightarrow p_2 \nmid q + 1 \wedge p_3 \mid q \Rightarrow p_3 \nmid q + 1 \wedge \ldots \wedge p_n \mid q \Rightarrow p_n \nmid q + 1$

und hieraus wegen $p_1 \mid q \wedge p_2 \mid q \wedge p_3 \mid q \wedge \ldots \wedge p_n \mid q$

$p_1 \nmid q + 1 \wedge p_2 \nmid q + 1 \wedge p_3 \nmid q + 1 \wedge \ldots \wedge p_n \nmid q + 1$.

Es muß also mehr als nur die n ersten Primzahlen geben. Jeder Gesprächspartner, der die Sätze 4.2 und 4.3 für wahr hält, muß auch zugeben, daß es mehr als endlich viel Primzahlen gibt. Möglichen Zweifeln an Satz 4.3 begegnen wir im Beispiel 4.9.

Aufgabe 4.1 Versuchen Sie, die folgenden geometrischen Aussagen auf jeweils andere und möglichst einsichtigere zurückzuführen.
a) Verbindet man die Mittelpunkte aufeinanderfolgender Seiten eines beliebigen Vierecks, so erhält man ein Parallelogramm.
b) Der Radius eines Kreises paßt genau sechsmal als Sehne in diesen Kreis.
c) Die Winkelsumme in einem Dreieck beträgt stets 2 Rechte.

Im Unterricht werden Überzeugungen fast ausschließlich auf diese Weise gewonnen: Neue Aussagen werden auf solche zurückgeführt, die einfacher sind, oder die als wahr angenommen werden. Obwohl die Unvollkommenheit derartiger Beweisführungen evident ist, können wir nicht anders vorgehen. Den Blicken des forschenden, experimentierenden Mathematikers zeigen sich auch nicht die elementarsten Sätze zuerst. Ebensowenig kann er sich davor schützen, daß die Anschauung mit in seine Überlegungen einfließt, solange er noch auf der Suche ist. Dies alles gilt in erhöhtem Umfang für den Schüler, und in den meisten Fällen müssen wir uns damit begnügen, ihn die logische Abhängigkeit zwischen einzelnen Sätzen finden zu lassen — und dann ist schon viel erreicht. Völlig falsch wäre es, ihm eine Theorie, ausgehend von Axiomen, Stück für Stück vorzutragen.

Wie aber findet der Mathematiker seine Axiome? Er verfeinert den oben beschriebenen Reduktionsprozeß schrittweise in zweierlei Richtung. Er analysiert den logischen Übergang von einem Satz auf den anderen und gewinnt so Einblick in die Natur des Beweises — er entdeckt die Logik. Zweitens wird er versuchen, auch die Basissätze weiter zurückzuverfolgen. Das aber geht nicht endlos weiter. An irgendeiner Stelle muß er abbrechen und die Aussagen dieses Niveaus als nicht weiterzurückführbar betrachten. Diese Sätze nennt er Axiome. Es bleibt offen, ob sie wahr sind. Sie selbst und die aus ihnen geschlossenen Sätze bilden eine Theorie, in der wahr oder falsch nur immer relativ zu den Axiomen gesehen werden darf.

Dieses sehr einleuchtende Bild ist aber stark vereinfacht. Bei einem Axiomensystem müssen viele Fragen geprüft werden, und diese Prüfungen sind oft sehr schwer, wenn nicht sogar unmöglich.

1. F r a g e. Ist das System widerspruchsfrei, d. h., enthalten die als Axiome gewählten Sätze nicht vielleicht ganz versteckt die Möglichkeit mit einem Satz zugleich sein logisches Gegenteil herzuleiten?

2. F r a g e. Ist das System vollständig, d. h., gibt es nicht vielleicht mehrere Modelle zu dem System, die nicht ineinander durch Uminterpretation überführbar sind? Man spricht von einem Modell, wenn die in den Axiomen auftretenden Variablen interpretiert werden, so wie wir es mit den Punkten und Geraden des Axiomensystems der Geometrie gemacht haben (vgl. Abschn. 2.3.3). Dieses System ist unvollständig, da es nicht nur ein Modell mit 4 Punkten, sondern auch ein zweites mit 9 Punkten gibt — beide sind nicht ineinander durch Uminterpretation überführbar.

3. F r a g e. Sind die Axiome voneinander abhängig? So etwas würde vorliegen, wenn wir eines der Axiome mit Hilfe der anderen beweisen könnten.

Es sieht so aus, als sei die Mathematik unter dem Einfluß des großen Mathematikers

4.2 Übergang zu formalisierten Beweisen   113

David Hilbert, der wohl am konsequentesten das Erbe des Griechen Euklid weitergeführt hat, allzu einseitig zu einem Denken in axiomatischen Theorien verführt worden. A
Die Schulmathematik jedenfalls sollte sich dem genetischen, problemorientierten und explorierenden Denken stärker verpflichtet fühlen als dem axiomatischen.

4.2 Übergang zu formalisierten Beweisen

Wir gehen wieder von einem Beispiel aus.

Beispiel 4.4 Nach der Definition 2.9 ist eine natürliche Zahl p genau dann Primzahl, wenn sie die folgende Eigenschaft besitzt

$$\bigwedge_{a,b \in \mathbf{N}} p|a \cdot b \rightarrow p|a \vee p|b.$$

Formalisiert man auch die Eingangszeile, so entsteht die folgende Aussage:

$$\bigwedge_{n \in \mathbf{N}} [n \text{ ist eine Primzahl} \leftrightarrow \bigwedge_{a,b \in \mathbf{N}} n|a \cdot b \rightarrow n|a \vee n|b] \quad (4.1)$$

Wir stellen uns die Aufgabe, aus dieser „Prämisse" die folgende Aussage abzuleiten (vgl. Aufgabe 2.9)

$$\bigwedge_{n \in \mathbf{N}} [n \text{ ist eine Primzahl} \rightarrow \bigwedge_{a,b \in \mathbf{N}} n = a \cdot b \rightarrow a = 1 \vee b = 1] \quad (4.2)$$

(4.2) ist insofern bescheidener als (4.1), als im Innern der Allaussage lediglich eine Subjunktion (statt einer Bisubjunktion in (4.1)) steht.
Wir stellen uns in Gedanken vor, daß wir aus der Menge **N** die Menge P der Primzahlen ausgesondert haben. In diese Menge greifen wir „mit geschlossenen Augen" hinein, um der Forderung, daß die folgenden Untersuchungen für alle Primzahlen gelten, Genüge zu tun. Wir sagen, wir wählen die beliebige Primzahl p in „freier Wahl". Während der dann folgenden Untersuchung halten wir sie „in der geschlossenen Faust", um jederzeit garantieren zu können, daß wir von p nichts wissen als dies: p ist eine Primzahl. So entsteht die erste Zeile unseres Beweises.

(1): p ist eine Primzahl   freie Wahl.

Aufgrund der Prämisse (4.1) können wir, da die Bisubjunktion für a l l e p gilt (wobei wir nur die eine Richtung des Bisubjunktionspfeiles beachten, was uns durch einen Separationsschluß erlaubt wird) hinschreiben

(2): p ist eine Primzahl $\rightarrow \bigwedge_{a,b \in \mathbf{N}} p|a \cdot b \rightarrow p|a \vee p|b.$

Durch Abtrennung gewinnen wir die 3. Beweiszeile

(3): $\bigwedge_{a,b \in \mathbf{N}} p|a \cdot b \rightarrow p|a \vee p|b.$ \quad (4.3)

Um eine Verbindung mit unserer Zielaussage (4.2) herzustellen, bilden wir die Menge A aller Paare von Zahlen, die das Produkt p haben

$$A = \{(a, b) \mid a, b \in \mathbf{N} \wedge p \in \mathbf{P} \wedge p = a \cdot b\}.$$

Diese Menge ist nicht leer; denn in ihr liegen zumindest die Paare (1, p) und (p, 1), da $1 \cdot p = p \cdot 1 = p$ gilt.
Um dem Allquantor Genüge zu tun, greifen wir erneut mit geschlossenen Augen zu, diesmal aber in die Menge A. Das gegriffene Paar (a, b) halten wir in der geschlossenen Faust. Nach dieser Wahl können wir eine neue Zeile schreiben, nämlich

(4): $p = a \cdot b$ \qquad freie Wahl aus A \hfill (4.4)

Aufgrund der Teilerdefinition können wir schreiben

(5): $p = a \cdot b \;\rightarrow\; p \mid a \cdot b$

und durch Abtrennung gewinnen wir

(6): $p \mid a \cdot b$

Dies ist für die Zahlen a, b in der einen Faust und die Zahl p in der anderen eine wahre Aussage. Aus der Zeile 3 gewinnen wir nun die neue Zeile

(7): $p \mid a \cdot b \;\rightarrow\; p \mid a \vee p \mid b$ und damit aus 6 durch Abtrennung $p \mid a \vee p \mid b$

Wir untersuchen nun die beiden Möglichkeiten einzeln:

(8): $p \mid a \;\Longleftrightarrow\; a \cdot b \mid a$ \qquad 1. Fall

Aufgrund der Teilerdefinition dürfen wir folgern

(9): $\underset{k \in \mathbf{N}}{V} \; a \cdot b \cdot k = a$ \hfill (4.5)

Diesmal greifen wir nicht mit geschlossenen Augen in die Menge **N**, sondern wählen bewußt aus **N** ein k aus (daß es ein derartiges k gibt, garantiert uns (4.5)), für das $a \cdot b \cdot k = a$ gilt. Dies wird unsere neue Beweiszeile

(10): $a \cdot b \cdot k = a$ \qquad gezielte Wahl aus **N** \hfill (4.6)

Da b und k natürliche Zahlen sind, ist auch $b \cdot k$ eine natürliche Zahl, die wir m nennen[1]). Es folgen nun die Zeilen

(11): $a \cdot m = a$ \qquad Benennung des Produktes $b \cdot k$

---

[1]) Für die Schlüsse in den Zeilen 10–13 brauchen wir einige sehr einfache Sätze, die hier unbewiesen bleiben.

S a t z 1. Die Multiplikation natürlicher Zahlen ist assoziativ, d. h., es ist für alle natürlichen Zahlen r, s, t: $(r \cdot s) \cdot t = r \cdot (s \cdot t)$.

S a t z 2. Sind b und k beliebige natürliche Zahlen, so ist auch $b \cdot k$ eine natürliche Zahl, (die wir hier m nennen).

S a t z 3. Die Gleichung $a \cdot x = a$ hat für alle a stets und genau nur die eine Lösung $x = 1$.

S a t z 4. Sind b und k natürliche Zahlen und gilt $b \cdot k = 1$, so ist dazu notwendig und hinreichend, daß $b = 1 \wedge k = 1$.

4.2 Übergang zu formalisierten Beweisen

(12): $m = b \cdot k = 1$ vgl. Satz 3 der Fußnote auf S. 114

(13): $b \cdot k = 1 \iff b = 1 \wedge k = 1$ vgl. Satz 4 der Fußnote auf S. 114

Hieraus folgt schließlich durch Separation

(14): $b = 1$.

Wir haben die Annahme der Zeile 8 nicht von Zeile zu Zeile mitgeschleppt, schreiben aber am Schluß dieses Beweisabschnittes, der mit der Zeile 8 beginnt, die gesamte Subjunktion auf:

(15): $a \cdot b \mid a \to b = 1$ Beseitigung der Annahme

Da in dieser Zeile — im Gegensatz zu Zeile 14 — durch das Mitaufschreiben der Prämisse in Zeile 8 eine wahre Aussage entsteht, nennt man den Übergang von Zeile 14 zu Zeile 15 eine „Beseitigung der Annahme". Die Subjunktion in Zeile 15 ist von dem Wahrheitswert der Zeile 8 unabhängig, sie ist auch dann wahr, wenn die Prämisse falsch ist.

Um die Fallunterscheidung abzuschließen, machen wir eine neue Annahme, nämlich

(16): $p \mid b$ Annahme, 2. Fall

und gewinnen durch entsprechende Überlegungen

(17): $a \cdot b \mid b \to a = 1$

Aus den Zeilen 15 und 17 entsteht nun durch Adjunktion

(18): $a \cdot b \mid a \vee a \cdot b \mid b \to a = 1 \vee b = 1$

Ein Kettenschluß mit den Zeilen 5 und 7 liefert schließlich

(19): $p = a \cdot b \to a = 1 \vee b = 1$

Hier entsteht nun die Frage, wie wir aus der Zeile 19 auf (3.2) kommen. Dazu erinnern wir uns daran, daß wir während des 2. Teiles der Beweisführung die geschlossene Faust, in der wir das Paar (a, b) versteckt hielten, nicht geöffnet haben. Es sind keinerlei neue Bedingungen eingetreten, unsere Überlegungen gelten also für alle Paare (a, b). Also gilt

(20): $\bigwedge_{a,b \in \mathbf{N}} p = a \cdot b \to b = 1 \vee a = 1$

Dabei müssen wir uns immer vor Augen halten, daß dies alles noch unter der weiteren Voraussetzung steht, daß p eine beliebig gewählte Primzahl ist und wir durch Kontrolle feststellen müssen, daß das p in unserer Hand während des gesamten Beweises keiner neuen Bedingung unterworfen wurde. Die Menge A konnten wir allerdings faktisch gar nicht bilden, da ihre Bildung nur bei Kenntnis von p möglich ist. Von A und dem Paar (a, b) brauchten wir aber nichts zu wissen, als dies, daß wir bei jedem p die Menge A bilden können. Die Tatsache, daß wir die Menge A „in Gedanken" gebildet haben, bedeutete keine Einschränkung für p. Daher gilt die Zeile 20 für alle p. Es gilt also

(21): p ist Primzahl $\Rightarrow \bigwedge_{a,b \in \mathbf{N}} p = a \cdot b \to b = 1 \vee a = 1$

116 4 Beweisen in der Mathematik

A In dem durchgeführten Beispiel handelt es sich wesentlich um Allquantoren. Wir analysieren noch ein zweites Beispiel, um uns darüber klarzuwerden, wie und wann Existenzquantoren eingeführt werden können.

Beispiel 4.5 Für die Durchführung des Beispiels brauchen wir wieder einige sehr einfache Sätze über Brüche, d. h. über die Elemente der Menge **B** der positiven rationalen Zahlen. Als Grundmenge wählen wir gelegentlich **R**, die Menge der reellen Zahlen. Die vorausgesetzten Sätze formulieren wir als Prämissen:

$$P_1 := \bigwedge_{x \in \mathbf{R}} x \in \mathbf{B} \leftrightarrow \frac{x}{2} \in \mathbf{B}$$

$$P_2 := \bigwedge_{x \in \mathbf{R}} x, y \in \mathbf{B} \rightarrow x + y \in \mathbf{B}$$

$$P_3 := \bigwedge_{x, y \in \mathbf{B}} x < y \leftrightarrow \frac{x}{2} < \frac{y}{2}$$

$$P_4 := \bigwedge_{z, x, y \in \mathbf{R}} x < y \leftrightarrow x + z < y + z$$

Satz 4.4 $\bigwedge_{x, y \in \mathbf{B}} (x < y \rightarrow \bigvee_{z \in \mathbf{B}} x < z < y)$

Diesen Satz haben wir bereits als Beispiel einer Aussage mit einem Quantor im Anfang von Abschn. 2.3.2 genannt. Man sagt, die „Brüche liegen überall dicht", d. h., es gibt zwischen ihnen keine Lücken, da zwischen zwei beliebigen Brüchen (x und y) stets noch mindestens ein weiterer Bruch (z) liegt.

Wir beginnen den Beweis damit, x und y beliebig (mit geschlossenen Augen) aus **B** zu wählen. Um anzudeuten, daß wir es in der Folge mit bestimmten Brüchen zu tun haben (nämlich denen, die sich in unserer geschlossenen Faust befinden), gehen wir von den Variablen x, y zu neuen Variablen a, b über. Dasselbe wollen wir auch grundsätzlich bei jeder gezielten Wahl (aufgrund eines Existenzquantors) tun. Bei Wiedereinführung der Quantoren am Schluß des Beweises, werden wir dann wieder auf die ursprünglichen Variablen zurückgehen.

(1): a, b ∈ **B** freie Wahl aus **B**

(2): a < b Annahme

Es könnte so aussehen, als ob wir durch diese Annahme das Geheimnis der freien Wahl lüften; denn die Aussage a < b ist nur bei Kenntnis der Zahlen a und b möglich. Nun gibt es aber offenbar nach der freien Wahl nur zwei Möglichkeiten, entweder gilt a < b oder es gilt ¬(a < b). Im zweiten Fall ist die Prämisse des zu beweisenden Satzes aber falsch und aus einer falschen Prämisse läßt sich jede, insbesondere auch die aufgeschriebene Folgerung ziehen. Im zweiten Fall ist a < b → $\bigvee_{c \in \mathbf{B}}$ a < c < b richtig, weil der Vordersatz falsch ist. Beweisen wir die Aussage nun auch noch für den Fall, daß a < b gilt, so ist sie allgemein richtig. Die in der Zeile 2 aufgeschriebene Annahme bedeutet also keine Lüftung des Geheimnisses der Wahl von a und b.

(3): $\frac{a}{2} < \frac{b}{2}$ nach P_1, P_3

4.2 Übergang zu formalisierten Beweisen

(4): $\frac{a}{2} + \frac{a}{2} < \frac{b}{2} + \frac{a}{2}$ nach P_4 mit $\frac{a}{2}$ als z

(5): $a < \frac{b}{2} + \frac{a}{2}$ Äquivalenzumformung von 4

(6): $\frac{a}{2} + \frac{b}{2} < \frac{b}{2} + \frac{b}{2}$ nach P_4 mit $z = \frac{b}{2}$

(7): $\frac{a}{2} + \frac{b}{2} < b$ Äquivalenzumformung von 6

(8): $a < \frac{a}{2} + \frac{b}{2} < b$ Konjunktionsschluß aus 5 und 7

(9): $a < b \rightarrow a < \frac{a}{2} + \frac{b}{2} < b$ Annahmebeseitigung

Wegen P_1 und P_2 ist $\frac{a}{2} + \frac{b}{2}$ ein Bruch c. Damit kennen wir auf alle Fälle ein Beispiel c, für das $a < c < b$ gilt – natürlich könnte es noch andere Brüche geben, das wissen wir nicht. Deshalb sprechen wir beim Übergang von Zeile 9 zu Zeile 10 von einer „Beispielbeseitigung", da in Zeile 10 nicht anderes behauptet wird als dies: Es gibt mindestens ein Beispiel c dafür, daß $a < c < b$ gilt

(10): $a < b \rightarrow \bigvee_{z \in B} a < z < b$

Während der Beweisdurchführung ist weder an a noch an b eine zusätzliche Bedingung gestellt worden. Auch das von a und b abhängige Beispiel $c = \frac{a}{2} + \frac{b}{2}$ stellt keine Einschränkung dar, da nach P_2 und P_3 $\bigwedge_{x,y \in B} \frac{x}{2} + \frac{y}{2} \in B$ gilt. Also folgt

(11): $\bigwedge_{x,y \in B} (x < y \rightarrow \bigvee_{z \in B} x < z < y)$

Aufgabe 4.2 Versuchen Sie, mit Hilfe der im Beispiel 4.5 angegebenen Prämissen zu beweisen:
a) Es gibt keinen kleinsten Bruch.
b) Es gibt keinen größten Bruch.

L ö s u n g s s k i z z e für den Fall a). Man wird versuchen, den Beweis indirekt zu führen und von dem Gegenteil des zu beweisenden Zusammenhanges ausgehen:

$\bigvee_{z \in B} \bigwedge_{x \in B} \neg(x < z)$ Annahme

Durch eine gezielte Wahl aus **B** werden wir $z = k$ gewinnen, für das

$\bigwedge_{x \in B} \neg(x < k)$

Nun gilt aber nach P_1, daß mit k auch k/2 ein Bruch ist und da andererseits $\frac{k}{2} + \frac{k}{2} = k,$

folgt nach der Definition von $<$

$$\frac{k}{2} < k.$$

Setzen wir andererseits in die Allaussage $k/2$ für x ein, so folgt $\neg(k/2 < k)$. Durch Konjunktion erhalten wir

$$\frac{k}{2} < k \wedge \neg\left(\frac{k}{2} < k\right) \iff f,$$

also $\quad \bigvee_{z \in B} \bigwedge_{x \in B} \neg(x < z) \Rightarrow f$

und damit ist die Annahme widerlegt — wie heißt ihr logisches Gegentail formal?

Aufgabe 4.3 Zu zeigen ist $\bigwedge_{x, y, z \in B} x < y \wedge y < z \to x < z.$

L ö s u n g s s k i z z e. Wir wählen drei beliebige Brüche a, b, c und nehmen an, daß $a < b$ und $b < c$ gilt. Dann gibt es (nach Definition von $<$) ein k, so daß $a + k = b$ und ein $m \in B$ so, daß $b + m = c$. Also folgt $a + (k + m) = c$ und daher $a < c$.
Versuchen Sie, den Beweis so gründlich wie möglich zu führen und ihn so weit wie möglich zu formalisieren.

*__Aufgabe 4.4__ Beweisen Sie mit Hilfe der Prämissen P_1 bis P_4 (vgl. Beispiel 4.5) und der zusätzlichen Prämisse P_5: „Für alle x, y $\in$ **B** gilt: Von den drei Beziehungen $x < y$, $x = y$, $x > y$ ist stets genau eine wahr (Trichotomie)" die Bisubjunktion

$$\bigwedge_{x, y \in B} x < y \leftrightarrow 3x < 3y$$

4.3 Formalisierte Beweise

Es ist nicht die Absicht dieses Abschnitts, eine vollständige Theorie formalisierter Beweise zu liefern[1]). Nachdem wir aber im 1. Kapitel die Technik des Beweises in der Aussagenlogik kennengelernt haben, wollen wir hier aufzuklären versuchen, wie man in einigen wichtigen Fällen prädikatenlogischer Beweise auf die früher gewonnene Kenntnis zurückgreifen kann. Die hier erworbene Fähigkeit reicht aus, um mathematische Sätze etwa im Rahmen dieser Buchreihe mit befriedigender Präzision zu führen. Wir sollten uns aber immer vor Augen halten, daß es in der Schule — und übrigens auch beim Erforschen neuer Sätze durch einen Mathematiker — mehr darauf ankommt, genug Phantasie und Selbstvertrauen zu besitzen, um überhaupt Vermutungen zu haben

---

[1]) Da selbst das Lesen formalisierter Beweise für den Anfänger schwierig ist, empfehlen wir, beim ersten Durchlesen die aufgeschriebenen Beweise zu überschlagen und sie dann nachzuarbeiten, wenn aufgrund der vielen halbformalen Beweise in den folgenden Kapiteln genügend Erfahrung vorliegt.

und sie sich und anderen verständlich zu machen. Es wird dann darauf ankommen, das
Für und Wider durch Probieren, durch Experimentieren mit Hilfe von einfachen Beispielen und durch Argumentieren zu wägen und Zusammenhänge zu anderen, einfacheren oder bekannteren Sätzen herzustellen. Wenn überhaupt, so wird man nur in fertigen Theorien formalisierte Beweise benutzen.

Die Schwierigkeit in der Anwendung aussagenlogischer Schlußfiguren liegt darin, daß mathematische Aussagen fast ausschließlich quantorisierte Aussageformen sind. Wir stehen daher – auf einen einfachen Nenner gebracht – vor zwei Hauptproblemen:

a) dem „Loswerden" von Quantoren in Aussagen durch freie oder gezielte Wahl der Individuen, damit wir mit den bekannten Schlußfiguren arbeiten können und
b) dem Wiedergewinnen von Quantoren nach der Durchführung von Beweisen (vgl. den Übergang von Zeile 19 zu Zeile 20 in Beispiel 4.4 bzw. den Übergang von Zeile 9 zu Zeile 10 in Beispiel 4.5).

Die bisher durchgeführten Beispiele geben uns Hinweise auf die Brauchbarkeit der folgenden Regeln. Wir schreiben sie mit zwei Variablen auf. Es ist einfach, sie auf eine Variable zu reduzieren bzw. auf mehrere Variable zu erweitern.

Regel 1 S p e z i a l i s i e r e n (freie Wahl). Tritt in einem Beweis (als Prämisse oder als Zeile)

$$\bigwedge_{x,y \in G} s(x, y)$$

auf, so darf

$s(a, b)$ freie Wahl aus G

als neue Beweiszeile gesetzt werden.

Regel 2 S p e z i a l f a l l. Treten in einem Beweis die Zeilen

$$\bigwedge_{x,y \in G} p(x, y)$$

$a, b \in G$

auf, so darf als neue Beweiszeile

$p(a, b)$

geschrieben werden.

Regel 3 G e n e r a l i s i e r e n. Tritt in einem Beweis als Zeile

$s(a, b)$

auf und sind 1. a und b durch freie Wahl aus G gewonnen, 2. im Verlauf der Beweisdurchführung an a und b keine neuen Bedingungen gestellt worden, so darf

$$\bigwedge_{x,y \in G} s(x, y)$$

als neue Beweiszeile geschrieben werden.

Regel 4 S p e z i a l i s i e r e n (gezielte Wahl). Tritt in einem Beweis die Zeile

$$\bigvee_{x,y \in G} s(x, y)$$

auf, so darf

    $s(a, b)$ gezielte Wahl aus G

als neue Beweiszeile aufgeschrieben werden.

Regel 5 B e i s p i e l b e s e i t i g u n g. Tritt in einer Beweiszeile

    $s(a, b)$

auf und sind 1. a und b durch gezielte Wahl aus G gewonnen, 2. im Verlauf der Beweisdurchführung an a und b keine neuen Bedingungen gestellt, so darf

$$\bigvee_{x,y \in G} s(x, y)$$

als neue Beweiszeile geschrieben werden.

Regel 6 A n n a h m e u n d A n n a h m e b e s e i t i g u n g. In einem Beweis darf

    $s(a, b)$ Annahme

als neue Beweiszeile aufgenommen werden. Führt der Beweis – ohne daß zusätzliche Annahmen gemacht wurden – auf

    $t(a, b)$,

so darf $s(a, b) \rightarrow t(a, b)$ Annahmebeseitigung

als neue Beweiszeile aufgenommen werden.
Geschieht der Übergang von $s(a, b)$ zu $t(a, b)$ ausschließlich durch Äquivalenzumformungen, so darf als neue Zeile

    $s(a, b) \leftrightarrow t(a, b)$

geschrieben werden.

B e m e r k u n g. Es kommt vor, daß zwischen einer Annahme und ihrer Beseitigung eine weitere Annahme gemacht wird. Dann muß notwendig die zweite Annahme vor der ersten beseitigt werden (vgl. z. B. Satz 4.5, Zeile 2 und 3 bzw. Zeile 11 und 14).

Regel 7 S u b s t i t u t i o n. Treten in einem Beweis die Zeilen

    $p(a, b)$

und $a = c$

auf, so darf

    $p(c, b)$

als neue Beweiszeile hingeschrieben werden.

Regel 8 T a u t o l o g i e. Jede Tautologie darf als neue Beweiszeile geschrieben werden, B
z. B.

$$p(a, b) \vee \neg p(a, b).$$

Regel 9 F a l l u n t e r s c h e i d u n g. Treten in einem Beweis die Zeilen

$$p(a, b) \vee q(a, b),$$
$$p(a, b) \to r(a, b),$$
$$q(a, b) \to r(a, b)$$

auf, so darf als neue Beweiszeile geschrieben werden:

$$r(a, b).$$

Wir führen einige geometrische Beweise, denen wir die Definitionen von Aufgabe 2.10

$$g = h \iff \bigwedge_{X \in E} X \in g \leftrightarrow X \in h,$$

$$g \times h \iff \bigvee_{X \in E} X \in g \wedge X \in h,$$

$$g \parallel h \iff g = h \vee \neg(g \times h)$$

und die Axiome des Systems aus dem Abschn. 2.3.3 zugrundelegen

$$P_1 := \bigwedge_{x \in G} \bigvee_{X, Y \in E} X \in x \wedge Y \in x \wedge X \ne Y$$

$$P_2 := \bigvee_{x, y, z \in G} x \ne y \wedge y \ne z \wedge z \ne x$$

$$P_{3a} := \bigwedge_{X, Y \in E} \bigvee_{x \in G} X, Y \in x$$

$$P_{3b} := \bigwedge_{X, Y \in E} \bigwedge_{x, y \in G} X \ne Y \wedge X, Y \in x \wedge X, Y \in y \to x = y$$

$$P_{4a} := \bigwedge_{\substack{X \in E \\ x \in G}} \bigvee_{y \in G} X \in y \wedge x \parallel y$$

$$P_{4b} := \bigwedge_{\substack{X \in E \\ x \in G}} \bigwedge_{u, v \in G} X \in u, v \wedge x \parallel u, v \to u = v$$

Satz 4.5 (Symmetrie der Parallelität zwischen Geraden)

$$\bigwedge_{x, y \in E} x \parallel y \leftrightarrow y \parallel x$$

B e w e i s.

(1): $g, h \in G$ | freie Wahl (Regel 1)
(2): $g \parallel h$ | Annahme (Regel 6)
(3): $g = h \vee \neg(g \times h)$ | Äquivalenzumformung Zeile 2 (ÄU)

(4): $g = h$	Annahme, Fall 1 (Regel 6)
(5): $\bigwedge\limits_{X \in E} X \in g \leftrightarrow X \in h$	ÄU Zeile 4 (Definition von =)
(6): $\bigwedge\limits_{X \in E} X \in h \leftrightarrow X \in g$	ÄU Zeile 5 (Kommutativität $\leftrightarrow$)
(7): $h = g$	ÄU Zeile 6 (Definition von =)
(8): $g = h \leftrightarrow h = g$	Annahmebeseitigung (Regel 6)
(9): $\neg(g \times h)$	Annahme, Fall 2 (Regel 6)
(10): $\bigwedge\limits_{X \in E} X \notin g \vee X \notin h$	ÄU Zeile 9 (Definition von x)
(11): $\bigwedge\limits_{X \in E} X \notin h \vee X \notin g$	ÄU Zeile 10 (Kommutativität $\vee$)
(12): $\neg(h \times g)$	ÄU Zeile 11 (Definition von x)
(13): $\neg(g \times h) \leftrightarrow \neg(h \times g)$	Annahmebeseitigung (Regel 6)
(14): $g = h \vee \neg(g \times h) \leftrightarrow h = g \vee \neg(h \times g)$	Adjunktionsschluß Zeilen 8, 13
(15): $g \parallel h \leftrightarrow h \parallel g$	ÄU Zeile 14
(16): $\bigwedge\limits_{x, y \in E} x \parallel y \leftrightarrow y \parallel x$	Generalisieren (Regel 3)

Satz 4.6 (Transitivität der Parallelität zwischen Geraden)

$$\bigwedge\limits_{x, y, z \in G} x \parallel y \wedge y \parallel z \rightarrow x \parallel z$$

B e w e i s.

(1): a, b, c	freie Wahl aus **G** (Regel 1)
(2): $a \parallel b \wedge b \parallel c$	Annahme 1 (Regel 6)
(3): $\neg(a \parallel c)$	Annahme 2 (Regel 6)
(4): $a \neq c \wedge \bigvee\limits_{X \in E} X \in a, c$	ÄU Zeile 3
(5): $a \neq c$	Separation aus Zeile 4
(6): $\bigvee\limits_{X \in E} X \in a, c$	Separation aus Zeile 4
(7): $P \in a, c$	gezielte Wahl aus **E** (Regel 4)
(8): $P \in a, c \wedge b \parallel a, c$	Konjunktionsschluß Zeile 2 und 7
(9): $a = c$	Spezialfall von P_{3b} (Regel 2)
(10): $a = c \wedge a \neq c$	Konjunktion aus 5 und 9
(11): $\neg(a \parallel c) \rightarrow a = c \wedge a \neq c$	Annahmebeseitigung (Regel 6)
(12): $\neg(a \parallel c) \rightarrow f$	ÄU Zeile 11
(13): $a \parallel c$	indirekt aus Zeile 12

(14): $a \parallel b \wedge b \parallel c \rightarrow a \parallel c$ Annahmebeseitigung (Regel 6)
(15): $\bigwedge\limits_{x,y,z \in G} x \parallel y \wedge y \parallel z \rightarrow x \parallel z$ Generalisieren (Regel 3)

Satz 4.7 $\bigwedge\limits_{x,y,z \in G} x \parallel y \wedge \neg(y \parallel z) \rightarrow \neg(x \parallel z)$

B e w e i s.

(1): a, b, c — freie Wahl aus **G** (Regel 1)
(2): $a \parallel b \wedge b \parallel c \rightarrow a \parallel c$ — Spezialfall Satz 4.6 (Regel 2)
(3): $\neg(a \parallel b \wedge b \parallel c) \vee a \parallel c$ — ÄU Zeile 3
(4): $\neg(b \parallel a) \vee a \parallel c \vee \neg(b \parallel c)$ — ÄU Zeile 4 (vgl. Satz 4.5)
(5): $\neg[(b \parallel a \wedge \neg(a \parallel c)] \vee \neg(b \parallel c)$ — ÄU Zeile 5
(6): $b \parallel a \wedge \neg(a \parallel c) \rightarrow \neg(b \parallel c)$ — ÄU Zeile 6
(7): $\bigwedge\limits_{x,y,z \in G} x \parallel y \wedge \neg(y \parallel z) \rightarrow \neg(x \parallel z)$ — Generalisieren (Regel 3)

Aufgabe 4.5 a) Beweisen Sie — nach dem Vorbild des Satzes 4.7 — aufgrund von Äquivalenzumformungen aus P_{3b}

$$\bigwedge\limits_{x,y \in G} \bigwedge\limits_{X,Y \in E} x \neq y \wedge X \in x, y \wedge Y \in x, y \rightarrow X = Y$$

b) Formalisieren und beweisen Sie den folgenden Satz:
„Für beliebige nichtparallele Geraden gilt, daß sie stets genau einen Punkt gemeinsam haben."
c) Machen Sie sich aufgrund von b) klar, daß für zwei beliebige Geraden prinzipiell nur 3 Möglichkeiten gegenseitiger Lage bestehen. Charakterisieren Sie diese Lagen mit Hilfe der Definitionen vor Satz 1 und durch Aussagen über gemeinsame Punkte der beiden Geraden.

Satz 4.8 Es gibt in der Ebene **E** mindestens 4 verschiedene Punkte.
B e w e i s.

(1): $a \neq b \wedge b \neq c \wedge c \neq a$ — gezielte Wahl nach P_2
(2): $a \neq b$ — Separation aus (1)
(3): $R \in a \dot\vee R \in b$ — gezielte Wahl nach Definition $\neq$
(4): $R \in a$ — Annahme (Fall 1)
(5): $R \in a \rightarrow R \notin b$ — Separation aus (3)
(6): $R \notin b$ — Abtrennung aus (4), (5)
(7): $d \parallel b \wedge R \in d$ — gezielte Wahl nach P_4
(8): $R \in d$ — Separation aus (7)

124 4 Beweisen in der Mathematik

B

(9): $d = b$	Annahme (Fall 1a)
(10): $R \in b$	Substitution in (8)
(11): $d = b \to R \in b$	Beseitigung der Annahme Fall 1a
(12): $d \neq b$	Widerspruch (6), (11)
(13): $d \parallel b$	Separation aus (7)
(14): $d \neq b \wedge d \parallel b$	Konjunktionsschluß (12), (13)
(15): $\bigvee_{x \in G} x \neq b \wedge x \parallel b$	Beispielbeseitigung
(16): $R \in a \to \bigvee_{x \in G} x \neq b \wedge x \parallel b$	Annahmebeseitigung
(17): $R \in a \to \bigvee_{u, v} u \neq v \wedge u \parallel v$	Beispielbeseitigung
(18): $R \in b$	Annahme (Fall 2)
(19): $R \in b \to \bigvee_{u, v} u \neq v \wedge u \parallel v$	analog (7) bis (17)
(20): $\bigvee_{u, v} u \neq v \wedge u \parallel v$	Schluß gemäß Implikation: $(x \veebar y) \wedge (x \to r) \wedge (y \to r) \Rightarrow r$

Aufgabe 4.6 a) Beweisen Sie die in Zeile (20) benutzte Schlußfigur.
b) Welche Aussage wurde im Beweis von Satz 4.8 bis jetzt erreicht?

(21): $\neg(a \times b)$	gezielte Wahl nach (20)
(22): $A_1 \in a \wedge A_2 \in a \wedge A_1 \neq A_2$	gezielte Wahl nach P_1
(23): $B_1 \in b \wedge B_2 \in b \wedge B_1 \neq B_2$	gezielte Wahl nach P_1
(24): $[A_i \in a \to A_i \notin b] \wedge [B_i \in b \to B_i \notin a]$	ÄU (21) und Konjunktion
(25): $A_i \notin b \wedge B_j \in b \to A_i \neq B_j$	aus (22) und (24) durch Abtrennung in Verbindung mit (23)
(26): Die vier Punkte A_1, A_2, B_1, B_2 sind paarweise verschieden	Konjunktion (22) bis (25)
(27): Es gibt 4 verschiedene Punkte	Beispielbeseitigung

4.4 Der Induktionsbeweis

Ein Physiker, der ein physikalisches Gesetz untersucht, wiederholt seine Versuche und schließt aus wenigen, endlich vielen Bestätigungen auf die Wahrheit seiner Vermutung. Dieses Verfahren nennt man „unvollständige Induktion". Vorausgesetzt wird dabei, daß die Natur auf dieselbe Frage auch immer wieder in derselben Weise antwortet.
Fahrlässig dagegen ist die unvollständige Induktion in folgendem Beispiel. Jemand behauptet, daß alle natürlichen Zahlen Teiler von 60 sind. Er begründet seine Theorie so: 1 ist ein Teiler von jeder Zahl, also auch von 60. 60 ist gerade, also durch

2 teilbar, sie ist durch 3 teilbar, da die Quersumme 6 durch 3 teilbar ist. Sie ist durch
4 teilbar, durch 5, weil die letzte Ziffer eine Null ist, natürlich auch durch 6. Für etwaige
Zweifler probiert er noch einige größere Zahlen, etwa 10, 12, 15, 20, ... Seine Behauptung scheint gesicherter als das Ergebnis eines physikalischen Experimentes.
Natürlich stimmt das nicht. Das liegt daran, daß im Gegensatz zum Experiment der Naturwissenschaft, mit jeder neuen Zahl eine neue Behauptung aufgestellt wird, die eine eigene Begründung verlangt. Das zeigt das obige Beispiel, in dem ständig neue Gründe gesucht werden mußten. Die Teilaussage „5 ist Teiler" mußte anders bewiesen werden als die Aussage „6 ist Teiler".

Es gibt aber trotzdem ein legitimes Verfahren, Allaussagen der Form $\bigwedge_{n \in \mathbf{N}} p(n)$ zu beweisen. Die Beweisform stützt sich auf einen fundamentalen Zusammenhang, der zur Definition der natürlichen Zahlen gehört (**Induktionsaxiom**):

Ist L eine Teilmenge der natürlichen Zahlen mit den Eigenschaften

1. „1" ist Element von L ($1 \in L$)

und 2. $\bigwedge_{n \in \mathbf{N}} n \in L \rightarrow n + 1 \in L$

dann enthält L alle natürlichen Zahlen, es gilt L = **N**.

Dieser Zusammenhang kann nur plausibel gemacht werden. Dazu muß man die Bedingung 2. voll durchschauen. Es wird dort eben nicht gefordert, daß $n \in L$ für alle n gilt — denn das will man ja gerade erst beweisen. Gefordert wird vielmehr die Gültigkeit der Subjunktion $n \in L \rightarrow n + 1 \in L$ für alle n aus **N**.
Der „Trick" des Induktionsschlusses besteht also darin, den in vielen Fällen unmöglichen oder sehr komplizierten „direkten" Beweis der Allaussage

$$\bigwedge_{n \in \mathbf{N}} p(n)$$

auf den viel leichteren Beweis der (wegen des Induktionsaxioms äquivalenten) Allaussage

$$\bigwedge_{n \in \mathbf{N}} p(n) \rightarrow p(n + 1) \iff \bigwedge_{n \in \mathbf{N}} n \in L \rightarrow n + 1 \in L$$

zurückzuführen.
Der Induktionsschluß erlaubt die folgende Kette von Abtrennungsschlüssen:

$$\frac{1 \in L \quad 1 \in L \rightarrow 2 \in L}{2 \in L} \qquad \frac{2 \in L \quad 2 \in L \rightarrow 3 \in L}{3 \in L} \qquad \frac{3 \in L \quad 3 \in L \rightarrow 4 \in L}{4 \in L} \quad \ldots\ldots$$

die sich bis zu jeder natürlichen Zahl, die uns jemand nennt, fortführen läßt. In diesen Schlüssen geht die zweite Zeile, die Subjunktion, immer als Spezialfall der Allaussage $\bigwedge_{n \in \mathbf{N}} p(n) \rightarrow p(n + 1)$ ein.
Soll also von der Lösungsmenge L einer über **N** definierten Aussageform A(n) nachge-

B wiesen werden, daß L alle natürlichen Zahlen umfaßt, so muß zweierlei nachgewiesen werden:

    1. $1 \in L$

und   2. $\bigwedge_{n \in \mathbf{N}} A(n) \to A(n+1)$.

1. nennt man den **Induktionsanfang**, 2. den **Induktionsschluß**, beides zusammen „**vollständige Induktion**".

Wir wissen, wie wir Allaussagen zu beweisen haben. Wir greifen in **N** „mit geschlossenen Augen" hinein und halten das gewählte n „in der geschlossenen Faust". Da das – wie auch immer – gewählte n eine bestimmte natürliche Zahl ist, dürfen wir z. B. mit ihm rechnen, wie mit natürlichen Zahlen.

Beispiel 4.6 $A(n) := 1 + 2 + 3 + \ldots + n = \dfrac{n(n+1)}{2}$

1. Induktionsanfang. $A(1) := 1 = \dfrac{1 \cdot 2}{2}$, $A(1)$ ist wahr, $1 \in L$.
2. Induktionsschluß.

(1): $A(n) \iff 1 + 2 + 3 + \ldots + n = \dfrac{n(n+1)}{2}$	Annahme
(2): $1 + 2 + 3 + \ldots + n + (n+1) = \dfrac{n(n+1)}{2} + (n+1)$	ÄU Zeile 1
(3): $1 + 2 + 3 + \ldots + n + (n+1) = (n+1)\left(\dfrac{n}{2} + 1\right)$	ÄU Zeile 2
(4): $1 + 2 + 3 + \ldots + n + (n+1) = \dfrac{(n+1)(n+2)}{2}$	ÄU Zeile 3
(5): $A(n+1)$	ÄU Zeile 4
(6): $A(n) \to A(n+1)$	Annahmebeseitigung
(7): $\bigwedge_{x \in \mathbf{N}} A(x) \to A(x+1)$	Generalisieren

Bemerkung 4.1 Nach dem direkten und meist sehr einfachen Induktionsanfang ($1 \in L \iff A(1)$ ist wahr) muß die Allaussage $\bigwedge_{x \in \mathbf{N}} A(x) \to A(x+1)$ bewiesen werden.

Die von Anfängern immer wieder empfundene Schwierigkeit beim Führen induktiver Beweise liegt meistens nicht an ihrem formalen Aufbau, der prinzipiell nach dem Schema des Beispiels 4.6 verläuft. Die Schwierigkeit liegt vielmehr darin, die Übergänge von Beweiszeile zu Beweiszeile, die von Beweis zu Beweis völlig anders sein können, zu finden. Die dazu notwendigen Voraussetzungen und Äquivalenzumformungen müssen meist mit viel Phantasie und Ausdauer gesucht werden. Man kann daher schon gar nicht damit rechnen, sie auch gleich formalisiert zur Verfügung zu haben. Deshalb wird – auch in den folgenden Beweisen – von der „Annahme" bis zur „Annahmebeseitigung" nicht formal, sondern argumentierend gearbeitet. Es ist auch üblich, die dann stets mögliche Generalisierung nicht ausdrücklich hinzuschreiben.

Beispiel 4.7 Wir fragen, in wieviel verschiedenen Anordnungen sich n verschiedene Objekte, etwa die ersten n natürlichen Zahlen, in einer Reihe aufschreiben lassen.

Ein Objekt gestattet nur eine Aufschreibung: 1

Zwei Objekte gestatten zwei Aufschreibungen: 12 und 21

Drei Objekte gestatten 6 Aufschreibungen: 123, 213, 132, 231, 312, 321

Wenn man den Übergang von 2 zu 3 Objekten betrachtet, so erkennt man, daß man das neue Element „3" bei jedem der Paare 12 bzw. 21 an 3 verschiedene Stellen setzen darf. Es gibt also $2 \cdot 3 = 6$ Anordnungen von 3 Elementen. Ein weiteres Objekt „4" könnte jedesmal an 4 verschiedenen Stellen stehen und wir erhielten $2 \cdot 3 \cdot 4$ verschiedene Aufschreibmöglichkeiten. Wir vermuten:

$A(n) :=$ Die ersten n natürlichen Zahlen gestatten $1 \cdot 2 \cdot 3 \cdot \ldots \cdot n = n!$ verschiedene Anordnungen.

1. I n d u k t i o n s a n f a n g. Wir haben bereits die Gültigkeit von $A(1)$, $A(2)$ und $A(3)$ bewiesen.

2. I n d u k t i o n s s c h l u ß.

$A(n)$ Annahme

Die folgende natürliche Zahl $(n + 1)$ kann in jeder der n! Anordnungen an $n + 1$ verschiedenen Stellen stehen:

    vor der ersten Zahl
    vor der zweiten Zahl
    . . . .
    vor der n-ten Zahl (das sind bisher n Stellungen)
und   hinter der letzten Zahl

Es gibt also in jeder der n! Aufschreibungen $n + 1$ neue Stellungen des $n + 1$-ten Elementes, insgesamt also $n! \cdot (n + 1) = (n + 1)!$, d. h., es gilt

$A(n) \to A(n + 1)$ Annahmebeseitigung

Beispiel 4.8

$A(n) := 3[1 \cdot 2 + 2 \cdot 3 + 3 \cdot 4 + \ldots + n(n + 1)] = n(n + 1)(n + 2)$

I n d u k t i o n s a n f a n g. $3(1 \cdot 2) = 1 \cdot 2 \cdot 3$. $A(1)$ ist wahr.
I n d u k t i o n s s c h l u ß.

$A(n) \iff 3[1 \cdot 2 + 2 \cdot 3 + \ldots + n(n + 1)] = n(n + 1)(n + 2)$
$\to 3[1 \cdot 2 + \ldots + n(n + 1) + (n + 1)(n + 2)]$
$= n(n + 1)(n + 2) + 3(n + 1)(n + 2) = (n + 1)(n + 2)(n + 3)$

d. h., es gilt

$A(n) \to A(n + 1)$.

Beispiel 4.9 (Fehlerhafter Induktionsbeweis)

$$A(n) := 1 = 2 \ldots = n \text{ (die n ersten natürlichen Zahlen sind gleich).}$$

B e w e i s.
I n d u k t i o n s a n f a n g. Die Aussage, daß 1 so groß ist wie sie selbst, ist selbstverständlich richtig.
I n d u k t i o n s s c h l u ß.

$$A(n) \iff 1 = 2 = 3 = \ldots = n \quad \text{Annahme}$$

Allgemein gilt, daß wir von $a = b$ auf $a + 1 = b + 1$ schließen können — und daher sind auch die um 1 vergrößerten Zahlen aus $A(n)$ untereinander gleich, d. h., es ist

$$2 = 3 = 4 = \ldots = n + 1$$

Wegen der ersten Zeile dürfen wir aber die 1 vorn hinzufügen und es folgt

$$1 = 2 = 3 = \ldots = n + 1 \iff A(n + 1),$$

also $\quad A(n) \to A(n + 1)$.

*Aufgabe 4.7 Wo liegt der Fehler im Beispiel 4.9?

Bemerkung 4.2 Es gibt Fälle, in denen man zum Beweisen von $\bigwedge_{n \in \mathbb{N}} A(n)$ auf die folgende veränderte Form der Subjunktion

$$A(1) \wedge A(2) \wedge A(3) \wedge \ldots \wedge A(n) \to A(n + 1)$$

zurückgreifen muß. Auf die bekannte Form stoßen wir, wenn wir

$$B(n) \iff A(1) \wedge A(2) \wedge A(3) \wedge \ldots \wedge A(n)$$

setzen; denn aus

$$A(1) \wedge A(2) \wedge \ldots \wedge A(n)$$

und $\quad B(n) \to A(n + 1)$

folgt durch einen Konjunktionsschluß $B(n) \to B(n + 1)$. Damit gewinnen wir $\bigwedge_{n \in \mathbb{N}} B(n)$.
Die Tatsache, daß die weniger anspruchsvolle Aussage $\bigwedge_{n \in \mathbb{N}} A(n)$ miteingeschlossen ist, soll hier als plausibel gelten. Man wird diese seltene Form des Induktionsschlusses immer dann benutzen, wenn man zum Beweis von $A(n + 1)$ nicht auf den unmittelbaren Vorgänger von $n + 1$, d. h. auf $A(n)$ zurückgreifen kann, sondern auf geeignete Aussagen der Menge $\{A(1), A(2), \ldots, A(n)\}$. Das folgende Beispiel ist typisch.

Beispiel 4.10 Für jede natürliche Zahl $n > 1$ gilt: n hat einen Primteiler.

B e w e i s.
I n d u k t i o n s a n f a n g. Da $n > 1$ gefordert wird, beginnen wir hier mit $n = 2$. Es ist aber leicht einzusehen, daß 2, 3, 4 = 2 · 2 usw. Primteiler haben.

Induktionsschluß.

Jede der Zahlen 2, 3, 4, ..., n hat   Annahme
mindestens einen Primteiler

1. F a l l. n + 1 ist selbst Primzahl – dann besitzt sie auch einen Primteiler, nämlich sich selbst, da für alle k ∈ **N** k | k gilt.
2. F a l l. n + 1 ist keine Primzahl; dann gibt es eine Produktdarstellung n + 1 = m · k, in der weder m noch k den Wert 1 hat. Da beide Faktoren kleiner als n + 1 sind, enthält jede von ihnen – nach Induktionsvoraussetzung – einen Primteiler. Sei m = p · m_1 mit p prim und k = q · k_1 mit q prim, so gilt sogar n + 1 = p · q · m_1 · k_1, n + 1 besitzt also in diesem Fall sogar mindestens 2 Primteiler.

Man erkennt, warum man mit der üblichen Beweisform nicht weitergekommen wäre. Die Aussage B(n + 1) wird nicht auf den Vorgängern, sondern auf die Faktoren m, k zurückgeführt, von denen man nur weiß, daß sie zwischen 1 und n + 1 liegen.

Bemerkung 4.3 Wir haben hier den Fall, daß A(1) nicht stimmt. Dem Schluß liegt ein etwas verändertes Induktionsaxiom zugrunde:

Ist L eine Teilmenge der natürlichen Zahlen mit den Eigenschaften
1. Die natürliche Zahl k gehört zu L,
2. $\bigwedge_{n \in \mathbf{N}, n \geq k} n \in L \rightarrow n + 1 \in L$

dann enthält L alle natürlichen Zahlen ab k, also die Menge
{k, k + 1, k + 2, ...}.

Aufgabe 4.8 Beweisen Sie induktiv:

a) A(n) := $1^2 + 2^2 + 3^2 + \ldots + n^2 = \dfrac{n(n+1)(2n+1)}{6}$

b) A(n) := $4[1 \cdot 2 \cdot 3 + 2 \cdot 3 \cdot 4 + \ldots + n(n+1)(n+2)] = n(n+1)(n+2)(n+3)$

*c) A(n) := $6 | 7^n - 1$ (Für alle n ist $7^n - 1$ durch 6 teilbar)

*d) A(n) := $12[n \cdot 1 \cdot 2 + (n-1) \cdot 2 \cdot 3 + \ldots + 1 \cdot n(n+1)] = n(n+1)(n+2)(n+3)$

*Aufgabe 4.9** n Paare gehen zu einer Party. Jedes Paar, das neu hinzukommt, schüttelt die Hände aller bereits Anwesenden. Wie oft werden Hände geschüttelt?
Beweisen Sie Ihre Vermutung(en) durch vollständige Induktion!

*Aufgabe 4.10** Stellen Sie eine Vermutung über die maximale Anzahl der Polygone auf, die von n Geraden einer Ebene gebildet werden. Beweisen Sie Ihre Vermutung dann induktiv.

Aufgabe 4.11 Zeigen Sie induktiv: Die Anzahl der verschiedenen Türme, die man aus n übereinandergeschichteten Steinen aus m verschiedenen Farben bauen kann, ist m^n.

4.5 „Beweisen" im Mathematikunterricht

4.5.1 Formale Theorien

In der Schule gilt auch heute noch die Geometrie als das Feld, auf dem Schüler ihre ersten formalen Beweisübungen durchführen. Das hat sicher auch historische Gründe, da über viele Jahrhunderte der deduktiv vorgehende (d. h. von Axiomen ausgehende und über Beweisketten zu neuen Aussagen kommende) Geometrieband von Euklid das Lehrbuch für Schüler war.

Nun ist aber gerade die Geometrie darum ein ungeeignetes Experimentierfeld für formale Beweisübungen, weil der im Formalisieren Ungeübte immer wieder Beweisteile der Anschauung entnehmen wird, ohne es selbst zu merken. Den besten Beweis für diese Gefahr liefert uns das Euklidische Buch selbst.

Heute werden in der Schule andere formale Systeme erprobt — es sind solche, bei denen man mit wenigen Axiomen auskommt.

Affine oder projektive Geometrie. Ihre Axiome sind bei uns in Abschn. 2.3.3 aufgeführt. Für endliche Grundmengen gibt es — wie auch an der genannten Stelle angedeutet — eine Reihe von Modellen, die sich ineinander uminterpretieren lassen. Das ist sicher ein Vorteil. Aber nur wenige Beweise sind relativ einfach, bereits die interessanten Schnittpunktsätze liegen oberhalb des Niveaus der Schule. Die Hoffnung, man würde den Aufbau der euklidischen Geometrie schrittweise erreichen, wobei man mit der affinen Inzidenzgeometrie beginnt, scheint sich nicht zu bestätigen.

Gruppentheorie. Hier lauten die Axiome:

(G, $*$) sei eine Menge mit einer Verknüpfung $*$, die in G abgeschlossen und
1. assoziativ ist,
2. ein neutrales

und   3. zu jedem Element ein eindeutig bestimmtes inverses Element besitzt.

Die Modelle für Gruppen, die bereits der normale Kanon an Stoffen enthält, sind zahlreich. (Addition in **Z**, **R**, Multiplikation in **Q**$^+$, **R**$^+$ und **R** \ {0}, die kongruenten Abbildungen einer Ebene auf sich, die Deckabbildungen symmetrischer Figuren auf sich usw.). Trotzdem bleibt die Gruppentheorie auf dem Niveau eines „Gruppenerkennungsdienstes" hängen. Die Feststellung, daß diese oder jene Menge bezüglich einer Verknüpfung eine Gruppe darstellt, ist sicher möglich, sie bedeutet dem Schüler aber garnichts. Der Leser wird diese Bedeutungslosigkeit nachempfinden, wenn er erfährt, daß die Verknüpfung Δ (symmetrischer Differenz) zwischen den Teilmengen jeder gegebenen Menge eine Gruppe ist. (Δ ist assoziativ, $\emptyset$ ist das neutrale Element, und jede Menge ist wegen $M \Delta M = \emptyset$ zu sich selbst invers.) Nun gut, wird man sich sagen, aber . . . was soll's? was habe ich davon?

Im Rahmen der Gruppentheorie bieten sich auf dem elementaren Niveau sicher einige Beweise an, für sich allein genommen rechtfertigen sie aber die Aufnahme des Gruppenbegriffs nicht.

Boolesche Algebra. In der Booleschen Algebra wird ein Axiomensystem zugrunde gelegt, mit dem man etwa die in Kapitel 3 gewonnenen Sätze über Mengen beweisen kann — und damit auch Sätze der Aussagenlogik. Auch hier sind weitere Modelle möglich. Sie gewinnt ein zusätzliches Interesse dadurch, daß über sie ein Zugang zu „logischen Schaltungen" und damit zu Rechenmaschinen aufgeschlossen werden kann. Da dieses Verständnis aber auch nicht sehr weit trägt und auch schwierig ist und da andererseits heute Wege zu Programmiersprachen wichtiger erscheinen, bleibt auch hier die schulische Relevanz zweifelhaft. Dies besonders im Lichte von allgemeinen Lernzielen, wie sie im folgenden Unterabschnitt angesprochen werden.

4.5.2 Argumentieren, Diskutieren, Problemlösen

Dem Bestreben, mit Schülern in formalen Systemen formale Beweise zu führen, steht ein anderes Lernziel diametral gegenüber: Die Schüler sollen lernen, wie man lernt, wie man mit Problemen der verschiedensten Art fertig wird. Neben dem eigenen Nachdenken steht dabei das Sich-Auseinandersetzen mit eigenen oder auch fremden Einfällen im Rahmen eines problemoffenen und explorierenden heuristischen Verfahrens im Vordergrund. Während beim formalen Aufbau dem Denken strenge Fesseln angelegt werden, ist bei diesem Verfahren praktisch alles erlaubt, was einen an das Problem und seine Lösung näher heranbringt. Jede Vermutung — und sei sie noch so ausgefallen — wird so gründlich wie möglich geprüft, jeder Rückgang auf Sonderfälle, Ausnahmen, Teilprobleme kann zu neuen Ideen führen, jeder Versuch einer grafischen Darstellung oder einer Uminterpretation schließt das Verständnis weiter auf. Ziel ist die Schulung eines kreativen Problemloseverhaltens.

Ist gar eine ganze Gruppe an diesem Prozeß beteiligt, und nimmt jeder jeden Gedanken ernst, so wird die Wahrscheinlichkeit, auf Lösungsideen zu stoßen noch größer. Hinzukommt, daß die Notwendigkeit, seine eigenen Gedanken zu formulieren und verbalisierte fremde Vorstellungen aufzunehmen und zu verarbeiten, allgemeine Lernziele darstellen, zu denen nicht zuletzt auch das Sich-Einordnenkönnen in eine Gruppe gehört. Mit jedem kleinen Erfolg wächst das Selbstvertrauen der diskutierenden und argumentierenden Gruppe. Dabei ist es nötig, daß der Vorsprung eines Einzelnen, den er faktisch besitzt oder zu besitzen glaubt und den er durch eigene Ideen oder durch das Präzisieren, Verifizieren oder Falsifizieren eines Einfalles gewinnt, durch vollständige und unvoreingenommene Preisgabe aufgehoben wird. Dasselbe gilt für die Situation, in der ein Rückstand durch Verständnisschwierigkeiten auftaucht. Je geübter eine Gruppe ist, um so schwierigere Probleme wird sie meistern können.

Es kann als sicher angenommen werden, daß ein derartiges offenes Verhalten Problemen gegenüber stärker motiviert, als der Versuch, ein formales System aufzubauen — wobei es nicht ausgeschlossen ist, daß auch solche Probleme aufgenommen werden. Die Notwendigkeit, das geschilderte Problemlöseverhalten aufzubauen, läßt sich leicht begründen durch die Schnelligkeit, in der sich heute die aktuellen wissenschaftlichen, persönlichen und gesellschaftlichen Probleme verändern. Niemand kann wissen, vor welche Probleme die Schüler später gestellt werden. Es kann aber als sicher gelten, daß 1. darunter völlig unerwartet neue sind und daß es 2. Probleme geben wird, die er nicht allein, sondern nur im Gespräch mit anderen, dem Ehepartner, Freunden und auf der wissenschaftlichen Ebene im Team wird lösen müssen.

Für die Schule scheint es wichtig zu sein, daß es möglich ist, eine gewisse Problemoffenheit zu entwickeln und die Fähigkeit zu schulen, Probleme argumentierend und diskutierend gemeinsam zu lösen. Zu dieser Schulung ist z. B. die Reflexion über den Verlauf einer gelungenen Lösung nötig, um dabei auf die Werkzeuge dieses heuristischen Verfahrens aufmerksam zu werden und um sie zu sammeln, damit sie beim nächsten Problem zur Verfügung stehen und nicht neu erfunden werden müssen.

Schult man diese Fähigkeit im Rahmen mathematischer Probleme, so wird – wegen der Eindeutigkeit der Lösung, nicht des Lösungsweges – die gelungene Lösung von einem starken Gefühl der Befriedigung begleitet, das zu erleben, eine notwendige Voraussetzung für eine wachsende Problemoffenheit und ein stärker werdendes Selbstvertrauen ist. Um aber zu erreichen, daß sich die gewonnene Einstellung nicht auf mathematische Probleme beschränkt, muß der Schüler erfahren, daß viele der gewonnenen Werkzeuge auch bei anderen Problemen greifen und daß vor allen Dingen eine Übertragung der gewonnenen Sozialeinstellung möglich und wichtig ist.

4.5.3 Entwicklung von Beweisbedürfnis und Argumentierfähigkeit

Die Didaktiker sind sich darüber einig, daß der mathematische Unterricht im Hinblick auf „Beweisen" zwei Aufgaben wahrnehmen muß. Die erste besteht darin, das Bedürfnis zum Geben von Begründungen und zum Hinterfragen eines Sachverhaltes überhaupt erst einmal zu wecken und dann auch zu entwickeln. Sie umfaßt die Notwendigkeit, den Schüler in wachsendem Umfang kritisch gegenüber bloßen Meinungen und oberflächlichen Anschauungen zu machen.

Die zweite Aufgabe besteht darin, den jungen Menschen zu befähigen, für richtig gehaltene Aussagen zu verbalisieren und für sie Begründungen zu suchen. Diese beiden Qualifikationen müssen miteinander korrespondierend aufgebaut werden: Nur kritisch sein taugt ebensowenig, wie die ausschließliche Fähigkeit, für zugelieferte Aussagen Begründungen zu suchen. Zu diesen beiden Fähigkeiten gehört offensichtlich eine dritte, die darin besteht, Probleme überhaupt zu sehen und in ihren Bedeutungen abschätzen zu können. Ein untrügliches Zeichen dafür, daß sich diese letztgenannte Qualifikation entwickelt, ist das Sich-Wundern-Können.

In den folgenden Vorschlägen für ein mögliches Vorgehen im Unterricht beschränken wir uns ganz auf die inhaltliche Seite, wir klammern insbesondere das Transferproblem bewußt aus. Dies bedeutet aber nicht, daß wir es für unwesentlich halten. Das Gegenteil ist der Fall. Es ist nämlich überhaupt nicht selbstverständlich, daß kognitive und soziale Gewohnheiten, die in günstigen Fällen im Mathematikunterricht erworben werden – z. B. intellektuelle Redlichkeit – ein Bestandteil der Gesamtpersönlichkeit des Schülers werden. In Abschn. 4.5.2 wurden einige notwendige Bedingungen zur Lösung dieses Transferproblems angedeutet, von seiner Lösung sind wir leider noch weit entfernt.

4.6 Schritte auf dem Weg zum „Beweisen"

4.6.1 Der erste Schritt: Sich wundern

Es ist üblich, wenn auch nicht immer erfolgreich, das Beweisbedürfnis durch optische Täuschungen zu reizen. Richtig ist, daß jede Form von echter Verwunderung, z. B. bei einer unerwarteten Entdeckung oder die Spannung zwischen einer sicheren Erwartung und deren Nichteintreten zwingend auf die Frage nach dem „warum?" führt. Erfahrungen, die Anlaß echter Verwunderung sein können, sind z. B. die folgenden:

1. Man spielt mit dem Zirkel und zeichnet gleichgroße Kreise; dabei entdeckt man, daß der Kreisradius genau sechsmal auf dem Kreisrand abgetragen werden kann.
2. Ein Gummiband, dessen Eckpunkte einen Kreisdurchmesser aufspannen, zieht man mit einem Haken zu einem Winkel aus seiner Anfangslage. Zunächst ist der Winkel fast noch gestreckt – er wird aber immer spitzer, je weiter man zieht. Irgendwann in der Bewegung geht der stumpfe Winkel in einen spitzen über. Man findet, daß dieser Übergang stets mit dem Übergang über die Kreislinie zusammenfällt.
3. Man schneidet ein Winkelfeld aus Pappe (die verschiedensten Winkel) und hängt es zwischen zwei Stifte (vgl. Fig. 4.3). Markiert man in verschiedenen Lagen jeweils den Scheitelpunkt, so findet man, daß diese sämtlich auf einer Kreislinie durch die Stifte liegen.

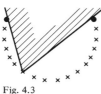

Fig. 4.3   Fig. 4.4

4. Man kann eine Ebene mit beliebigen kongruenten Dreiecken, mit beliebigen kongruenten Vierecken (vgl. Fig. 4.5), aber auch mit zwei beliebigen Quadratsorten parkettieren (vgl. Fig. 4.4).
5. Im Einmaleins der 9 ist die Summe der Zehnerzahl und der Einerzahl stets gleich 9 und allgemein findet man, daß die Quersumme einer Zahl aus dem 1 x 9 stets durch 9 teilbar ist. Im Einmaleins der 11 dagegen unterscheiden sich die Summen der Ziffern an geraden bzw. ungeraden Stellen nicht oder um ein Vielfaches von 11.

4.6.2 Der zweite Schritt: Der plausible Grund

Die eigentliche Schwierigkeit einer jeden Beweisführung beruht darauf, daß nicht nur die Schlußfiguren, sondern auch die Sätze und Axiome, auf die sich der einzelne Schritt bezieht, dauernd wechseln. In dieser ersten Phase sollte der Plausibilitätsgrund, auf den man sich bezieht, möglichst konstant gehalten werden — die Schlußfigur selbst bleibt hier ja sowieso im Dunkeln. Es ist also vernünftig, eine Sequenz von Sätzen auf einem festen Grundsatz aufzubauen. Eine derartige Satzfolge wird von W a g e n s c h e i n[1]) angegeben. Er zeigt, daß sich auf das folgende Prinzip:

„Es ist immer möglich, in der Ebene ein Dreieck, ja jede Figur so zu bewegen, daß seine Punkte Spuren zurücklegen, die 1. gerade, 2. gleichlang, 3. parallel sind."

zurückführen lassen:

1. das Phänomen, daß in einem Kreis der Radius genau sechsmal sich aneinanderschließend eingepaßt werden kann,
2. der Satz von der Winkelsumme im Dreieck,
3. der Thalessatz und
4. der pythagoräische Lehrsatz (der in dieser Sequenz allerdings, wie Wagenschein selbst sagt, nicht „parterre" liegt). Wagenschein analysiert in dem genannten Aufsatz außerdem eine Reihe heuristischer Regeln.

Tatsächlich trägt sein Prinzip noch weiter. Die folgende Anregung kann eine Klasse, die am Entdecken ungeahnter und daher aufregender Sachverhalte Spaß gewonnen hat, stark motivieren.

Der Lehrer regt an, daß jeder ein Pappviereck mitbringt — es soll so unregelmäßig wie möglich sein —, in dem die Diagonalen eingezeichnet sind. Dieses Viereck wird als Schablone benutzt. Nach jedem Umfahren des Umrisses tragen wir in das entstandene Abbild die Diagonalen durch Verbinden der Gegenecken ein.

Danach kommt die Bewegung, von der unser Prinzip spricht. Wir regen an, das Viereck in Richtung einer Diagonalen um deren Länge zu verschieben. Wir verschieben es auch noch in Richtung und um die Länge der anderen Diagonalen. Danach erhalten wir das folgende Bild (Fig. 4.5). In ihm finden wir wiederholt die Bilder wieder, die wir von den

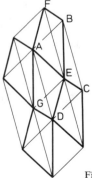

Fig. 4.5

---

[1]) MU, Heft 1 (1974) 52—70.

4.6 Schritte auf dem Weg zum „Beweisen"

Dreiecksverschiebungen her kennen; denn das Viereck wird aufgefaßt als aus zwei
Dreiecken zusammengesetzt, die links und rechts von einer gemeinsamen Seite – die
im Viereck die Rolle der Diagonalen spielt – liegen.

1. B e o b a c h t u n g. Aus dem Verschiebeprinzip folgt, daß das Ausgangsviereck
AFBE automatisch nocheinmal entsteht, aber jetzt in einer neuen, gedrehten Lage, als
das Viereck AEDG. Daraus kann abgeleitet werden, daß sich die Ebene mit beliebigen,
kongruenten Vierecken parkettieren läßt.

2. B e o b a c h t u n g. Bei E legen sich alle 4 Winkels des Vierecks „freiwillig" zu
einem Vollwinkel zusammen.

3. B e o b a c h t u n g. Das Viereck selbst zerfällt durch seine zwei Diagonalen in
2 mal 2 Dreiecke, die sich in anderer Lage genau in das Parallelogramm ABCD einpassen. Das Parallelogramm ist also doppelt so groß wie das Viereck.

Nun ist aber die Lage der Diagonalen EF – abgesehen davon, daß sie nach dem Verschiebeprinzip zu AD parallel und gleichlang sein muß – für das Parallelogramm ABCD
ohne Bedeutung. Wir können sie beliebig verlagern (wobei wir Richtung und Länge erhalten müssen) und damit das Ausgangsviereck völlig verändern. Dabei haben alle so
herstellbaren Vierecke denselben Flächeninhalt.

Zwei Sonderfälle sind besonders interessant: a) F wird auf AB heruntergezogen – dann
verwandelt sich das Viereck in ein Dreieck. Da sein Flächeninhalt von der Lage von F
auf AB nicht abhängt, haben alle Dreiecke über der Grundseite AB, deren Spitze auf
DC liegt, denselben Flächeninhalt.

b) Wir verlagern die Diagonale FE so, daß sich die beiden Diagonalen AB und EF gegenseitig halbieren. Dann ist das Ausgangsviereck zu einem Parallelogramm geworden.

Nach diesen Erfolgen werden auch die Sonderfälle der verschiedenen Ausgangsvierecke
interessant. Wie ändert sich das Bild und welche Aussagen bekommt man, wenn z. B.
die Diagonalen des Ausgangsvierecks zueinander senkrecht, vielleicht sogar gleichlang
sind?

4.6.3 Lokales Ordnen von Sätzen

G r i e s e l[1]) zeigt, wie in einem einfachen Satzgefüge die ersten Beweise geführt werden.
Vorausgegangen sind zwei Stufen: 1. Die Stufe der Figurenkenntnisse und Zeichenfertigkeiten und 2. Die Stufe der intuitiven Einsicht und des plausiblen Schließens, zu der
etwa die vorausgegangenen Betrachtungen zu zählen wären. Die folgende Stufe ist die
Stufe des Beweisens. Griesel schlägt vor, hier die Winkelsätze zu wählen, in denen sich
jeder Satz zwar bereits auf einfachere, einsichtigere zurückführen läßt, der vollständige
Zusammenhang aber noch nicht übersehen wird. Zu diesen Sätzen zählen u. a. der
„klassische" Satz über die Winkelsumme im Dreieck, die Wechsel- und Stufenwinkelsätze, die Außenwinkelsätze.

Griesel formuliert: „Ist einmal der erste Beweis geführt, so besteht das Bedürfnis, auch
die anderen aus der zweiten Stufe bekannten Winkelsätze zu beweisen. Dies kann jetzt

---
[1]) MU, Heft 4 (1963) 55–64.

anschließend geschehen. Hierbei ergibt sich eine sehr einheitliche und gleichförmige Beweistechnik, die von den Schülern leicht überblickt und beherrscht werden kann. Die Schüler sind daher in der Lage, in diesem engen Bezirk selbständig zu beweisen."
Bei diesen Beweisübungen wird den Schülern bewußt, daß man zwischen Ausgangs- und Folgesätzen unterscheiden kann und es entsteht das Bedürfnis, die Sätze als Satzgefüge zu ordnen. Dabei stellt es sich heraus, daß man mit 4 Ausgangssätzen auskommt.

1. Wird ein Winkel durch Halbgeraden in Teilwinkel unterteilt, so ist das Maß des Gesamtwinkels gleich der Summe der Einzelwinkelmaße.
2. Das Maß eines gestreckten Winkels beträgt 180°.
3. Der Stufenwinkelsatz.[1])
4. Der Basiswinkelsatz für das gleichschenklige Dreieck.

Das Beziehungsgefüge läßt sich sogar in einem Diagramm festhalten (vgl. Fig. 4.6). Darin bedeutet:

N := Nebenwinkelsatz
S := Scheitelwinkelsatz
W := Wechselwinkelsatz
A := Außenwinkelsatz

D := Der Satz über die Winkelsumme im Dreieck
V := Winkelsumme im Viereck
T := Thalessatz

Man könnte leicht einen weiteren Satz einfügen:

G := Ist α die Maßzahl eines des beiden Basiswinkel eines gleichschenkligen Dreiecks, so hat der Winkel an der Spitze die Maßzahl $180° - 2\alpha$.

Mit seiner Hilfe beweist man den Peripheriewinkelsatz P sehr einfach so, wie es in der Fig. 4.7 abgelesen werden kann. Aus ihm folgt der Thalessatz (T) als Sonderfall (der Kreismittelpunkt liegt auf einer der Vierecksdiagonalen).
Weiter folgt ein hübscher Satz über Kreissechsecke (K) (vgl. Fig. 4.8):

---

[1]) Die Aussage dieses Satzes und der folgenden wird hier skizziert:

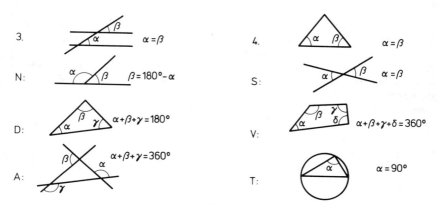

4.6 Schritte auf dem Weg zum „Beweisen" 137

K := Addiert man die Maßzahlen von drei paarweise nicht benachbarten Winkeln eines Kreissechsecks, so erhält man die Summe $2 \cdot 180°$.

Derselbe Beweisgedanke führt zu weiteren Sätzen über die Summen der Maßzahlen von Peripheriewinkeln in 2n-Ecken.

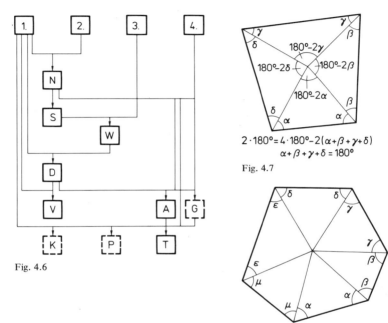

Fig. 4.6

Fig. 4.7 $2 \cdot 180° = 4 \cdot 180° - 2(\alpha + \beta + \gamma + \delta)$
$\alpha + \beta + \gamma + \delta = 180°$

Fig. 4.8 $2 \cdot 180° = 6 \cdot 180° - 2(\alpha + \beta + \gamma + \delta + \varepsilon + \mu)$
$\alpha + \beta + \gamma + \delta + \varepsilon + \mu = 2 \cdot 180°$

4.6.4 Lokales Ordnen von Figuren

Wir gehen noch kurz auf einen weiteren Vorschlag ein. Wittmann[1]) führt dazu ein bemerkenswertes Beispiel an. „Inhaltlich wichtiger als das lokale Ordnen von Sätzen ist das lokale Ordnen an Figuren, einem Spezialfall einer Aktivität, die man in der Mathematik gewöhnlich „Charakterisieren" nennt. Man betrachtet dabei ein Objekt oder eine Klasse von Objekten, leitet Eigenschaften ab und stellt fest, welche Eigenschaften bzw. Kombinationen von Eigenschaften das Objekt bzw. die Klasse kennzeichnen."
Nach einer konstruktiven, auf den Symmetriebegriff aufbauenden Definition einer Raute werden 29 Eigenschaften angegeben. Die Frage, welche dieser Eigenschaften für sich allein bereits die Raute festlegen, führt zwangsläufig auf die Frage, „welche der Eigenschaften 1 bis 29 Folgerungen aus anderen sind. Wenn in dieser Weise eine Reihe von Erkennt-

---
[1]) MU, Heft 1 (1974) 5–S. 18.

138 4 Beweisen in der Mathematik

nissen gewonnen wurden, kann man ... das Phänomen „logisch ableitbar" thematisieren, den Komplex „notwendig-hinreichend" behandeln und vor allem den Spielraum beim Definieren herausstellen".

4.6.5 Satzgefüge in Teilmengen didaktischen Materials

Die vorgetragenen Schritte auf einem Weg zum Beweisen beziehen sich sämtlich auf die Geometrie. Besonders bemerkenswert sind daher Vorschläge von S i m m[1]), die insbesondere die Grieselschen und Wittmannschen Forderungen zugleich erfüllen und die sich auf endliche, nichtgeometrische Grundmengen beziehen. Ein großer Vorteil besteht darin, daß ein reiches und im Schwierigkeitsgrad variables Angebot zur Verfügung steht. Der Grundgedanke soll an einem Beispiel verdeutlicht werden.

Wir gehen vom (3.3)-Satz aus mit den Farben blau, gelb und rot. Aus ihm wählen wir eine Teilmenge mit Hilfe der folgenden 6 „Axiome" aus:

(A) := Oben anders als unten
(B) := Mitte anders als unten
(C) := Mitte gelb → oben blau
(D) := Unten gelb → oben rot
(E) := Mitte rot → oben nicht rot
(F) := Mitte blau → oben nicht blau

Durch die einzelnen Axiome scheiden aus dem Gesamtsatz der Reihe nach aus:

```
          r r r   b b b   g g g              b g   r g   r b              g r g
(A):  r b g   r b g   r b g      (B):   r r   b b   g g      (C):  g g g
          r r r   b b b   g g g              r r   b b   g g              b b r

          b b                                    r r                              b
(D):   r b                       (E):   r r                  (F):  b
          g g                                    g b                              r
```

Die folgenden Türme erfüllen die Forderungen (A) bis (F) (vgl. Fig. 4.9).

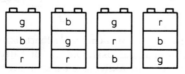

Fig. 4.9

Wir stellen fest: Das Axiomensystem ist widerspruchsfrei; denn es gibt ein Modell. Es ist unabhängig, denn läßt man ein Axiom aus, so enthält die Lösungsmenge zusätzliche Türme — und zwar:

```
                    b r b                      b g r g                     g r g
ohne (A):   g b r        ohne (B):   r r b b        ohne (C):   g g g
                    b r b                      r r b b                     b b r
```

---
[1]) S i m m, G.: Anschauung und Axiomatik im Unterricht der Sekundarstufe I. Freiburg 1974.

4.6 Schritte auf dem Weg zum „Beweisen" 139

```
            b                 r r                   b
ohne (D):   r      ohne (E):  r r      ohne (F):   b
            g                 g b                   r
```

Da das Modell nicht eindeutig bestimmt ist, denn jede Teilmenge der in Fig. 4.9 dargestellten Turmmenge ist auch ein Modell, ist das Axiomensystem unvollständig. Betrachtet man nun die Türme der Fig. 4.9, so findet man eine Reihe von Sätzen, die für das Modell gültig sind. Diese Sätze müssen sich daher aus den Axiomen beweisen lassen. Bei diesen Beweisführungen kann man rein argumentierend vorgehen, man kann aber auch zu Teilformalisierungen kommen, wie wir sie unten selbst zum Beweis der Sätze benutzen.

1. Oben rot → Mitte blau
2. Mitte rot → oben nicht blau
3. Oben blau → Mitte gelb
4. Unten blau → oben gelb
5. Oben rot → Mitte nicht rot
6. Mitte gelb → oben blau
7. Mindestens ein Stein ist gelb
8. Mindestens ein Stein ist blau

Die folgenden 6 Sätze (a) bis (f) haben zusätzlich die Eigenschaft, für das Modell selbst ein Axiomensystem zu bilden:

(a) := Oben anders als in der Mitte
(b) := Mindestens ein Stein ist rot
(c) := Oben blau → unten rot
(d) := Mitte rot → unten blau
(e) := Unten gelb → Mitte blau
(f) := Oben rot → unten gelb

Durch die einzelnen Axiome scheiden der Reihe nach aus:

```
               r r r   b b b   g g g              b g b g
Durch (a):     r r r   b b b   g g g   durch (b): g b g b
               r b g   r b g   r b g              b g g b

               b b                                b g g
durch (c):     r r                     durch (d): r r r
               g b                                r r g

               r                                  r r r r
durch (e):     g                       durch (f): g b b g
               g                                  b r b r
```

Zurück bleiben wieder genau die Türme der Fig. 4.9.
Ein weiteres Axiomensystem liefern die Sätze (7), (8) zusammen mit dem Axiom (b). Sie haben als Lösungsmenge die 6 dreifarbigen Türme, aus denen dann noch etwa mit (1) und (2) die nicht zur Lösungsmenge in Fig. 4.9 gehörenden eliminiert werden.

C Sicher sind auch noch andere Axiomensysteme möglich – dies in gegebenen Fällen zu untersuchen, wäre eine motivierende Aufgabe. Die sich stellende Hauptaufgabe bleibt aber, die Sätze zu beweisen, die wir aus der Lösungsmenge abgelesen haben. Das sind, bei jedem der beiden Axiomensysteme, je 14 Sätze. Beispielhaft sollen (A) und (C) aus (a) bis (f) und (b) und (f) aus (A) bis (F) hergeleitet werden.

Wir führen den B e w e i s für (A): „oben anders als unten" argumentierend: Der obere Stein kann rot, blau oder gelb sein. Im ersten Fall folgt aus (f), daß er unten gelb ist; im zweiten Fall folgt aus (c), daß er unten rot ist. Im dritten Fall folgt aus (a), daß er in der Mitte nicht gelb, d. h. rot oder blau ist. Da aus (d) folgt, daß „Mitte rot" „unten blau" nach sich zieht, bleibt der Fall: Oben gelb und in der Mitte blau. Jetzt muß aber wegen (b) unten rot gelten. In jedem Fall hat also der untere Stein eine andere Farbe als der obere.

Den B e w e i s für (C): „Mitte gelb → oben blau" führen wir „halbformal":

(1): Mitte gelb → oben nicht gelb   wegen (a)
(2): Mitte gelb → Mitte nicht blau
(3): Mitte nicht blau → unten nicht gelb   wegen (e) Kontraposition
(4): Mitte gelb → unten nicht gelb   Kette
(5): Unten nicht gelb → oben nicht rot   wegen (f), Kontraposition
(6): Mitte gelb → oben nicht rot   Kette
(7): Mitte gelb → oben nicht rot und
     oben nicht gelb   Konjunktion (1), (6)
(8): Oben nicht rot und
     oben nicht gelb → oben blau

Den B e w e i s für (b) „Mindestens ein Stein ist rot" führen wir argumentierend: In den Fallunterscheidungen richten wir uns nach der Farbe des unteren Steines, wobei wir nur unten gelb (Fall 1) und unten blau (Fall 2) zu berücksichtigen brauchen. Im Fall 1 hat nach D der obere Stein die Farbe rot. Im Fall 2 ist wegen (B) die Mitte nicht blau – sie ist aber auch nicht gelb; denn nach (A) folgt, daß der Turm oben nicht blau und aus der Kontraposition von (C), daß er dann in der Mitte nicht gelb ist. Also bleibt für die Mitte – da weder blau noch gelb – nur die Farbe rot.

Der B e w e i s (f) „Oben rot → unten gelb" ist wieder halbformal:

(1): oben rot → unten nicht rot   wegen A
(2): oben rot → oben nicht blau
(3): oben nicht blau → Mitte nicht gelb   wegen C, Kontraposition
(4): oben rot → Mitte nicht gelb   Kette
(5): oben rot → Mitte nicht rot   wegen E, Kontraposition
(6): oben rot → Mitte nicht rot und
     Mitte nicht gelb   Konjunktion aus (4), (5)
(7): oben rot → Mitte blau   ÄU (6)
(8): Mitte blau → unten nicht blau   wegen (B)
(9): oben rot → unten nicht blau   Kette

5.1 Relationen als Erfüllungsmengen zweistelliger Aussageformen 141

(10): oben rot → unten nicht blau und   C
        unten nicht rot   Konjunktion (1), (9)
(11): oben rot → unten gelb   ÄU (10)

Das vorgelegte Satzgefüge ist nur ein Beispiel von vielen. Die Menge der benötigten Axiome, aber auch die der zu folgernden Sätze wird kleiner, wenn man 1. die Lösungsmenge größer macht oder 2. die Grundmenge verkleinert — etwa auf den (2, 3)-Satz. Auf diese Weise ist eine starke Stufung der Schwierigkeiten möglich.

5 Relationen

5.1 Relationen als Erfüllungsmengen zweistelliger Aussageformen   A

Wir knüpfen an Kapitel 3 an und betrachten erneut Erfüllungsmengen von Aussageformen. Während jedoch dort einstellige Aussageformen im Zentrum standen, d. h. Aussageformen mit einer Variablen für Namen, werden wir uns in diesem Kapitel ausschließlich mit zweistelligen Aussageformen beschäftigen.

Rufen wir uns ins Gedächtnis zurück: Eine zweistellige Aussageform besteht aus einem Prädikat, das wir z. B. mit p formalisieren können und aus zwei Variablen für Namen, die wir mit x bzw. y bezeichnen können. Dadurch entsteht insgesamt als Formalisierung einer zweistelligen Aussageform $p(x, y)$. Für beide Variablen x und y muß der Definitionsbereich (Grundmenge) geeignet festgelegt werden. Dabei ist es durchaus möglich, für jede Variable eine andere Menge als Definitionsbereich zu wählen. Im Kapitel 6 werden uns insbesondere solche Fälle beschäftigen. Zunächst aber wollen wir uns darauf beschränken, für beide Variablen dieselbe Menge als Definitionsbereich zugrunde zu legen.

Beispiel 5.1 Wir untersuchen über der Menge N als Definitionsbereich für beide Variablen die folgenden zweistelligen Aussageformen:

$r_1(x, y) := $ x ist Teiler von y   Kurzschreibweise: x | y

$r_2(x, y) := $ x ist größer oder gleich y   kurz: $x \geq y$

$r_3(x, y) := $ x + y = 9

Als Elemente der Erfüllungsmengen treten geordnete Paare auf. Zur Erfüllungsmenge von r_1 gehören z. B. die Paare (2, 8), (17, 85) usf., da 2 | 8, 17 | 85, nicht dazu gehören die Paare (8, 2), (85, 17), da 8∤2, 85∤17 — die Reihenfolge im Paar ist wichtig. Zur Erfüllungsmenge von r_2 gehören alle Zahlenpaare, bei denen die Zahl an erster Stelle größer oder gleich der Zahl an zweiter Stelle ist, bei r_3 läßt sich die Erfüllungsmenge, die hier 8 Paare enthält, explizit angeben:

$R_3 = \{(x, y) | x + y = 9\} = \{(1, 8), (2, 7), (3, 6), (4, 5), (5, 4), (6, 3), (7, 2), (8, 1)\}$

142   5 Relationen

A Selbstverständlich erlauben die Begriffe aus Kapitel 3 auch eine Behandlung der Lösungsmengen zweistelliger Aussageformen. Infolge der Bedeutung dieses Bereichs für viele Teilgebiete der Mathematik haben sich aber hier eine Reihe von eigenen Schreib- und Sprechweisen eingebürgert.

Definition 5.1 (Sprachregelung) a) Eine zweistellige Aussageform r(x, y), bei der als Definitionsbereich für beide Variable eine nichtleere Menge M festgelegt ist, heißt (zweistellige) R e l a t i o n s v o r s c h r i f t   a u f M.

b) Die Erfüllungsmenge R von r(x, y) heißt (zweistellige) R e l a t i o n   a u f M:

$$R = \{(x, y) \mid x, y \in M \land r(x, y)\}$$

c) Statt $(x, y) \in R$ wird auch x R y geschrieben. Entsprechend bedeuten die folgenden Sprechweisen dasselbe:

„das Paar (x, y) gehört zur Relation R" und „x steht in der Relation (Beziehung) R zu y"

Bemerkung 5.1 Obwohl die eingeführte Sprachregelung deutlich zwischen Relationsvorschrift und Relation unterscheidet, ist es im mathematischen Kontext gelegentlich üblich, beides Relation zu nennen.

Aufgabe 5.1 Betrachten Sie die Relationsvorschriften r_1, r_2, r_3 aus Beispiel 5.1 auf der Menge der Teiler von 8, d. h. auf M = {1, 2, 4, 8}
a) Geben Sie die Relationen R_1, R_2, R_3 an (in Paarschreibweise).
b) Welche der folgenden Aussagen sind wahr?
1. $R_3 \subset R_1$ 2. $R_1 \cap R_2 = \{(x, y) \mid x, y \in M \land x = y\}$ 3. $\overline{R_2 \triangle R_1} = \emptyset$
c) Welche der folgenden Aussagen sind wahr?

1. $\bigwedge_{x, y \in M} x R_1 y \leftrightarrow y R_2 x$

2. $\bigwedge_{x, y \in M} x R_3 y \leftrightarrow y R_3 x$

3. $\bigwedge_{x, y, z \in M} x R_3 y \land y R_3 z \rightarrow x R_3 z$

Für Relationen auf endlichen Mengen sind Darstellungsformen üblich, die vor allem auch unterrichtliche Bedeutung erlangt haben.
1. D a r s t e l l u n g s f o r m : Pfeildiagramm (s. Fig. 5.1).
Die Elemente der Grundmenge M werden als Punkte aufgezeichnet. In allen Fällen, in denen für a, b $\in$ M gilt aRb wird ein Pfeil von a nach b gezeichnet.
2. D a r s t e l l u n g s f o r m : Tafeldarstellung (s. Fig. 5.1).
Die Elemente von M werden numeriert und jeweils als Eingang von Zeilen und Spalten aufgeschrieben. Gilt $a_i R a_j$, so wird in das Schnittfeld der i-ten Spalte und der j-ten Zeile ein Kreuz gesetzt.

Beispiel 5.2 In Fig. 5.1 sind die Darstellungsformen für die Daten aus Aufgabe 5.1 für R_1 eingesetzt.

5.1 Relationen als Erfüllungsmengen zweistelliger Aussageformen   143

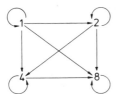

Fig. 5.1
Pfeildiagramm und Tafeldarstellung für R_1 aus Aufgabe 5.1

Aufgabe 5.2 Stellen Sie Pfeildiagramme und Tafeldarstellungen für die folgenden Relationsvorschriften auf $M = \{1, 2, 3, 6, 7, 8\}$ her:

$$p(x, y) := x + y \leq 7, \qquad q(x, y) := x \cdot y \mid 24, \qquad r(x, y) := (x + y) \mid 24$$

Für häufig verwendete Relationen wird statt des Großbuchstabens ein Symbol eingeführt. In diesem Fall ist es jedoch üblich, lediglich die zweite Schreibweise aus Definition 5.1c zu verwenden. Um sich diese Bemerkung zu verdeutlichen, sollte man die folgende (etwas skurrile) Aufgabe lösen.

*Aufgabe 5.3 Übersetzen Sie folgende (in Mengenschreibweise korrekten) Aussagen in die übliche Relationsschreibweise (| Teiler-, < Kleiner-, = Gleichheitsrelation):

a) $\bigwedge_{n \in \mathbb{N}} (n, 2n) \in | \cap <$ \qquad c) $(x, y) \in \leq \iff (x, y) \in < \cup =$

b) $(x, y) \in | \setminus < \rightarrow (x, y) \in =$

Während wir bisher lediglich Relationen auf der Menge **N** bzw. auf Teilmengen von natürlichen Zahlen untersucht haben, soll jetzt Beispielmaterial aus verschiedenen Bereichen zusammengestellt werden, das uns als Ausgangspunkt weiterer Untersuchungen dienen wird. Eine Reihe dieser Relationen traten in anderem Zusammenhang bereits auf. Für die mathematisch relevanten Relationen werden jeweils Definitionen mit angegeben.

Beispiel 5.3 Beispielsammlung für Relationen.

1. Relationen auf **N**

a) $x \mid y \iff_{\text{def}} \bigvee_{n \in \mathbb{N}} y = n \cdot x$ \hfill x teilt y

b) $x < y \iff_{\text{def}} \bigvee_{n \in \mathbb{N}} y = x + n$ \hfill x kleiner y

c) $x \equiv y \,(m) \iff_{\text{def}} \bigvee_{k \in \mathbb{Z}} y = x + k \cdot m, \, m$ fest aus **N** \hfill x kongruent y modulo m[1])

d) Die Zifferndarstellung von x hat dieselbe Quersumme wie die von y.

e) $(x + y) \mid m, \; m$ fest aus **N**

f) $x \cdot y \mid m, \; m$ fest aus **N**

---

[1]) Beachten Sie, daß in der Kongruenzrelation die Existenz von k in **Z** gefordert wird, k muß also keine natürliche Zahl sein, sondern kann auch 0 oder negativ sein.

144   5 Relationen

A 2. Relationen auf der Gesamtheit der Teilmengen von G (auf der Potenzmenge von G, in Zeichen: $\mathfrak{P}(G)$)

a) $A \subset B \underset{\text{def}}{\Longleftrightarrow} \bigwedge_{x \in G} x \in A \to x \in B$ A ist Teilmenge von B

b) $A = B \underset{\text{def}}{\Longleftrightarrow} \bigwedge_{x \in G} x \in A \leftrightarrow x \in B$ A gleich B

c) A glm. B   A ist gleichmächtig zu B
vgl. dazu Kapitel 6, bei endlichen Mengen heißt das, daß A und B gleich viele Elemente haben

Bei allen Beispielen unter 2. sind die Variablen mit A, B bezeichnet, für die dann Relationsvorschriften formuliert sind.

3. Relationen auf der Menge der Geraden G einer Ebene E (vgl. dazu Aufgabe 2.10, die Variablen werden hier mit g, h bezeichnet)

a) $g = h \underset{\text{def}}{\Longleftrightarrow} \bigwedge_{P \in E} P \in g \leftrightarrow P \in h$ g ist gleich h

b) $g \times h \underset{\text{def}}{\Longleftrightarrow} \bigvee_{P \in E} P \in g \wedge P \in h$ g schneidet h

c) $g \parallel h \underset{\text{def}}{\Longleftrightarrow} g = h \vee \neg(g \times h)$ g ist parallel zu h

4. Relationen auf einer Menge Menschen (z. B. Einwohnern einer Stadt)

a) x hat denselben Familiennamen wie y
b) x ist Nachkomme von y
c) x ist verliebt in y
d) x ist Bruder von y
e) x steht im Alphabet vor y

5. Relationen auf Turmmengen („Lego")

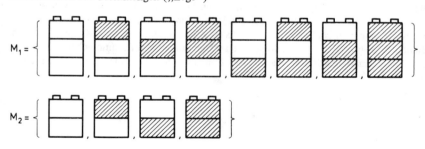

a) x hat gleich viel weiße Steine wie y
b) x hat mindestens so viel weiße Steine wie y
c) x stimmt in der Farbe in genau einem Stockwerk mit y überein
d) x hat weniger weiße Steine als y

Mit den folgenden Aufgaben verbinden wir zwei Zielsetzungen. Einerseits wird das Beispielmaterial, das bisher noch nicht zum Einsatz kam, unter Verwendung der eingeführten Darstellungsformen aufbereitet und andererseits wird bereits Vorbereitungsarbeit für die daran anschließenden Überlegungen zur Charakterisierung verschiedener Relationstypen durch ihre jeweiligen Eigenschaften geleistet.

5.1 Relationen als Erfüllungsmengen zweistelliger Aussageformen   145

Aufgabe 5.4 Legen Sie die Relationsvorschrift $x \equiv y$ (4) zugrunde (vgl. Beispiel 5.3, 1c) und bestimmen Sie in $M = \{x \mid x \in \mathbf{N} \wedge x \leq 40\}$ alle Elemente, die zu 1, 2, 3 und 4 in der Kongruenzrelation stehen, d. h., bestimmen Sie

$K_1 = \{x \mid x \in M \wedge x \equiv 1 \ (4)\}$ $\qquad K_2 = \{x \mid x \in M \wedge x \equiv 2 \ (4)\}$
$K_3 = \{x \mid x \in M \wedge x \equiv 3 \ (4)\}$ $\qquad K_4 = \{x \mid x \in M \wedge x \equiv 4 \ (4)\}$

Können Sie für $i \neq j$ eine Aussage über $K_i \cap K_j$ formulieren?

Aufgabe 5.5 a) Sei $G = \{a, b\}$. Dann ist die Potenzmenge von G gegeben durch $\mathfrak{P}(G) = \{\emptyset, \{a\}, \{b\}, \{a, b\}\}$.
Geben Sie für Teilmengen- und Gleichmächtigkeitsrelation auf $\mathfrak{P}(G)$ jeweils Pfeilzeichnung und Tafeldarstellung an.
b) Sei $T = \{1, 2, 3, 6\}$. Geben Sie für Teiler- und für Kongruenzrelation modulo 3 auf T jeweils Pfeildiagramm und Tafeldarstellung an (vgl. Beispiel 5.3, 1a und 1c).
c) Stellen Sie Pfeildiagramm und Tafeldarstellung für die Relationsvorschriften 5a und 5d aus Beispiel 5.3 auf M_2 her.

Aufgabe 5.6 Für die im folgenden beschriebenen Relationen sollen Tafeldarstellungen hergestellt und miteinander verglichen werden.
a) Gehen Sie von $G = \{a, b, c\}$ aus und untersuchen Sie auf $\mathfrak{P}(G)$ (8 Elemente) Teilmengen- und Gleichmächtigkeitsrelation (vgl. Beispiel 5.3.2a und 2c).
b) Betrachten Sie die Teilerrelation $x \mid y$ auf der Menge der Teiler von 30, d. h. auf $T = \{1, 2, 3, 5, 6, 10, 15, 30\}$ und die Kongruenzrelation $x \equiv y$ (4) auf $M = \{1, 2, 3, 4, 6, 10, 15, 35\}$ (vgl. Beispiel 5.3 1a und 1c).
c) Wenden Sie die Relationsvorschriften 5a und 5d aus Beispiel 5.3 auf die Turmmenge M_1 an.

Aufgabe 5.7 a) Geben Sie Pfeildiagramm und Tafeldarstellung für die Relationsvorschriften 5b und 5c aus Beispiel 5.3 auf der Turmmenge M_2 an.
b) Welche der folgenden Aussagen sind für 5b bzw. 5c wahr?

1. $\bigwedge_{x, y, z \in M_2} x R y \wedge y R z \rightarrow x R z$

2. $\bigwedge_{x, y \in M_2} x R y \leftrightarrow y R x$

Beim Betrachten der bisherigen Beispiele und bei der Lösung der vorgeschlagenen Aufgaben fallen zwei Typen von Relationen auf, die besonders häufig auftreten. Bei der einen Sorte handelt es sich um Rangordnungen, etwas „ist kleiner als, enthält weniger als, ist Teilmenge von, teilt etwas anderes" – typische Vertreter sind aus der Beispielsammlung 5.3 die Relationsvorschriften 1a, 1b, 2a, 4b, 4e und 5d, und um diesen Relationstyp charakterisieren zu können, werden wir „Ordnungsrelationen" definieren. Die andere häufig vertretene Sorte drückt Gleichwertigkeit in irgendeiner Hinsicht aus – hier sind in der Beispielsammlung 5.3 die Relationsvorschriften 1c, 1d, 2b, 2c, 3a, 3c, 4a und 5a typische Vertreter. In diesen Fällen gelingt es, immer die gleichwertigen Elemente zu einer Klasse zusammenzufassen und von anderen Klassen zu trennen, in denen die Elemente ebenfalls untereinander gleichwertig sind. „Klassenbildende" bzw. „Äquivalenzrelationen" wird der Begriff sein, unter den die genannten Beispiele fallen werden. Natürlich werden auf diese Weise nicht alle Relationsvorschriften erfaßt — es wird sich zeigen, daß sich die Relationsvorschriften 1e, 1f, 3b, 4c, 4d und 5c aus der Beispielsammlung unter keine der beiden Kategorien einordnen lassen. Fast alle mathematisch relevanten Relationen auf einer Menge werden sich aber entweder als Äquivalenz- oder als Ordnungsrelationen erweisen.

Um ihre Einführung und Behandlung zu erleichtern, werden wir uns zunächst mit solchen Eigenschaften beschäftigen, die derartige Relationen kennzeichnen.

Charakteristisch für beide Haupttypen von Relationen ist die „Übertragbarkeit" oder mit dem Fachterminus die „Transitivität". Rein intuitiv würden wir von einer Ordnung nur dann sprechen, wenn wir daraus, daß ein Element a in der Ordnung vor b und b vor c kommt, schließen können, daß auch a vor c kommt und entsprechend verbindet man mit Gleichwertigkeit, daß, falls a gleichwertig b und b gleichwertig c ist, daß dann zwangsläufig a gleichwertig c ist. Im Pfeildiagramm läßt sich diese Eigenschaft besonders instruktiv verdeutlichen. Immer wenn ein Pfeil von a nach b geht und gleichzeitig von b nach c, so gibt es auch einen Überbrückungspfeil von a nach c (vgl. Fig. 5.2).

Fig. 5.2 Transitivität im Pfeildiagramm

Formal können wir diese Eigenschaft definieren durch

Definition 5.2a Eine Relation R heißt transitiv auf M

$$\underset{\text{def}}{\Longleftrightarrow} \bigwedge_{x,y,z \in M} x R y \wedge y R z \rightarrow x R z$$

Entsprechend der Definition 5.2a gilt:
Eine Relation R heißt **n i c h t** transitiv

$$\Longleftrightarrow \bigvee_{x,y,z \in M} xRy \wedge yRz \wedge \neg(xRz) \tag{5.1}$$

Definition 5.2a und die Negation (5.1) erlauben uns, die Beispielsammlung daraufhin zu überprüfen, welche der dort genannten Relationsvorschriften transitiv sind und welche nicht.

Beispiel 5.4 a) Die Relation „x teilt y" ist transitiv auf **N** (vgl. Beispiel 5.3, 1a).
B e w e i s (teilformalisiert): Für a, b, c ∈ **N** (freie Wahl) wird die Annahme gemacht, daß a | b und b | c. Mit der Definition der Teilbarkeitsbeziehung gilt dann

$$\bigvee_{n \in \mathbf{N}} b = n \cdot a \wedge \bigvee_{n \in \mathbf{N}} c = n \cdot b \tag{5.2}$$

Mit spezieller Wahl von n erhalten wir

$$b = n_1 \cdot a \qquad c = n_2 \cdot b \tag{5.3}$$

5.1 Relationen als Erfüllungsmengen zweistelliger Aussageformen   147

Einsetzen der ersten Beziehung aus (5.3) in die zweite liefert

$$c = n_2 \cdot (n_1 \cdot a) = (n_2 \cdot n_1) \cdot a$$

Da aber $n_2 \cdot n_1 \in \mathbf{N}$ können wir schließen $a \,|\, c$. Mit der Schlußregel „Annahmebeseitigung" folgt

$$a\,|\,b \wedge b\,|\,c \to a\,|\,c \tag{5.4}$$

Da a, b, c frei gewählt wurden, können wir generalisieren und erhalten

$$\bigwedge_{x,y,z \in \mathbf{N}} x\,|\,y \wedge y\,|\,z \to x\,|\,z \tag{5.5}$$

b) Die Relation „$(x + y)\,|\,m$" ist nicht transitiv für $m > 2$ auf **N**.
Entsprechend (5.1) genügt es, ein Gegenbeispiel anzugeben. Setzen wir $x = m - 1$, $y = 1$ und $z = m - 1$, so gilt

$$(x + y)\,|\,m \wedge (y + z)\,|\,m$$

Da aber $x + z = 2m - 2 > m$ für $m > 2$, gilt gleichzeitig

$$(x + z) \!\not|\, m$$

Aufgabe 5.8 Zeigen Sie wie in Beispiel 5.4, daß die Kleinerrelation auf **N** transitiv ist (vgl. Beispiel 5.3, 1b).

Aufgabe 5.9 Zeigen Sie, daß die Relation 1f aus Beispiel 5.3 nicht transitiv für $n > 1$ ist.

Aufgabe 5.10 Zeigen Sie, daß die Relation $(x + y)\,|\,m$ auf **N** transitiv ist für $m = 1$ und $m = 2$.

*__Aufgabe 5.11__ Mehrere Familien kommen zu einem Familientag zusammen. Der Familienmathematiker macht sich wichtig: „Auf unseren Familien ist die Relationsvorschrift . . ist Bruder von . . transitiv" behauptet er. Angenommen, er hat recht, welchen Schluß könnten Sie über die Familien ziehen?
(Hinweis: Es ist ein Schluß über die Zahl der Brüder in jeder Familie möglich.)

Aufgabe 5.12 Beweisen Sie, daß die Kongruenzrelation auf der Menge **N** transitiv ist (vgl. 1c in Beispiel 5.3).

Aufgabe 5.13 Die Transitivität der Relationsvorschrift 2a aus Beispiel 5.3 wurde mit Fig. 3.1 gezeigt. Wie würden Sie die Transitivität von Beispiel 5.3, 2b folgern?

Aufgabe 5.14 Begründen Sie verbal, warum die Relationen 4a, b und e aus Beispiel 5.3 auf jeder Menschenmenge transitiv sind. Ist 4c stets nicht transitiv?

Aufgabe 5.15 a) Zeigen Sie, daß die Relation 5c nicht transitiv auf M_1 und M_2 ist.
b) Zeigen Sie, daß dagegen die Relationen 5a und 5d transitiv auf M_1 und M_2 sind.

Während wir mit der Transitivität die Eigenschaft kennengelernt haben, die sowohl Ordnungs- als auch Äquivalenzrelationen besitzen, treffen wir beim Symmetrieverhalten

148   5 Relationen

A auf den kennzeichnenden Unterschied. Wollen wir Gleichwertigkeit in irgendeiner Hinsicht ausdrücken, so halten wir es für selbstverständlich, daß, falls ein Element a gleichwertig zu einem Element b ist, sich auch b als gleichwertig zu a herausstellt. Im Pfeildiagramm heißt das: immer wenn ein Pfeil von a nach b geht, dann muß auch ein Pfeil von b zurück nach a führen oder anders ausgedrückt, falls Pfeile auftreten, so sind es „Doppelpfeile" (vgl. Fig. 5.3a als Beispiel für eine symmetrische Relation). Auch in der Tafeldarstellung (vgl. Fig. 5.3b) sehen wir sofort, ob eine Relation symmetrisch ist: mit jedem Feld, das besetzt ist, muß auch das Feld spiegelbildlich zur in Fig. 5.3b gestrichelten Diagonalen besetzt sein.

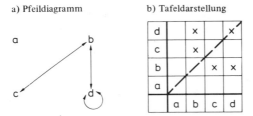

Fig. 5.3 Beispiel für eine symmetrische Relation

Als Formalisierung erhalten wir:

Definition 5.2b Eine Relation R auf M heißt symmetrisch

$$\underset{\text{def}}{\Longleftrightarrow} \bigwedge_{x,y \in M} xRy \to yRx$$

Es ist wiederum nützlich, sich zu überlegen, was mit dieser Definition nicht symmetrisch bedeutet. Aus Definition 5.2b folgt

Eine Relation R heißt n i c h t symmetrisch auf M

$$\Longleftrightarrow \bigvee_{x,y \in M} xRy \wedge \neg(yRx) \tag{5.6}$$

Wir können daher auf nicht symmetrisch schließen, falls wir mindestens ein Paar angeben können, bei dem die Beziehung zwar in einer Richtung besteht, nicht aber in der anderen (mindestens ein „einfacher" Pfeil, mindestens eine Stelle in der Tafel besetzt, bei der das an der Diagonale gespiegelte Feld frei ist).

Wenn wir von unserer intuitiven Vorstellung einer Ordnungsbeziehung ausgehen, so liegt eine völlig konträre Situation vor. Um ordnen zu können, dürfen wir gerade solche Fälle nicht zulassen, bei denen die Beziehung zwischen verschiedenen Elementen in beiden Richtungen besteht. Hier genügt es daher nicht zu fordern, eine Ordnung soll nicht symmetrisch sein, d. h. mindestens an einer Stelle einen einfachen Pfeil haben, sondern wir müssen weitergehen und werden fordern, daß bei Ordnungen i m m e r gilt: Wenn die Beziehung zwischen einem Element a und einem anderen Element b besteht, dann darf sie in umgekehrter Richtung nicht bestehen.

Einsetzen der ersten Beziehung aus (5.3) in die zweite liefert

$$c = n_2 \cdot (n_1 \cdot a) = (n_2 \cdot n_1) \cdot a$$

Da aber $n_2 \cdot n_1 \in \mathbf{N}$ können wir schließen $a \mid c$. Mit der Schlußregel „Annahmebeseitigung" folgt

$$a \mid b \wedge b \mid c \to a \mid c \qquad (5.4)$$

Da a, b, c frei gewählt wurden, können wir generalisieren und erhalten

$$\bigwedge_{x,y,z \in \mathbf{N}} x \mid y \wedge y \mid z \to x \mid z \qquad (5.5)$$

b) Die Relation „$(x + y) \mid m$" ist nicht transitiv für $m > 2$ auf **N**. Entsprechend (5.1) genügt es, ein Gegenbeispiel anzugeben. Setzen wir $x = m - 1$, $y = 1$ und $z = m - 1$, so gilt

$$(x + y) \mid m \wedge (y + z) \mid m$$

Da aber $x + z = 2m - 2 > m$ für $m > 2$, gilt gleichzeitig

$$(x + z) \not\mid m$$

Aufgabe 5.8 Zeigen Sie wie in Beispiel 5.4, daß die Kleinerrelation auf **N** transitiv ist (vgl. Beispiel 5.3, 1b).

Aufgabe 5.9 Zeigen Sie, daß die Relation 1f aus Beispiel 5.3 nicht transitiv für $n > 1$ ist.

Aufgabe 5.10 Zeigen Sie, daß die Relation $(x + y) \mid m$ auf **N** transitiv ist für $m = 1$ und $m = 2$.

*****Aufgabe 5.11** Mehrere Familien kommen zu einem Familientag zusammen. Der Familienmathematiker macht sich wichtig: „Auf unseren Familien ist die Relationsvorschrift . . ist Bruder von . . transitiv" behauptet er. Angenommen, er hat recht, welchen Schluß könnten Sie über die Familien ziehen?
(Hinweis: Es ist ein Schluß über die Zahl der Brüder in jeder Familie möglich.)

Aufgabe 5.12 Beweisen Sie, daß die Kongruenzrelation auf der Menge **N** transitiv ist (vgl. 1c in Beispiel 5.3).

Aufgabe 5.13 Die Transitivität der Relationsvorschrift 2a aus Beispiel 5.3 wurde mit Fig. 3.1 gezeigt. Wie würden Sie die Transitivität von Beispiel 5.3, 2b folgern?

Aufgabe 5.14 Begründen Sie verbal, warum die Relationen 4a, b und e aus Beispiel 5.3 auf jeder Menschenmenge transitiv sind. Ist 4c stets nicht transitiv?

Aufgabe 5.15 a) Zeigen Sie, daß die Relation 5c nicht transitiv auf M_1 und M_2 ist.
b) Zeigen Sie, daß dagegen die Relationen 5a und 5d transitiv auf M_1 und M_2 sind.

Während wir mit der Transitivität die Eigenschaft kennengelernt haben, die sowohl Ordnungs- als auch Äquivalenzrelationen besitzen, treffen wir beim Symmetrieverhalten

A auf den kennzeichnenden Unterschied. Wollen wir Gleichwertigkeit in irgendeiner Hinsicht ausdrücken, so halten wir es für selbstverständlich, daß, falls ein Element a gleichwertig zu einem Element b ist, sich auch b als gleichwertig zu a herausstellt. Im Pfeildiagramm heißt das: immer wenn ein Pfeil von a nach b geht, dann muß auch ein Pfeil von b zurück nach a führen oder anders ausgedrückt, falls Pfeile auftreten, so sind es „Doppelpfeile" (vgl. Fig. 5.3a als Beispiel für eine symmetrische Relation). Auch in der Tafeldarstellung (vgl. Fig. 5.3b) sehen wir sofort, ob eine Relation symmetrisch ist: mit jedem Feld, das besetzt ist, muß auch das Feld spiegelbildlich zur in Fig. 5.3b gestrichelten Diagonalen besetzt sein.

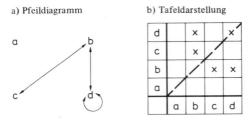

Fig. 5.3 Beispiel für eine symmetrische Relation

Als Formalisierung erhalten wir:

Definition 5.2b Eine Relation R auf M heißt symmetrisch

$$\underset{\text{def}}{\Longleftrightarrow} \bigwedge_{x,y \in M} xRy \to yRx$$

Es ist wiederum nützlich, sich zu überlegen, was mit dieser Definition nicht symmetrisch bedeutet. Aus Definition 5.2b folgt

Eine Relation R heißt n i c h t symmetrisch auf M

$$\Longleftrightarrow \bigvee_{x,y \in M} xRy \wedge \neg(yRx) \qquad (5.6)$$

Wir können daher auf nicht symmetrisch schließen, falls wir mindestens ein Paar angeben können, bei dem die Beziehung zwar in einer Richtung besteht, nicht aber in der anderen (mindestens ein „einfacher" Pfeil, mindestens eine Stelle in der Tafel besetzt, bei der das an der Diagonale gespiegelte Feld frei ist).

Wenn wir von unserer intuitiven Vorstellung einer Ordnungsbeziehung ausgehen, so liegt eine völlig konträre Situation vor. Um ordnen zu können, dürfen wir gerade solche Fälle nicht zulassen, bei denen die Beziehung zwischen verschiedenen Elementen in beiden Richtungen besteht. Hier genügt es daher nicht zu fordern, eine Ordnung soll nicht symmetrisch sein, d. h. mindestens an einer Stelle einen einfachen Pfeil haben, sondern wir müssen weitergehen und werden fordern, daß bei Ordnungen i m m e r gilt: Wenn die Beziehung zwischen einem Element a und einem anderen Element b besteht, dann darf sie in umgekehrter Richtung nicht bestehen.

5.1 Relationen als Erfüllungsmengen zweistelliger Aussageformen 149

Im Pfeildiagramm heißt das, daß nirgendwo, wo ein Pfeil von einem Element zum anderen führt, ein Gegenpfeil auftreten darf.

In der Tafel bedeutet diese Eigenschaft, die wir a n t i s y m m e t r i s c h nennen wollen, daß, falls ein Feld außerhalb der Diagonalen besetzt ist, das an der Diagonalen gespiegelte Feld nicht besetzt sein darf (vgl. o-Felder in Fig. 5.4b). Über die Felder der Diagonalen selbst ist nichts ausgesagt, sie dürfen besetzt sein, müssen es aber nicht.

a) Pfeildiagramm   b) Tafeldarstellung

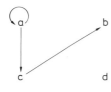
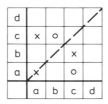

Fig. 5.4 Beispiel für eine antisymmetrische Relation

Unsere Überlegungen führen zur folgenden Formalisierung:

Definition 5.2c Eine Relation R heißt antisymmetrisch auf M

$$\underset{\text{def}}{\Longleftrightarrow} \bigwedge_{\substack{x,y \in M \\ x \neq y}} xRy \rightarrow \neg(yRx)$$

Entsprechend dieser Definition ist eine Relation auf R n i c h t antisymmetrisch, falls es mindestens ein Paar (x, y) gibt, mit $x \neq y$ und xRy und yRx, d. h. falls mindestens ein Doppelpfeil zwischen verschiedenen Elementen vorliegt.

Bemerkung 5.2 In der Literatur wird vielerorts statt „antisymmetrisch" der Begriff „identitiv" verwendet. Dabei verwendet man für identitiv die folgende Formalisierung

$$R \text{ heißt identitiv auf M} \underset{\text{def}}{\Longleftrightarrow} \bigwedge_{x,y \in M} xRy \wedge yRx \rightarrow x = y \tag{5.7}$$

Da keineswegs offensichtlich ist, daß die Formalisierung in (5.7) äquivalent zu der Definition 5.2c ist, geben wir einen Beweis mit Hilfe äquivalenter Umformungen.

Definition 5.2c bedeutet, daß für alle x, y aus M unter der Annahme $x \neq y$ auf $xRy \rightarrow \neg(yRx)$ geschlossen werden kann, d. h. formal

$$\bigwedge_{x,y \in M} x \neq y \rightarrow (xRy \rightarrow \neg(yRx)) \tag{5.8}$$

Kontraposition liefert die äquivalente Aussage

$$\bigwedge_{x,y \in M} \neg(xRy \rightarrow \neg(yRx)) \rightarrow x = y \tag{5.9}$$

Um daraus (5.7) zu erhalten, ist es lediglich notwendig, die folgende Äquivalenz in (5.9) einzusetzen:

$$\neg(xRy \rightarrow \neg(yRx)) \Longleftrightarrow xRy \wedge yRx \tag{5.10}$$

A Mit dem folgenden Beispiel und den daran anschließenden Angaben wird die Beispielsammlung 5.3 auf die Eigenschaften symmetrisch, nicht symmetrisch, antisymmetrisch, nicht antisymmetrisch hin untersucht.

Beispiel 5.5 a) Die Relation „x teilt y" ist antisymmetrisch auf **N** (vgl. Beispiel 5.3, 1a).
B e w e i s (teilformalisiert): Wir beweisen die zu Definition 5.2c) äquivalente Formalisierung (vgl. Bemerkung 5.2)

$$\bigwedge_{x,y \in M} xRy \wedge yRx \to x = y$$

Dazu machen wir für a, b ∈ **N** (freie Wahl) die Annahme

$a \mid b \wedge b \mid a$

Mit der Definition der Teilbarkeitsrelation gilt dann

$$\bigvee_{n \in \mathbf{N}} b = n \cdot a \wedge \bigvee_{n \in \mathbf{N}} a = n \cdot b$$

Spezielle Wahl von n liefert

$$b = n_1 \cdot a, \quad n_1 \in \mathbf{N}$$
$$a = n_2 \cdot b, \quad n_2 \in \mathbf{N}$$
(5.11)

Einsetzen der zweiten Beziehung aus (5.11) in die erste ergibt

$$b = n_1 \cdot (n_2 \cdot b) = (n_1 \cdot n_2) \cdot b \qquad (5.12)$$

In **N** läßt sich daraus über $n_1 \cdot n_2 = 1$ weiterschließen auf

$$n_1 = n_2 = 1 \qquad (5.13)$$

Setzen wir (5.13) in (5.11) ein, so erhalten wir

$a = b$

Mit der Schlußregel Annahmebeseitigung folgt daraus

$a \mid b \wedge b \mid a \to a = b$

und, da a, b frei in **N** gewählt wurden, ergibt sich durch Generalisierung

$$\bigwedge_{x,y \in \mathbf{N}} x \mid y \wedge y \mid x \to x = y$$

b) Die Relation 1e aus Beispiel 5.3 ist symmetrisch auf **N**.
B e w e i s a, b ∈ **N** (freie Wahl)

$(a + b) \mid m$	Annahme
$a + b = b + a$	Kommutativgesetz der Addition natürlicher Zahlen
$(b + a) \mid m$	Einsetzen in die Annahme

5.1 Relationen als Erfüllungsmengen zweistelliger Aussageformen   151

(a + b) | m → (b + a) | m   Annahmebeseitigung   A

$\bigwedge_{x,y \in \mathbf{N}}$ (x + y) | m → (y + x) | m   Generalisierung

c) Die Relation 4d ist nicht symmetrisch, falls in der betrachteten Menge ein Geschwisterpaar aus Jungen und Mädchen vorkommt. Denn sei j der Junge und m das Mädchen, dann gilt jRm ∧ ¬(mRj). Die Relation ist nicht antisymmetrisch, falls es auf M mindestens zwei Brüder gibt.

Aufgabe 5.16 Zeigen Sie wie in Beispiel 5.5a, daß die Kleinerrelation antisymmetrisch auf **N** ist (vgl. Beispiel 5.3, 1b).

Aufgabe 5.17 Beweisen Sie
a) Die Kongruenzrelation x ≡ y (m) ist symmetrisch auf **N**.
b) Die Relation x · y | m ist symmetrisch auf **N**.

Aufgabe 5.18 Untersuchen Sie die Relationen aus Beispiel 5.3.2 a bis c im Hinblick auf die Eigenschaften symmetrisch, nicht symmetrisch, antisymmetrisch, nicht antisymmetrisch auf $\mathfrak{P}(G)$.

Aufgabe 5.19 Ausgangspunkt sei die Relationsvorschrift

x ist in y verliebt.   (5.14)

Konstruieren Sie sich jeweils eine Menge auf der (5.14) symmetrisch, nicht symmetrisch, antisymmetrisch, nicht antisymmetrisch ist.

Aufgabe 5.20 Im folgenden Diagramm (vgl. Fig. 5.5) soll alle Information über die Relationen aus Beispiel 5.3 bezüglich der Eigenschaften symmetrisch und antisymmetrisch und ihrer Negationen gesammelt werden. Tragen Sie die Relationsvorschriften aus Beispiel 5.3 an geeigneter Stelle ein (außer 4c, 4d, da hier Abhängigkeit von der Grundmenge besteht).

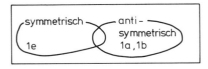

Fig. 5.5 Relationen aus Beispiel 5.3

Bei den bisherigen Überlegungen stand das Bestreben im Vordergrund, zwei Typen von Relationen zu kennzeichnen und gegeneinander abzuheben, solche, mit denen man ordnen kann und solche, die über eine Gleichwertigkeit eine Klassenzerlegung liefern. Die Eigenschaften transitiv und antisymmetrisch charakterisieren bereits Ordnungsrelationen, für Äquivalenzrelationen sind transitiv und symmetrisch zwar notwendig, zu ihrer Charakterisierung muß jedoch eine dritte Eigenschaft hinzugenommen werden, die man r e f l e x i v nennt. Eine Relation R heißt reflexiv auf M, falls jedes Element aus M zu sich selbst in der untersuchten Relation R steht. In der Pfeilzeichnung bedeutet dies, bei jedem Element gibt es einen „Ringpfeil", in der Tafeldarstellung muß jedes Feld der Diagonalen besetzt sein.

Liegt dagegen für kein Element aus M ein Ringpfeil vor, d. h. gilt für alle Elemente aus M, daß sie nicht zu sich selbst in der untersuchten Relation R stehen, so nennt man die Relation i r r e f l e x i v. Die Tafeldarstellung einer irreflexiven Relation zeichnet sich dadurch aus, daß kein Feld der Diagonalen besetzt ist.

Definition 5.2d Eine Relation R heißt reflexiv auf M

$$\underset{\text{def}}{\Longleftrightarrow} \bigwedge_{x \in M} xRx$$

e) Eine Relation R heißt irreflexiv auf M

$$\underset{\text{def}}{\Longleftrightarrow} \bigwedge_{x \in M} \neg(xRx)$$

Aufgabe 5.21 a) Negieren Sie die Eigenschaften reflexiv und irreflexiv.
b) Welche der folgenden Aussagen sind wahr (für beliebige R auf M)?
1. Falls R nicht reflexiv ist, dann ist R irreflexiv.
2. Falls R irreflexiv ist, dann ist R nicht reflexiv.
3. Falls R reflexiv ist, dann ist R nicht irreflexiv.
4. Falls R nicht irreflexiv ist, dann ist R reflexiv.

c) Suchen Sie aus der Beispielsammlung 5.3 Relationen heraus, die weder reflexiv noch irreflexiv sind.

Alle Relationen aus der Beispielsammlung 5.3, die Gleichwertigkeit ausdrücken, sind reflexiv, symmetrisch und transitiv (1c, 1d, 2b, 2c, 3a, 3c, 4a, 5a), alle Relationen aus 5.3, die wir mit Ordnungen verbinden, sind transitiv und antisymmetrisch (1a, 1b, 2a, 4b, 4e, 5d); einige davon sind reflexiv (1a, 2a), andere irreflexiv (1b, 4b, 4e, 5d). Vergleichen wir nun aber die durch die genannten Relationen herstellbaren Ordnungen, so stoßen wir auf einen charakteristischen Unterschied, den wir mit den bisherigen Eigenschaften noch nicht erfassen können. Mit einigen Beziehungen (z. B. Kleinerbeziehung bei Zahlen, aber auch ⩽ und alphabetische Reihenfolge 4e) können wir eine geordnete Reihe herstellen – jedes Element aus M hat in dieser „linearen Ordnung" seinen festen Platz, von je zwei Elementen kann gesagt werden, welches in der Ordnung früher und welches später kommt. Bei den anderen Beziehungen gelingt dies nicht gleichermaßen. Denken wir z. B. an eine Ordnung, die wir mit der Nachkommensbeziehung 4b aufbauen, so ergibt sich der „Stammbaum", der ein Beispiel für eine „verzweigte Ordnung" ist. Entsprechende Verhältnisse liegen bei 1a, 2a und 5d aus Beispiel 5.3 vor. Zwar können wir auch hier bestimmte lineare Ketten verfolgen (z. B. „direkte Nachkommenslinie" Sohn, Vater, Großvater, Urgroßvater . . .), aber von dieser direkten Linie zeigen immer wieder andere ab, und, was entscheidend ist, es gibt Elemente auf M, die bezüglich der Relation R nicht vergleichbar sind. Denken wir z. B. an die Relation „ist Teiler von", so können wir zwar für das Paar 3, 12 sagen „3 kommt in der Teilerbeziehung vor 12", da 3 | 12, bei 3, 11 gelingt uns dies jedoch nicht, da weder 3 | 11 noch 11 | 3. Diese Überlegung führt uns dazu, eine weitere Eigenschaft zu definieren, die vor allem zur Unterscheidung von Ordnungsrelationen Bedeutung erlangt:

Definition 5.2f Eine Relation R heißt konnex auf M

$$\underset{\text{def}}{\Longleftrightarrow} \bigwedge_{\substack{x,y \in M \\ x \neq y}} xRy \vee yRx$$

Diese Definition bedeutet anschaulich, R heißt konnex, falls jedes Element mit jedem anderen in mindestens einer Richtung verbunden ist. Gibt es zwei verschiedene unverbundene Elemente, so ist R nicht konnex auf M.

Aufgabe 5.22 Überprüfen Sie die Relationen aus Beispiel 5.3 darauf hin, ob sie konnex oder nicht konnex sind.

5.2 Relationen auf M, Definitionen und Sätze

Im vorangegangenen Abschnitt wurden zweistellige Relationen R auf einer nichtleeren Menge M als Erfüllungsmengen zweistelliger Aussageformen definiert, wobei M als Definitionsbereich für beide Variablen festgelegt war (vgl. Definition 5.1). Als Elemente der Erfüllungsmenge traten geordnete Paare auf. Dazu die folgende Begriffsbildung:

Definition 5.3 Das kartesische Produkt A x B ist die Menge aller geordneten Paare (x, y), wobei x Element von A und y Element von B ist

$$A \times B = \{(x, y) \mid x \in A \wedge x \in B\}$$

Mit dieser Vereinbarung und Definition 5.1 folgt sofort, daß sich die Relationen auf einer Menge M als Teilmengen des kartesischen Produkts charakterisieren lassen.

Satz 5.1 Für die Relationen R auf einer Menge M gilt

$$R \text{ Relation auf } M \iff R \subset M \times M$$

Die eine Richtung dieser Äquivalenz ist durch Definition 5.1 unmittelbar einsichtig, da ja die Erfüllungsmenge einer zweistelligen Aussageform aus geordneten Paaren besteht, die, falls M Definitionsbereich beider Variablen ist, Elemente von M x M sind. Lediglich die umgekehrte Richtung bedarf einer Bemerkung. Sei R eine beliebige Teilmenge von M x M, so muß gezeigt werden, daß R auch Erfüllungsmenge einer zweistelligen Aussageform ist. Eine derartige Aussageform kann aber direkt definiert werden:

$$r(x, y) \underset{\text{def}}{\iff} (x, y) \in R$$

Bemerkung 5.3 Während wir uns bei der Definition von Relationen auf Teilmengen von M x M beschränkt haben, pflegt man i. a. den Relationsbegriff weiter zu fassen und jede Teilmenge von A x B eine zweistellige Relation zu nennen. Ist dabei A ≠ B, so spricht man von einer „Relation zwischen A und B", während sich bei A = B der von uns behandelte Sonderfall einer „Relation auf A" ergibt.

Für Relationen auf M wurden im vorangegangenen Abschnitt eine Reihe von Eigenschaften definiert, die auf eine Typeneinteilung abzielten. Da diese Definitionen dort schrittweise erarbeitet und daher über den gesamten Abschnitt verstreut wurden, soll hier noch einmal eine Zusammenstellung erfolgen. Diese Zusammenstellung (vgl. Fig. 5.6) enthält diese Eigenschaften, ihre Negationen und Hinweise zu ihrer Darstellung in Tafel und Pfeildiagramm.

Name der Eigenschaft	Definition	Tafeldarstellung	Pfeildiagramm
reflexiv	$\bigwedge_{x \in M} xRx$		alle Elemente haben einen Ringpfeil
nicht reflexiv	$\bigvee_{x \in M} \neg(xRx)$	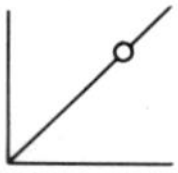	mindestens ein Element hat keinen Ringpfeil
irreflexiv	$\bigwedge_{x \in M} \neg(xRx)$	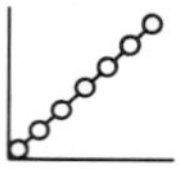	kein Element hat einen Ringpfeil
nicht irreflexiv	$\bigvee_{x \in M} xRx$	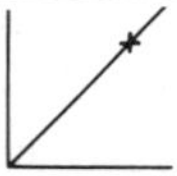	mindestens ein Element hat einen Ringpfeil
transitiv	$\bigwedge_{x, y, z \in M} xRy \wedge yRz \rightarrow xRz$	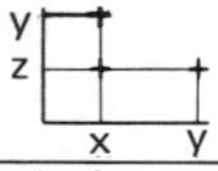	zu jedem Paar aneinanderhängender Pfeile gibt es einen Überbrückungspfeil
nicht transitiv	$\bigvee_{x, y, z \in M} xRy \wedge yRz \wedge \neg(xRz)$	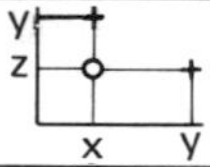	mindestens ein Überbrückungspfeil fehlt
symmetrisch	$\bigwedge_{x, y \in M} xRy \rightarrow yRx$	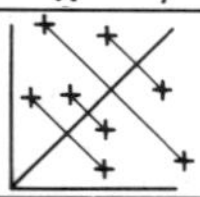	jeder Pfeil hat einen Gegenpfeil
nicht symmetrisch	$\bigvee_{x, y \in M} xRy \wedge \neg(yRx)$	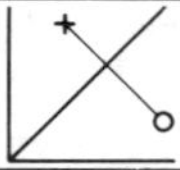	mindestens ein Pfeil hat keinen Gegenpfeil
antisymmetrisch (identitiv)	$\bigwedge_{\substack{x, y \in M \\ x \neq y}} xRy \rightarrow \neg(yRx)$	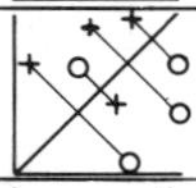	kein Pfeil zwischen verschiedenen Elementen hat einen Gegenpfeil
nicht antisymmetrisch	$\bigvee_{\substack{x, y \in M \\ x \neq y}} xRy \wedge yRx$	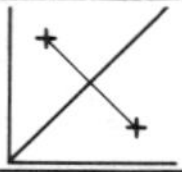	es gibt verschiedene Elemente mit Gegenpfeil
konnex	$\bigwedge_{\substack{x, y \in M \\ x \neq y}} xRy \vee yRx$		jedes Element ist mit jedem anderen in mindestens einer Richtung verbunden
nicht konnex	$\bigvee_{\substack{x, y \in M \\ x \neq y}} \neg(xRy) \wedge \neg(yRx)$		es gibt verschiedene Elemente, die unverbunden sind

Fig. 5.6 Zusammenstellung der Eigenschaften von Relationen auf M

5.2 Relationen auf M, Definitionen und Sätze

*Aufgabe 5.23 In Fig. 5.6 wurde versucht, auch Transitivität und Nichttransitivität in der Tafeldarstellung zu illustrieren. Formulieren Sie ein Verfahren, mit dem Sie in einer Relationstafel feststellen können, ob eine Relation R auf M transitiv ist oder nicht.

Aufgabe 5.24 Bei Relationen haben wir zwei Schreibweisen kennengelernt:
$$xRy \iff (x, y) \in R.$$
Formulieren Sie alle Eigenschaften aus Fig. 5.6 samt deren Negationen in der Paarschreibweise.

Bemerkung 5.4 Mit einer Relation R auf M, ist, da R eine Teilmenge von M x M ist, auch eine Relation $\overline{R} = \{(x, y) \mid (x, y) \in M \land \neg(xRy)\}$ gegeben, die man in Übereinstimmung mit der Definition 3.6a das Komplement von R, bzw. die K o m p l e m e n t - r e l a t i o n nennt.

Die folgenden einfachen Sätze ergeben sich alle fast unmittelbar aus den Definitionen, wobei lediglich fast selbstverständliche äquivalente Umformungen und Schlüsse durchgeführt werden müssen. Wir stellen die Beweise daher als Übungsaufgaben, deren Lösungen zur Überprüfung in den Anhang mit aufgenommen wurden.

Satz 5.2 Eine irreflexive Relation ist nicht reflexiv (Kontraposition: Eine reflexive Relation ist nicht irreflexiv).

Satz 5.3 R reflexiv $\iff$ $\overline{R}$ irreflexiv

Satz 5.4 R antisymmetrisch $\iff$ $\overline{R}$ ist konnex

Satz 5.5 R antisymmetrisch und konnex $\iff$ $\overline{R}$ antisymmetrisch und konnex

Satz 5.6 R antisymmetrisch und konnex $\iff$ $\bigwedge_{\substack{x, y \in M \\ x \neq y}} xRy \,\dot\lor\, yRx$

Satz 5.7 R symmetrisch $\iff$ $\overline{R}$ symmetrisch

*Aufgabe 5.25 Beweisen Sie die Sätze 5.2 bis 5.7.

Satz 5.8 R transitiv und konnex $\Rightarrow$ $\overline{R}$ transitiv und antisymmetrisch.

B e w e i s . Aus Satz 5.4 folgt bereits, daß $\overline{R}$ antisymmetrisch ist, da R konnex ist. Zu beweisen ist die Transitivität von $\overline{R}$. Dazu wählen wir a, b, c frei aus M und müssen aus $a\overline{R}b \land b\overline{R}c$ auf $a\overline{R}c$ schließen können. Falls a = b bzw. b = c folgt diese Aussage sofort (Einsetzen in $a\overline{R}b \land b\overline{R}c$ und Separation). Wir können uns daher im Beweis auf $a \neq b$ und $b \neq c$ beschränken. R ist konnex. Diese Eigenschaft liefert uns mit $a \neq b$ und $b \neq c$ die folgenden Beweiszeilen

(1): $a\overline{R}b \land b\overline{R}c$ Annahme
(2): $aRb \lor bRa$
(3): $a\overline{R}b \to bRa$
(4): $bRc \lor cRb$
(5): $b\overline{R}c \to cRb$
(6): $a\overline{R}b \land b\overline{R}c \to cRb \land bRa$
(7): $cRb \land bRa$
(8): cRa

156 5 Relationen

B

(9): $a\bar{R}c$ unter der Annahme $a \neq c$

(10): $\bigwedge\limits_{\substack{x,y,z \in M \\ x \neq z}} x\bar{R}y \wedge y\bar{R}z \rightarrow x\bar{R}z$

(11): $\bigwedge\limits_{x,y,z \in M} x\bar{R}y \wedge y\bar{R}z \rightarrow x\bar{R}z$ wegen Antisymmetrie von $\bar{R}$ (vgl. Bemerkung 5.2)

Aufgabe 5.26 Geben Sie Begründungen für die Beweiszeilen 1 bis 11 zum Beweis von Satz 5.8 an.

Die Bedeutung dieser Sätze 5.2 bis 5.8 zeigen die folgenden beiden Aufgaben.

Aufgabe 5.27 a) Zeigen Sie mit Hilfe der Teilerrelation auf **N**: Die Relation ∤ (ist nicht Teiler von) ist auf **N** irreflexiv und konnex, aber nicht antisymmetrisch.
b) Zeigen Sie mit Hilfe der Eigenschaften der Kleinerbeziehung bei natürlichen Zahlen, die Relation $\geqslant$ ist auf **N** reflexiv, transitiv, antisymmetrisch und konnex.

Aufgabe 5.28 Eine Relation R sei durch das Pfeildiagramm in Fig. 5.7 gegeben. Beweisen Sie, $\bar{R}$ ist auf $\{a, b, c, d\}$ reflexiv, transitiv, antisymmetrisch und konnex.

Fig. 5.7

Bemerkung 5.5 Man könnte vermuten, daß aus den Eigenschaften symmetrisch und transitiv die Eigenschaft reflexiv gefolgert werden kann. Dieser Satz gilt jedoch nicht, wie die folgende Aufgabe zeigt.

*Aufgabe 5.29 a) Der folgende Beweis ist falsch. Wo liegt der Fehler?
V o r a u s s e t z u n g : R ist auf M symmetrisch und transitiv
B e h a u p t u n g : R ist reflexiv
B e w e i s. Sei x beliebig aus M (freie Wahl). Wir wählen ein a aus M, das mit x verbunden ist (spezielle Wahl). Wegen der Symmetrie folgt xRa ∧ aRx. Wegen der Transitivität folgt daraus xRx. Generalisierung liefert die Reflexivität.
b) R sei auf M symmetrisch, transitiv und nicht reflexiv. Formulieren Sie eine Aussage für die Elemente $a \in M$, für die $\neg(aRa)$ gilt.
c) R sei auf M = $\{1, 2, 3\}$ symmetrisch, transitiv und nicht reflexiv. Weiterhin sei $(1, 2) \in R$. Geben Sie R in Paarschreibweise an.

5.3 Äquivalenz- und Ordnungsrelationen

Während wir in Abschn. 5.1 von Relationen ausgingen, die Gleichwertigkeit ausdrückten und feststellten, daß sie die Eigenschaften transitiv, symmetrisch und reflexiv haben, gehen wir jetzt einen Schritt weiter — wir verwenden diese Eigenschaften zur Charakteri-

5.3 Äquivalenz- und Ordnungsrelationen

sierung von Äquivalenzrelationen und zeigen, daß sie ausreichen, um unser eigentliches Ziel zu bewirken, nämlich eine Einteilung der Menge in Klassen gleichwertiger Elemente. B

Definition 5.4 Eine Relation R auf M ist genau dann Äquivalenzrelation, wenn sie reflexiv, symmetrisch und transitiv ist.

Eine Reihe von Relationen aus der Beispielsammlung 5.3 sind Äquivalenzrelationen entsprechend dieser Definition. In Fig. 5.8 sind sie noch einmal zusammengestellt.

Menge M	Relationsvorschrift	vgl. Beispiel 5.3
N	$a \equiv b$ (m) (x kongruent y modulo m) a hat dieselbe Quersumme wie b	1 c) 1 d)
Potenzmenge von G $\mathfrak{P}(G)$	A = B (Mengengleichheit) A glm B (A ist gleichmächtig zu B)	2 b) 2 c)
Menge der Geraden in E	a = b a ∥ b (a parallel b)	3 a) 3 c)
Menschen (in einer Stadt)	a hat denselben Familiennamen wie b	4 a)
Legotürme M_1, M_2	a hat gleich viel weiße Steine wie b	5 a)

Fig. 5.8 Äquivalenzrelationen aus Beispiel 5.3

Mit Äquivalenzrelationen wollen wir Zerlegungen der Menge M in Klassen bewirken. Dazu muß zunächst definiert werden, was wir unter einer Klassenzerlegung einer Menge M verstehen wollen.

Definition 5.5 Ein System $\mathfrak{E}$ von Mengen heißt Klassenzerlegung von M genau dann, wenn

1. $\bigwedge_{P \in \mathfrak{E}} P \neq \emptyset \wedge P \subset M$ (alle Mengen sind nicht leer und Teilmengen von M)

2. $\bigwedge_{P, Q \in \mathfrak{E}} P \neq Q \rightarrow P \cap Q = \emptyset$ je zwei verschiedene Mengen aus der Zerlegung sind elementfremd

3. $\bigwedge_{x \in M} \bigvee_{P \in \mathfrak{E}} x \in P$ jedes Element aus M liegt in einer der Mengen

Die Mengen aus $\mathfrak{E}$ heißen K l a s s e n .

Beispiel 5.6 Bei einer explizit vorgegebenen Menge und einer Zerlegung fällt es leicht zu überprüfen, ob es sich um eine Klassenzerlegung nach Definition 5.5 handelt.

Sei z. B. $M = \{x \mid x \in \mathbf{N} \wedge x \leq 10\}$ und $\mathfrak{E} = \{P_1, P_2, P_3, P_4\}$

mit $P_1 = \{1, 2, 3\}$
      $P_2 = \{4\}$
      $P_3 = \{5, 6, 8, 9\}$
      $P_4 = \{7, 10\}$,

Fig. 5.9

B so handelt es sich offensichtlich um eine Klassenzerlegung (vgl. auch Fig. 5.9). Denn alle P_i sind Teilmengen von M und nicht leer, sie sind paarweise elementfremd und jedes Element aus M liegt in einer der Klassen P_i.

Als Vorbereitung zum folgenden zentralen Satz über Äquivalenzrelationen sollten Sie erneut Aufgabe 5.4 lösen und Ihre Ergebnisse mit der Definition 5.5 vergleichen.

Satz 5.9 Jede Äquivalenzrelation R auf M bewirkt eine Klassenzerlegung der Menge M.

B e w e i s. 1. S c h r i t t. Wir definieren uns geeignete Klassen, indem wir jedem Element a die Menge der Elemente K_a zuordnen, die mit a durch die Relation verbunden sind. K_a nennen wir die von a erzeugte Klasse. In Zeichen:

$$\text{Sei } a \in M: \quad K_a \underset{\text{def}}{=} \{x \mid x \in M \wedge xRa\} \tag{5.15}$$

Für die so definierten Klassen ist Bedingung 1 der Definition 5.5 erfüllt, denn alle K_a sind nach Definition Teilmengen von M und außerdem nicht leer, da wegen der Reflexivität von R zumindest gilt $a \in K_a$.

2. S c h r i t t. Wir beweisen, daß die Klassen K_a auch Bedingung 2 der Definition 5.5 erfüllen, nämlich, daß verschiedene Klassen stets elementfremd sind. Dabei werden von der Relation R die Eigenschaften symmetrisch und transitiv benötigt. Aus beweistechnischen Gründen zielen wir auf die kontraponierte Form von Bedingung 2 ab, d. h. zeigen, daß bei beliebiger Wahl der Klassen K_a, K_b aus $K_a \cap K_b \neq \emptyset$ auf $K_a = K_b$ geschlossen werden kann. Liegt nämlich mindestens ein Element in $K_a \cap K_b$, das wir c nennen wollen, so gilt cRa und gleichzeitig cRb. Mit der Symmetrie folgt aus cRa auch aRc, mit der Transitivität aus aRc und cRb schließlich

$$aRb \tag{5.16}$$

Die erzeugenden Elemente a und b sind also selbst durch R verbunden.
Zu zeigen ist jetzt, daß $K_a = K_b$ gilt. Zum Beweis wird zunächst auf $K_a \subset K_b$ und dann auf $K_b \subset K_a$ geschlossen. Wählen wir nämlich ein beliebiges Element x aus K_a, so gilt xRa. Mit (5.16) und der Transitivität ergibt sich xRb, d. h. x liegt auch in K_b. Ist umgekehrt ein beliebiges Element aus K_b gegeben, das wir y nennen. Da R symmetrisch ist, folgt aus (5.16) auch bRa. Mit yRb und bRa liefert die Transitivität, daß yRa, d. h. y liegt auch in K_a.

3. S c h r i t t. Bedingung 3 einer Klassenzerlegung ist aufgrund der Definition der Klassen K_a und der Reflexivität von R erfüllt. Jedes Element aus M liegt zumindest in der von ihm selbst erzeugten Klasse.

Der entscheidende Beweisteil zu Satz 5.9 ist Schritt 2. Zur Übung geben wir diesen Teil des Beweises in Aufgabe 5.30 formalisiert an, wobei Sie die jeweiligen Begründungen für die Beweisschritte nachliefern sollen.

Aufgabe 5.30 Begründen Sie die einzelnen Schritte im folgenden Beweis.

V o r a u s s e t z u n g e n. R ist symmetrisch und transitiv, K_a, K_b sind durch (5.15) definiert.

B e h a u p t u n g. $\bigwedge\limits_{K_a, K_b \subset M} K_a \cap K_b \neq \emptyset \rightarrow K_a = K_b$

Beweis.

(1): $K_a \cap K_b \neq \emptyset$
(2): $c \in K_a \cap K_b$
(3): cRa ∧ cRb
(4): aRc ∧ cRb
(5): aRb
(6): bRa
---
(7): $x \in K_a$
(8): xRa
(9): xRb
(10): $x \in K_b$
(11): $x \in K_a \to x \in K_b$
(12): $\bigwedge_{x \in M} x \in K_a \to x \in K_b$
(13): $K_a \subset K_b$

(14): yRb
(15): yRa
(16): yRb $\to$ yRa
(17): $\bigwedge_{x \in M} x \in K_b \to x \in K_a$
(18): $K_b \subset K_a$
---
(19): $K_a = K_b$
(20): $K_a \cap K_b \neq \emptyset \to K_a = K_b$
(21): $\bigwedge_{K_a, K_b \subset M} K_a \cap K_b \neq \emptyset \to K_a = K_b$

Aufgabe 5.31 Gehen Sie von den Äquivalenzrelationen in Fig. 5.8 aus und beschreiben Sie die Äquivalenzklassen, die bei der jeweiligen Klassenzerlegung entstehen.

Aufgabe 5.32 Sei $M = \mathbf{N} \times \mathbf{N} = \{(x, y) \mid x \in \mathbf{N} \land y \in \mathbf{N}\}$.
Auf dieser Menge aller geordneter Paare natürlicher Zahlen wird eine Relation R definiert durch

$$(a, b) R(c, d) \underset{\text{def}}{\Longleftrightarrow} a \cdot d = c \cdot b$$

a) Zeigen Sie, daß R eine Äquivalenzrelation auf M ist.
b) Charakterisieren Sie die Elemente, die bei der Klassenzerlegung von M durch R in den Klassen liegen, die von folgenden Elementen erzeugt werden
1. (1, 1)   2. (3, 1)   3. (1, 3)

Bemerkung 5.5 Mit dem Beweis von Satz 5.9 haben wir unser erstes Hauptziel erreicht, das wir mit der Behandlung von Relationen verbunden haben. Wir haben gesehen, daß die Eigenschaften reflexiv, symmetrisch und transitiv für eine Relation R notwendig und hinreichend sind dafür, daß die Relation eine Klassenzerlegung in der Form bewirkt, daß die Elemente in jeder Klasse untereinander in der Relation stehen. Der Übergang von einer Menge zu Klassen erweist sich als wichtiges mathematisches Abstraktionsmittel, das auch im Unterricht häufig eingesetzt wird. Im C-Teil wird diese Fragestellung, die in enger Verbindung zur Begriffsbildung steht, weiter verfolgt.

Im Abschn. 5.1 zeigte sich, daß Beziehungen, die Reihungen bzw. andere Ordnungen auf M bewirken, die Eigenschaften transitiv und antisymmetrisch besitzen. Wie bei den Äquivalenzrelationen gehen wir in der folgenden Definition einen Schritt weiter und bezeichnen jede Relation mit diesen Eigenschaften als Ordnungsrelation.

Definition 5.6 Eine Relation R auf einer Menge M ist genau dann O r d n u n g s r e l a - t i o n, wenn sie transitiv und antisymmetrisch ist. Eine Ordnungsrelation heißt l i n e a r, wenn sie konnex ist, ansonsten heißt sie v e r z w e i g t.

160 5 Relationen

B In Beispiel 5.7 werden lineare und verzweigte Ordnungsrelationen zusammengestellt. Bei jedem Beispiel wird weiterhin angegeben, ob die jeweilige Ordnung reflexiv bzw. irreflexiv ist (damit werden alle mathematisch relevanten Fälle erfaßt) oder ob sie weder reflexiv noch irreflexiv sind.

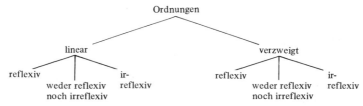

Fig. 5.10 Ordnungsrelationen

Beispiel 5.7 1. lineare Ordnungsrelationen
a) reflexiv
Auf **N**: $x \leq y$, $x \geq y$
Auf der Menge der Wörter einer Sprache: „x_1 steht im Alphabet nicht vor x_2"
b) irreflexiv
Auf **N**: $x < y$, $x > y$
Auf der Menge der Wörter einer Sprache: „x_1 steht im Alphabet vor x_2"
c) weder reflexiv noch irreflexiv
Auf $\{1, 2, 3\}$: $P = \{(1, 1), (1, 2), (1, 3), (2, 3)\}$.
2. verzweigte Ordnungen
a) reflexiv
Auf **N**: $x \mid y$
Auf $\mathfrak{P}(G)$: $A \subset B$
b) irreflexiv
Auf **N**: x ist „echter" Teiler von y ($x \mid y \wedge x \neq y$)
Auf $\mathfrak{P}(G)$: A ist echte Teilmenge von B ($A \subset B \wedge A \neq B$)
Auf M_1 bzw. M_2 (vgl. Beispiel 5.3, 5d): „x hat weniger weiße Steine als y"
Auf einer Menschenmenge: „x ist Nachkomme von y"
c) weder reflexiv noch irreflexiv
Auf $\{1, 2, 3\}$: $R = \{(1, 1), (1, 2), (1, 3)\}$

*****Aufgabe 5.33** Sei $M = \{1, 2\}$.
a) Wie viele verschiedene Relationen gibt es auf M?
b) Wie viele der Relationen auf M sind Äquivalenzrelationen, wie viele Ordnungsrelationen?
c) Teilen Sie die Ordnungsrelationen auf M entsprechend Fig. 5.10 ein.

Eine Darstellungsform, die für Ordnungsrelationen auf endlichen Mengen Anwendung findet, ist das „Hasse-Diagramm". Der Grundgedanke bei dieser Veranschaulichung, die sich als effektiver als das Pfeildiagramm erweist, liegt darin, die jeweilige Ordnungsrelationen durch die geometrische Beziehung „steht tiefer als" darzustellen.

5.3 Äquivalenz- und Ordnungsrelationen 161

Definition 5.7 Eine grafische Darstellung einer Ordnungsrelation R auf einer Menge M heißt H a s s e - D i a g r a m m, falls die folgenden Bedingungen erfüllt sind.
1. Falls für verschiedene Elemente a, b aus M gilt aRb, steht a in der grafischen Darstellung tiefer als b.
2. Falls es zu verschiedenen Elementen a, b aus M mit aRb kein Element x aus M gibt, für das sowohl aRx als auch xRb gilt, so sind in der grafischen Darstellung a und b durch einen Strich verbunden (b wird dann o b e r e r N a c h b a r von a genannt).

Beispiel 5.8 Betrachtet wird die Relation „ist Teiler von" auf der Teilermenge von 20. Ihr Hasse-Diagramm ist durch Fig. 5.11 gegeben. Dabei beachtet man, daß 1 Teiler aller natürlichen Zahlen ist, also gemäß Bedingung 1 der Definition 5.7 unterstes Element im Hasse-Diagramm ist. Obere Nachbarn der 1 sind 2 und 5. In beiden Fällen

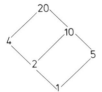

Fig. 5.11

gibt es keine weiteren Teiler von 20, die „zwischen" 1 und 2 bzw. zwischen 1 und 5 liegen, d. h. für keinen weiteren Teiler von 20 gilt $1 \mid x \wedge x \mid 2$ bzw. $1 \mid x \wedge x \mid 5$. Entsprechend kann (zumindest bei endlichen Mengen) Definition 5.7 in eine schrittweise Konstruktion des Hasse-Diagramms einer vorgegebenen Ordnungsrelation umgesetzt werden.

Aufgabe 5.34 Stellen Sie Hasse-Diagramme für die folgenden Ordnungsrelationen her.
a) Teilmengenbeziehung auf der Potenzmenge von G, G = {a, b}.
b) „$x \mid y$" für x, y aus der Teilermenge von 6.
c) „x hat weniger weiße Steine als y" auf der Turmmenge M_2 aus Beispiel 5.3 (vgl. auch Aufgabe 5.5).

Aufgabe 5.35 Konstruieren Sie Hasse-Diagramme für
a) die Teilmengenbeziehung auf der Potenzmenge von G, G = {a, b, c}.
b) die Beziehung „hat weniger weiße Steine als" auf der Turmmenge M_1 aus Beispiel 5.3 (vgl. auch Aufgabe 5.6).

Bemerkung 5.6 Liegt das Hasse-Diagramm einer Ordnungsbeziehung vor, so kann umgekehrt alle wesentliche Information über die Relation aus der Darstellung abgelesen werden.
1. aRb gilt für a ≠ b genau dann, wenn a durch eine Strichfolge von unten nach oben mit b verbunden ist.
2. R ist genau dann linear, wenn das Diagramm aus einer Strichkette ohne Abzweigungen besteht.

Lediglich darüber, ob R reflexiv, irreflexiv bzw. weder reflexiv noch irreflexiv ist, läßt sich aus dem Diagramm keine Aussage gewinnen. So haben z. B. die Relationen $<$ und $\leqslant$ auf **N** dasselbe Hasse-Diagramm.

Aufgabe 5.36 Begründen Sie die Aussagen 1 und 2 aus der Bemerkung 5.6.

Aufgabe 5.37 Betrachtet wird die Menge **N** x **N** aus geordneten Paaren natürlicher Zahlen.
Zeigen Sie, daß
a) $(a, b) R_1 (c, d) \Leftrightarrow ad < bc$
b) $(a, b) R_2 (c, d) \Leftrightarrow a + d < c + b$
verzweigte Ordnungsrelationen auf **N** x **N** sind.

5.4 Relationen im Unterricht

Relationen gewinnen im Mathematikunterricht eine zunehmend stärkere Beachtung. Sie können schon in der Eingangsstufe bei der ersten propädeutischen Begegnung mit mathematischen Fragestellungen zum Einsatz kommen und behalten ihre Funktion über die Klassen der Grundschule hin auch in der Sekundarstufe I. Dazu muß aber klargestellt werden, daß nicht die explizite Behandlung des Gebietes Relationen gemeint ist. Gegen Relationen als Schulstoff in der Form, daß z. B. Eigenschaften wie reflexiv, transitiv, symmetrisch mit ihren Definitionen erlernt werden, richtet sich berechtigte Kritik. Formalistische Ansätze dieser Art münden wiederum lediglich im Erlernen einer Kunstsprache, die kaum zur Entwicklung mathematischer Fähigkeiten beitragen wird. Im Gegensatz zu derartigen ungeeigneten Ansätzen messen wir der Behandlung von Relationen dann große Bedeutung zu, wenn sie als Hilfsmittel verstanden werden, als Hilfsmittel, das einerseits beim Aufbau elementarer Begriffsbildung eingesetzt und andererseits Ausgangspunkt vielfältiger mathematischer Aktivitäten sein kann.
Wir wollen in diesem Teil beide Gesichtspunkte zu Wort kommen lassen. In den ersten beiden Abschnitten soll aufgezeigt werden, inwieweit die Beteiligung dieses Gebietes, vor allem im Zusammenspiel von Äquivalenz- und Ordnungsrelationen, am Aufbau von Begriffen fruchtbar gemacht werden kann. Dabei ist nicht nur an innermathematische Begriffe gedacht, sondern auch an solche, die außerhalb der Mathematik Anwendung finden. Dem dritten Abschnitt kommt dann zwar nicht die gleiche allgemeine Bedeutung zu, er ist aber gerade für den Schulpraktiker wichtig, da wir uns dort mit Möglichkeiten beschäftigen wollen, Relationen und ihre Darstellungsformen als geeignete Übungsmittel im arithmetischen Bereich einzusetzen.

5.4.1 Relationen als Mittel zur Begriffsbildung

Wir gehen von einer Aufgabenstellung im Anfangsunterricht aus: bunte Bausteine sollen nach Farben sortiert werden. Wollte man sich einer (für den Unterricht natürlich überflüssigen) mathematischen Terminologie bedienen, so bedeutet diese Aufgabe, daß eine

5.4 Relationen im Unterricht

Klassenzerlegung vorgenommen werden soll, wobei die Äquivalenzrelation „hat die gleiche Farbe wie" zugrundeliegt.

Offensichtlich wären die Fachtermini „Klassenzerlegung" und „Äquivalenzrelation" für eine Lösung eine künstlich eingebrachte Erschwerung. Aber auch die eingangs gegebene Formulierung der Aufgabenstellung setzt einiges voraus, denn um damit etwas anfangen zu können, muß der Schüler bereits über einen Farbbegriff verfügen. Auch die vermeintliche Vereinfachung statt „nach Farben zu sortieren" „die roten heraussortieren" zu lassen, hilft nicht viel weiter, falls mit „rot" noch kein Verständnis verbunden ist. Mit derartigen Aufgabenstellungen können wir zwar Farbenkenntnis überprüfen und sicherlich auch vertiefen, aber nicht unmittelbar zu ihrem Erwerb beitragen. Bei Farben ist solch eine Kenntnis bei den meisten Schulanfängern bereits vorhanden, aber wie gelangten sie dazu? Farben können ja nicht mit anderen Worten umschrieben und damit „erklärt" werden. Vor einer ähnlichen Situation stehen wir bei der ebenfalls im Anfangsunterricht üblichen Aufgabe, Stäbchen der Länge nach zu ordnen. Auch hier muß, um eine Lösung überhaupt anpacken zu können, zumindest klar sein, was es bedeutet, daß ein Stäbchen länger als ein anderes ist. Die Fähigkeit, eine Einzelentscheidung zwischen zwei verschiedenen Stäbchen zu treffen, erweist sich als notwendige Voraussetzung, um mehrere verschieden lange Stäbchen der Länge nach in eine Reihe zu ordnen — sie ist aber längst nicht hinreichend.

Die beiden Fähigkeiten zum S o r t i e r e n und zum O r d n e n spielen bei der Umweltstrukturierung eine bedeutende Rolle. Mittel für beides ist jedoch der V e r g l e i c h von Gegenständen.

Dem Sortieren liegt eine Äquivalenz-, dem Ordnen eine Ordnungsrelation zugrunde, der Vergleich setzt die intuitive und unbewußt verwendete Kenntnis der Relationsvorschrift — zunächst sehr vage, dann immer präziser werdend — voraus. Die Präzisierung ist ein Erfolg von Erfahrungen, in denen Gleich- bzw. Andersartigkeit von Gegenständen erlebt wird. Dazu wird wiederum in wachsendem Maße die Fähigkeit zur Abstraktion vorausgesetzt, durch die das Bewußtsein auf eine Einzeleigenschaft eines Dinges konzentriert werden kann. Man darf annehmen, daß sich alle diese Fähigkeiten in ständigem Miteinander entwickeln. Im Vergleich erlebte Einzelerfahrungen werden dabei früh aus ihrer Isolierung gelöst und führen unter Einschaltung des Gedächtnisses zunächst zu Grobkategorien. Wenn ein Kind alle Menschen, die es kennenlernt, „Tante" bzw. „Onkel" nennt, so ist dies ebenso ein Beispiel dafür wie der Begriff „Wau-wau", den es auf alles sonstige Lebendige anwendet. Diese Klasseneinteilungen werden mit wachsender Erfahrung differenzierter, wobei einerseits erhöhte Abstraktionsfähigkeit zu verfeinerten Klasseneinteilungen führt, andererseits Ordnungsbeziehungen entdeckt werden, die innerhalb von Kategorien gestatten, Rangordnungen herzustellen. In vielen Fällen ist diese Umweltstrukturierung mit räumlichen Vorstellungen verbunden. So erscheint es fast selbstverständlich, bei der Aufforderung, konkret gegebene vielfältige Gegenstände ordentlich hinzulegen, Klasseneinteilungen in räumliches Nebeneinander — je Klasse eine Gruppierung — und Ordnungen in räumliches Aufeinanderfolgen (steht vor/hinter/über/unter) zu übersetzen.

Bevor wir zu einer ausführlichen Darstellung einzelner Beispiele kommen, sollen — ohne

164 5 Relationen

C Anspruch auf Vollständigkeit – eine Reihe von Relationsvorschriften genannt werden, die im Schulunterricht zur Anwendung kommen. Relationen, die in der Grundschule innerhalb des Zahlenrechnens zur Anwendung kommen, bleiben in dieser Zusammenstellung unberücksichtigt, auf sie wird in Abschn. 5.4.3 eingegangen.

Beispiel 5.9 a) Relationsvorschriften in Eingangs- und Primarstufe
1. Bei Arbeitsmaterial (bzw. Umweltgegenständen):
„ist schwerer (leichter, länger, kürzer, höher, niedriger, breiter, schmaler, dicker, dünner, heller, dunkler, ...) als", „hat mehr (weniger) Ecken (Seiten, Kanten, Flächen, ...) als",
„ist gleich in bezug auf Farbe (Form, Größe, Länge, Gewicht, Volumen, Ecken-, Kanten-, Flächenzahl, ...) zu"
2. bei Menschen: „ist gleich in bezug auf Alter (Beruf, Familienstand, Wohnort, Größe, Gewicht, Haarfarbe, ...)
3. bei Vorgängen: „dauert länger (kürzer, gleichlang), ist langsamer (schneller, gleichschnell), war früher (später, zur selben Zeit),
4. bei Mengen: „hat mehr (weniger, gleich viel) Elemente, ist Teilmenge (Obermenge) von, hat gemeinsame Elemente mit, ... "
b) Relationsvorschriften in der Sekundarstufe I
1. In der Geometrie: „ist zerlegungsgleich (deckungsgleich, symmetrisch, ähnlich, ...) zu", „ist parallel zu (schneidet, berührt, steht senkrecht auf, verbindet, ...)" „hat gleiche Ecken- (Kanten-, Flächen-, Symmetrieachsenzahl-)zahl", ...
2. In der Teilbarkeitslehre: „ist Teiler (Vielfaches) von", „läßt beim Teilen durch a gleichen Rest wie", „hat mehr (weniger, gleich viel, gemeinsame) Teiler"
3. Im Physikunterricht (statt der Relationsvorschriften nennen wir die angestrebten Begriffe): Gewicht/Kraft, Masse, Geschwindigkeit, Beschleunigung, Energie, Arbeit, Leistung, ...

Mit den folgenden Beispielen soll die Verwendung von Relationen beim Aufbau von Begriffen deutlich werden, indem eine ausführlichere Beschreibung von zwei Unterrichtsvorschlägen gegeben wird. Das erste Beispiel (vgl. Beispiel 5.10) befaßt sich mit Ordnungsrelationen im Vorschulbereich (5–7-jährige), das zweite Beispiel (vgl. Beispiel 5.11) setzt sich mit einer geometrischen Äquivalenzrelation auseinander, die in der Sekundarstufe I zur Anwendung kommt.

Beispiel 5.10 Spielvorschläge zu Ordnungsrelationen im Vorschulbereich[1]). Die Vorschläge sollen zur Vertiefung der Begriffe beitragen, die mit länger/kürzer, höher/niedriger, heller/dunkler, größer/kleiner, schwerer/leichter, mehr/weniger verbunden sind. Dazu können alle Materialien Verwendung finden, bei denen die genannten Merkmale in mindestens drei verschiedenen Werten vorliegen. Mehr als sechs verschiedene Werte brauchen nicht vorgesehen werden, da, falls Reihen mit 6 Elementen geordnet gelegt werden können, auch mit einer größeren Anzahl von Elementen keine neuen

---
[1]) Die Vorschläge sind aus Freund/Sorger, Denkspiele mit Pfiff, Junge Mathematik für die Eingangsstufe, Freiburg 1973, entnommen.

5.4 Relationen im Unterricht

Schwierigkeiten mehr auftreten. Am einfachsten erweisen sich Materialien, die sich nur in einem einzigen Merkmal unterscheiden, das dann zum Ordnen benützt wird. In diesem Fall wird unmittelbar ersichtlich, w e l c h e r O r d n u n g s g e s i c h t s - p u n k t gemeint ist.

M a t e r i a l v o r s c h l ä g e (1 Ordnungsmerkmal)

1. Stäbe gleicher Dicke in mindestens 3 verschiedenen Längen. Von jeder Länge 4 bzw. 8 Stäbe.
2. Türme aus Steckbausteinen gleicher Farbe in mindestens 3 verschiedenen Höhen. Jede Höhe sollte durch 4 bzw. 8 Türme vertreten sein, die für die Spiele vorgebaut werden.
3. Rundstäbe gleicher Länge in mindestens 3 verschiedenen Dicken (z. B. Klangstäbe), jede Dicke mit 4 bzw. 8 Stäben.
4. Pappquadrate in mindestens 3 Helligkeitswerten, jede Grautönung mit 4 bzw. 8 Elementen.
5. Spielwürfel in mindestens 3 verschiedenen Größen. Von jeder Größe sollten wiederum 4 bzw. 8 Exemplare vorhanden sein.
6. Eine Tafelwaage und eine Reihe von gleich großen Schachteln. Diese Schachteln erhalten dadurch unterschiedliches Gewicht, daß sie mit verschiedenen Anzahlen von Muggelsteinen oder gleich schweren Murmeln gefüllt werden. Mindestens 3 verschiedene Gewichte sollten auftreten, und von jeder Schachtel eines Gewichts werden 4 bzw. 8 Exemplare benötigt.

Das folgende Spiel stellt den Vergleich in den Vordergrund. Es ist mit jedem der 6 Materialvorschläge durchführbar. Der Einfachheit halber wird es für das Stäbchenmaterial beschrieben.

Spiel 1 „L ä n g e r - k ü r z e r" (Partnerspiel). Zu den Stäbchen tritt als weiteres Material ein Würfel, der auf drei seiner Seiten ein Symbol für „klein" und auf den drei anderen Seiten ein Symbol für „groß" trägt (durch Bekleben der Seitenflächen). Jeder Spieler wählt sich nach Gutdünken 5 Stäbchen aus dem Gesamtvorrat. Ein Spielzug verläuft folgendermaßen: Der Spieler, der an der Reihe ist, greift ein Stäbchen aus seinem Vorrat heraus. Danach wählt sich auch der andere Spieler ein Stäbchen, das jedoch nicht genausolang sein sollte wie das vom ersten Spieler gewählte. Die Stäbchen werden nebeneinander gelegt, damit sie verglichen werden können. Dann würfelt der Spieler, der an der Reihe ist. Kommt dabei das Zeichen für „klein" nach oben, so erhält derjenige beide Stäbchen, der das kleinere herausgestellt hat, entsprechend verfährt man bei „groß".
Das Spielende wird geeignet festgelegt (feste Rundenzahl, einer hat alle Stäbchen abgegeben, etc.). Je nach Wahl des Spielmaterials wird man vom Spiel „dicker-dünner", „heller-dunkler", „höher-niedriger", „schwerer-leichter" sprechen. Derselbe Würfel ist in allen Fällen einsetzbar.
Auch darin liegt eine Abstraktion, da dann das Symbol für „klein" immer für das in der Ordnung früher und entsprechend „groß" für das später kommende Objekt steht.
Spiel 2 ist ein Vorschlag, bei dem drei Elemente bezüglich der Ordnungsrelationen verglichen werden. Wiederum können alle sechs Materialien eingesetzt werden. Die Beschreibung wird wieder für das Stäbchenmaterial gegeben.

C **Spiel 2** „L ä n g e k n o b e l n" (4 Spieler). 20 Stäbchen in mindestens 3 verschiedenen Längen werden gleichmäßig verteilt, wobei die Spieler reihum je einen Stab nach ihrer eigenen Wahl aus dem Vorrat nehmen. Alle Spieler besitzen dann 5 Stäbchen, die sie vor sich hinlegen. Reihum werden die einzelnen Kinder Spielführer. Sagt der Spielführer: „Los!", so ergreifen die drei Mitspieler je einen ihrer Stäbe. Sie legen oder stellen ihn so auf den Tisch, daß die Längen der 3 Stäbe verglichen werden können.

Die drei folgenden Fälle können auftreten:

1. Alle herausgestellten Stäbe haben dieselbe Länge; dann erhält sie der jeweilige Spielführer,
2. zwei der herausgestellten Stäbe haben dieselbe Länge; dann erhält derjenige Mitspieler alle drei Stäbe für seinen Vorrat, der den Stab abweichender Länge herausgestellt hat,
3. alle drei Stäbe sind verschieden lang; dann erhält derjenige Mitspieler alle drei Stäbe, der den Stab mittlerer Länge herausgestellt hat.

Das Spiel endet, wenn einer der Mitspieler kein Stäbchen mehr besitzt.

Wählt man als Spielmaterial verschieden schwere Schachteln und eine Tafelwaage, so zeigt sich, daß der Vergleich von drei Objekten bezüglich einer Ordnungsrelation keineswegs so selbstverständlich ist, wie er vielleicht bei den Stäbchen wirkt.

Im Fall 1 kommt man mit zwei Wägungen aus, aber nur dann, wenn man zumindest unbewußt das transitive Gesetz der Äquivalenzrelation „gleiches Gewicht" ausnützt. Auch im Fall 2 kann man mit zwei Wägungen auskommen — dann, wenn man bei einer der beiden Wägungen die gleichschweren Schachteln herausgegriffen hat. Im Fall 3 ergeben sich nur dann zwei Wägungen, wenn sich dieselbe Schachtel einmal leichter und einmal schwerer als eine der beiden anderen erweist.

Wiederum ist das transitive Gesetz — diesmal der Ordnungsrelation „ist leichter als" — dafür maßgeblich.

Die Elemente der bisher vorgestellten Materialien unterschieden sich jeweils nur in einem Merkmal, so daß sich der Gesichtspunkt, nach dem geordnet werden konnte, zwangsläufig ergab. Weitere wichtige Lernziele werden aber beim Ordnen von Gegenständen erreicht, die zwei oder gar drei Qualitäten besitzen, nach denen wir sie in eine Reihe legen können. Ein einfaches Beispiel liefern Rundstäbe, die nicht nur verschieden lang, sondern auch verschieden dick sind. Die Ordnung, die durch das eine Merkmal bestimmt ist, kann nun ganz anders aussehen als die Reihenfolge in bezug auf das andere Merkmal.

Wenn die Kinder dieselben Gegenstände einmal nach der einen und dann nach der anderen Eigenschaft ordnen, müssen sie sich zwischendurch „umpolen". Ihre Aufmerksamkeit muß von dem Vergleich der Längen abgelenkt und auf die Dicken hingelenkt werden. Das ist darum nicht einfach, weil es sich dabei um die gleichen Gegenstände handelt und weil die eine Eigenschaft gegenüber der anderen dominant sein kann, so daß das Konzentrieren auf die weniger auffällige Eigenschaft besonders schwer fällt.

Beispiel 5.11 Flächeninhalt von Polygonen und die Relation „ist zerlegungsgleich zu". Berechnungen des Flächeninhalts von Polygonen gehören zu den Schulstoffen, die auch in der Hauptschule selbstverständlich sind. Leider besteht dabei die Gefahr, daß sich die

5.4 Relationen im Unterricht   167

Behandlung im Erlernen einiger Formeln (z. B. Flächenformel für Dreiecke $F = \frac{g \cdot h}{2}$) und deren rechnerischer Anwendung erschöpft. Das folgende Beispiel deutet eine Vorgehensweise an, die die Äquivalenzrelation „ist zerlegungsgleich zu" ins Zentrum rückt, wodurch der Aufbau des Begriffs „Flächeninhalt" über Klassenbildung in enger Verbindung zu Fragestellungen bleibt, die geometrisches Schließen erfordern.
Wir gehen von einer A u f g a b e aus: Ein beliebiges vorgegebenes Fünfeck (vgl. Fig. 5.12) soll in ein flächengleiches Rechteck verwandelt werden. Diese Verwandlung soll zeichnerisch erfolgen, ohne irgendwelche Teilflächen auszumessen.

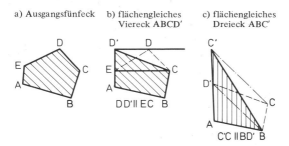

Fig. 5.12 Verwandlung des Fünfecks ABCDE in ein flächengleiches Dreieck ABC

Wir fragen zuerst, was „flächengleich" und was „verwandeln" heißt. Flächengleich sind z. B. zwei Dreiecke mit gleicher Grundlinie und gleicher Höhe — nicht wegen der — für uns zunächst noch unbewiesenen — Flächenformel, sondern, weil wir das eine Dreieck so zerlegen (zerschneiden) können, daß seine Teile genau in das andere passen (vgl. dazu Fig. 5.13 samt Text). Auf diese Weise können wir (ohne Formel) mit Hilfe der Zerlegungsgleichheit den folgenden Hilfssatz beweisen:
Bewegt man die Höhe eines Dreiecks parallel zur Grundlinie, so bleibt der Dreiecksinhalt unverändert. Diese Umwandlung nennt man „Scherung".
Mit Hilfe dieser Vorüberlegung ist die Lösung leicht geworden. Aus Fig. 5.12 läßt sich ablesen, wie Scherungen benützt werden können, Polygone in zerlegungsgleiche zu verwandeln, die eine Ecke weniger haben. Dieses Verfahren funktioniert solange, bis ein Dreieck entstanden ist. Dieses Dreieck läßt sich aber dann entsprechend Fig. 5.13 und folgender Methode in ein zerlegungsgleiches Rechteck verwandeln:
Durch eine Mittelparallele zu AB wird vom Dreieck ABC ein Teildreieck abgeschnitten. ABC ist zerlegungsgleich zum Rechteck ABDE, da die gleichartig schraffierten Teildrei-

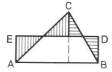

Fig. 5.13 Verwandlung des Dreiecks ABC in ein flächengleiches Rechteck ABDE

ecke (nach Drehung) aufeinandergelegt werden können. Aus dieser Überlegung folgt der bereits erwähnte Hilfssatz, daß alle Dreiecke mit der Grundseite AB und der dritten Ecke auf einer Parallelen zu AB durch C zerlegungsgleich sind, da sie alle auf dasselbe Rechteck führen.

Aus solchen oder ähnlichen Aufgabenstellungen erwächst Verständnis für die über der Menge der Polygone definierte Relation „x ist zerlegungsgleich zu y", die wir so interpretieren, daß x sich so in Teilpolygone zerlegen läßt, daß diese genau in y eingepaßt werden können. Es ist einfach nachzuprüfen, daß es sich dabei um ein Äquivalenzrelation handelt. Bei der durch sie bewirkten Klasseneinteilung können wir jeder Klasse eine Zahl zuordnen, die wir den Flächeninhalt der ihr angehörenden Polygone nennen. Diese Zuordnung kann z. B. so erfolgen, daß wir aus jeder Klasse ein Rechteck suchen, dessen eine Seite eine zwar willkürlich gewählte, aber für alle Klassen gleiche Länge ℓ hat. (Aus der Bemerkung zu Fig. 5.14 folgt, daß in jeder Klasse ein derartiges Rechteck liegt.)

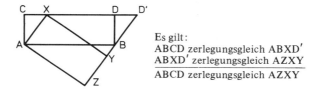

Es gilt:
ABCD zerlegungsgleich ABXD'
ABXD' zerlegungsgleich AZXY

ABCD zerlegungsgleich AZXY

Fig. 5.14 Umwandlung eines beliebigen Rechtecks ABCD in ein zerlegungsgleiches Rechteck mit fest vorgegebener Seitenlänge ℓ (ℓ = A X)

Dieses Rechteck legen wir auf einen Maßstreifen. Die Zahl, bis zu der das jeweilige Rechteck mit seiner zweiten Seite den Maßstreifen bedeckt, nennen wir seinen Flächeninhalt und damit gleichzeitig Flächeninhalt aller Polygone der durch es vertretenen Klasse. Damit wird der Flächeninhalt von Polygonen zurückgeführt auf das Bestimmen von Längen (vgl. dazu Abschn. 5.4.2).

B e m e r k u n g. In jeder Klasse liegt mindestens ein Polygon, das entsprechend der Aufgabe in ein zerlegungsgleiches Rechteck verwandelt werden kann. Dieses Rechteck wird entsprechend Fig. 5.14 in ein zerlegungsgleiches Maßrechteck verwandelt.

5.4.2 Äquivalenz- u. Ordnungsrelation in Größenbereichen

Verschiedene Zahlenbereiche (natürliche, positive rationale, positive reelle Zahlen) bilden Größenbereiche, aber auch die Mengen aller Längen, aller Gewichte, aller Zeitspannen, ...
Für den Aufbau eines Größenbereiches sind stets in analoger Weise beteiligt: 1) eine Äquivalenzrelation 2) eine lineare, irreflexible Ordnungsrelation und 3) die Feststellung ihrer Verträglichkeit. Außerdem gibt es eine Verknüpfung, mit deren Hilfe die Ordnung definiert wird. Wir wählen als Orientierungsbeispiel die „Längen".
In jedem Fall gehen wir von realen Gegenständen aus, die wir geeignet wählen. Außerdem brauchen wir ein konkretes Meßinstrument.

5.4 Relationen im Unterricht

Bei „Längen" wählen wir als Ausgangsgegenstände Stäbe, Kanten, gespannte Fäden.
Als Meßinstrument einen „genügend" langen Meßstab M, dessen eines Ende als Anfang
gekennzeichnet ist. Das „Messen" eines Stabes a geht so vor sich: Wir legen einen seiner
Endpunkte auf den Anfangspunkt von M und kennzeichnen seinen 2. Endpunkt auf M
durch eine Marke M(a).

C

Ä q u i v a l e n z zwischen Stäben a, b (a ~ b) wird durch Zusammenfallen ihrer Marken
auf M charakterisiert M(a) = M(b).

Als V e r k n ü p f u n g von zwei Stäben a, b (a + b) wählen wir das „Hintereinander-
legen" z. B. entlang des Meßstabes, das Ergebnis a + b ist ein Stab c, dessen Marke auf
M zusammenfällt mit der Marke hintereinandergelegten Stäbe. Wir schreiben M(a + b) =
M(c).

Zur O r d n u n g kommen wir so: Wir sagen x überragt y (x > y), wenn es einen Stab
z gibt, so daß M(x) = M(y + z) gilt.

Die Symmetrie, Reflexivität und Transitivität der Äquivalenzrelation a ~ b $\iff$ M(a) =
M(b) folgt direkt aus der Definition.

Die Transitivität, Antisymmetrie und Konnexität der Ordnungsrelation

$$x > y \iff \bigvee_z M(x) = M(y + z)$$

folgt ebenso einsichtig.

Die Äquivalenz führt zu einer Klassenbildung, jede Klasse L ist eine Länge, charakteri-
sierbar durch die Marke eines Stab-Vertreters aus der Klasse untereinander äquivalenter
Stäbe. Wir sprechen von der Länge eines Stabes a, wenn wir ausdrücken wollen, daß a
zur Klasse L gehört.

Das Charakteristische des Zusammenspiels beider Relationen auf der Menge der Kanten,
Stäbe, gespannte Fäden usw. beruht auf der Zurückführung der Ordnungsrelation auf
die Äquivalenzrelation. Dieses Zusammenspiel drückt sich in der Verträglichkeit aus:
Seien L_1 und L_2 verschiedene Längen und a_1 ein Stab aus L_1, a_2 ein Stab aus L_2; dann
gilt entweder $a_1 < a_2$ oder $a_2 < a_1$, da wegen der Verschiedenheit der Marken eine von
beiden zwischen den beiden anderen auf der Meßlatte liegt. Denken wir $a_1 < a_2$, dann
gibt es einen Stab z, so daß $M(a_1 + z) = M(a_2)$ ist.
Diese Gleichung ändert sich nicht, wenn wir statt a_i aus der Klasse L_i jeweils einen
anderen Vertreter wählen.
Sei also $M(a_1) = M(b_1)$, $M(a_2) = M(b_2)$, so folgt aus $M(a_1 + z) = M(a_2)$, daß auch
$M(b_1 + z) = M(b_2)$ gilt.
Diese Schilderung ist nicht in einer für Schüler der Sekundarstufe I adäquaten Form gegeben
worden. Im Unterricht kann man auf diese Zusammenhänge in der folgenden Form
kommen. Aus einem großen Sortiment von Stäben aus etwa 10 bis 12 Längenklassen geben
wir in jede Gruppe eine genügende Anzahl mit dem Auftrag, diese zu sortieren. Die
Schüler werden das folgende Prinzip benutzen (wobei der Beginn des Sortierens nicht
geschildert wird): Sie greifen einen neuen Stab a und taxieren, auf welchen der bereits
ausgelegten Haufen er wohl paßt. Von diesem Haufen nehmen sie einen beliebigen Stab
b und bestimmen seine Marke M(b). Dann kontrollieren sie, ob M(a) = M(b) gilt.

C F a l l 1. M(a) = M(b), dann legen sie a zu dem Haufen, aus dem sie b gewählt haben. Dabei benutzen sie M(a) = M(b) ∧ M(b) = M(b′) → M(a) = M(b′), d. h. die Transitivität der Äquivalenzrelation; sie sind überzeugt, daß jeder zu b äquivalente Stab b′ auch zur Äquivalenz a ~ b′ geführt hätte.

F a l l 2. M(a) ≠ M(b). Jetzt suchen sie einen neuen Haufen — einen zu b nicht äquivalenten Stab b′. Dabei sind sie überzeugt, daß

$$M(a) \neq M(b) \wedge M(b) = M(b') \rightarrow M(a) \neq M(b') \text{ gilt.}$$

Diese Formel ist eine äquivalente Umformung der Transitivität. Finden sie keinen passenden Haufen, so legen sie für a einen neuen Haufen an.

Damit ist das Prinzip der Äquivalenz gefunden, die Längen sind als Klassen definierbar.

D i e   O r d n u n g s r e l a t i o n erfinden sie durch eine zweite Aufforderung, nämlich die, die Haufen der Länge der Stäbe nach „in eine Reihe zu ordnen".

Sie legen zwei Haufen A und B getrennt hin. Mit a ∈ A und b ∈ B sei a < b und A liegt links von B. Dann wählen sie aus einem Haufen C einen Stab c.

F a l l 1. c < a. Dann legen sie C links von A und damit links von B hin, ein Vergleich mit b erübrigt sich. Sie sind überzeugt, daß mit c < a ∧ a < b folgt, daß erst recht c < b, d. h., daß die Transitivität gilt.

F a l l 2. a < c. Jetzt ist eine weitere Prüfung unumgänglich. Ist c < b, so legen sie C zwischen A und B, da a < c ∧ c < b gilt. Ist aber b < c, so legen sie C rechts von B hin, und damit auch rechts von A, da wir wieder sicher sind, daß die Transitivität gilt, d. h., daß a < b ∧ b < c → a < c.

So werden die H a u f e n geordnet. Die Ordnung zwischen den Stäben wird zur Ordnung zwischen den Haufen, d. h. zwischen den Längen.

Das folgende Prinzip scheint ihnen unbezweifelbar sicher

$$\bigwedge_{a,b,b'} a < b \wedge b \sim b' \rightarrow a < b'$$

$$\bigwedge_{a,b,b'} a < b \wedge a' \sim a \rightarrow a' < b$$

und hiermit drückt sich die „Verträglichkeit" zwischen Äquivalenz- und Ordnungsrelation aus. Auch die „Addition der Stäbe" ist verträglich mit der Äquivalenz und wir können sie auf Längen übertragen.

Andere Größenbereiche können jetzt in der Schule unter Rückgriff auf Längen aufgebaut werden. Wir brauchen nur über ein passendes Instrument andere Größen auf Längen eineindeutig abzubilden.

Anzahlen als Größenbereich

Reale Gegenstände sind Pappstücke mit aufgeklebten Punkten, oder auch Strichlisten. Da Karopapier aus gleichen Längen aufgebaut ist, bilden wir Anzahlen auf Längen ab, in dem wir etwa die Striche der Strichliste der Reihe nach aufeinanderfolgenden Kästchen eines Streifens zuordnen (vgl. Fig. 5.15). Äquivalenz von Strichlisten bedeutet gleiche Streifenlänge. Strichliste 1 < Strichliste 2 bedeutet kleinere Länge von L (1).

5.4 Relationen im Unterricht   171

Zahlen (Anzahlen, Kardinalzahlen) sind Klassen von Listen, die zu gleicher Länge gehören.
„Größer — kleiner" zwischen Zahlen wird durch die über Analogie zu „Kürzer — länger" von Längen definiert. Die Addition von Zahlen kann definiert werden als die Addition der korrespondierenden Längen.

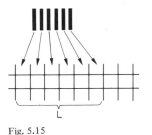

Fig. 5.15

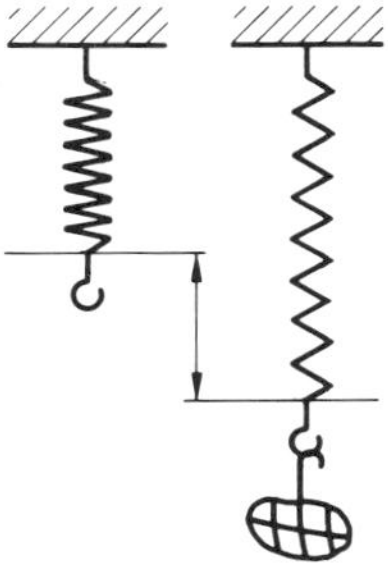

Fig. 5.16

Gewichte als Größenbereich

Reale Gegenstände sind etwa Steine. Die Abbildung auf Längen erfolgt durch eine geeignete Federwaage. Äquivalenz zwischen Steinen bedeutet: Gleiche Ausdehnung der Federwaage (s. Fig. 5.16).
Stein a > Stein b: Bei a wird die Federwaage stärker gedehnt. Gewichte = Äquivalenzklassen.

Bruchzahlen als Größenbereich

Zunächst stellen wir fest, daß Längen einen divisiblen Größenbereich bilden. D. h. zu einer Länge x und zu einer natürlichen Zahl n gibt es eine Länge y, so daß n · y = x gilt. y nennen wir der n-ten Teil von x und x das n-fache von y. Wir schreiben auch x = $\frac{1}{n}$ y.

Beim Übergang von den Längen zu Streifen, die sie repräsentieren, bedeutet dies, daß wir einen Streifen der Länge x in n untereinander äquivalente Streifen falten können, deren jeder die Länge y hat.
Es kommt vor, daß x = n · y = m · z gilt, was wir auch schreiben

$$z = \frac{1}{m} x = \frac{n}{m} y$$

$$y = \frac{1}{n} x = \frac{m}{n} z$$

Dann nennen wir y das $\frac{m}{n}$-fache von z, z das $\frac{n}{m}$-fache von x. $\frac{m}{n}$ nennen wir einen
B r u c h. Da mit x = n · y = m · z auch kx = (k · n)y = (k · m) z gibt, folgt

172   5 Relationen

C
$$y = \frac{m}{n} z = \frac{m \cdot k}{n \cdot k} z$$

Wegen dieser Gleichung sehen wir $\frac{m}{n} = \frac{m \cdot k}{n \cdot k}$ und wir sagen, daß $\frac{m}{n}$ aus $\frac{m \cdot k}{n \cdot k}$ durch Kürzen durch k, $\frac{m \cdot k}{n \cdot k}$ durch Erweitern mit k aus $\frac{m}{n}$ hervorgeht.

Äquivalenz zwischen Brüchen bedeutet, daß sie durch Erweitern und Kürzen auseinander hervorgegangen sind. Äquivalenzklassen nennen wir Bruchzahlen.

$y = \frac{m}{n} z$ bedeutet im Rückgang auf Streifen, daß wir die Länge y dadurch erhalten, daß wir Streifen der Länge z in n gleichlange Teile falten und daß wir von diesen m hintereinanderlegen.

Mit dieser Deutung ist die Größer-Kleiner Relation zwischen Brüchen definierbar. Wir fragen, wann $\frac{m}{n} z < \frac{p}{q} z$ gilt.

Um zu vergleichbaren Brüchen zu kommen, gehen wir durch Erweiterung über auf

$$\frac{m \cdot q}{n \cdot q} z < \frac{n \cdot p}{m \cdot q} z \iff (m \cdot q) z' < (n \cdot p) z'$$

Links steht eine Länge, die dadurch entsteht, daß wir m · q Streifen der Länge z' = $\frac{1}{n \cdot q}$ z hintereinandergelegt haben. Rechts aber haben wir n · p Streifen der Länge z' hintereinandergelegt.

mqz' wird genau dann kürzer sein als npz', wenn die Anzahl mq der Streifen mit der Länge z' kleiner ist als die Anzahl np der Streifen derselben Länge z':

Also gilt $\frac{m}{n} z < \frac{p}{q} z \iff m \cdot q < n \cdot p$

und da diese Überlegung von der Länge z unabhängig ist, gilt (vgl. Aufgabe 5.37a)

$$\frac{m}{n} < \frac{p}{q} \underset{\text{def}}{\iff} m \cdot q < n \cdot p$$

Da in $\frac{m}{n}$ z bzw. $\frac{p}{q}$ z für $\frac{m}{n}$ bzw. $\frac{p}{q}$ jeder äquivalente Bruch gesetzt werden darf, ist diese <-Relation bei Brüchen auf eine <-Relation bei Bruchzahlen übertragbar.

5.4.3 Relationen als Übungsformen im arithmetischen Bereich

Neben der grundsätzlichen Bedeutung, die Relationen beim Aufbau von Begriffen in den verschiedensten schulrelevanten mathematischen Gebieten haben (vgl. Abschn. 5.4.1 und 5.4.2), erweisen sich die dabei eingesetzten Darstellungsformen auch als anregendes und vielseitiges Übungsmittel insbesondere für den arithmetischen Bereich.

5.4 Relationen im Unterricht

Wir greifen einen Teilaspekt heraus, indem wir einige Aufgabentypen mit Pfeildiagrammen, bezogen auf ein 2. Schuljahr, diskutieren.
Zum üblichen Stoff am Beginn des 2. Schuljahres gehört die Erweiterung des Zahlbereichs bis 100. Die Zahldarstellung tritt dabei in den Vordergrund. Additionen und Subtraktionen zunächst ohne, dann mit Zehnerüberschreitungen sollen ebenso wie Ordnungsbeziehungen bei den neuen Zahlen dazu beitragen, daß die Schüler mit dem neuen Zahlbereich vertraut werden. An dieser Stelle knüpfen unsere Beispiele an.

Beispiel 5.12 (Pfeildiagramm und Kleinerbeziehung) In Fig. 5.17 werden vier Aufgabentypen vorgestellt, die – mit gestuften Schwierigkeitsgrad – alle Pfeildiagramme für dieselben 5 willkürlich herausgegriffenen Zahlen unter der Kleinerbeziehung betreffen.

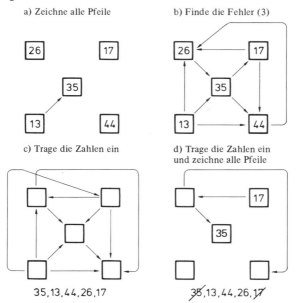

Fig. 5.17 Aufgabentypen zu Pfeildiagrammen bei der Kleinerbeziehung
(→ bedeutet „ist kleiner als")

Der einfachste Aufgabentyp a) aus Fig. 5.17 verlangt das Herstellen einer Pfeilzeichnung für vorgegebene Zahlen. Mit derartigen Aufgaben kann überprüft werden, ob die Schüler den Größenvergleich für je zwei Zahlen durchführen können. Die Vorgehensweise ist sukzessiv und bleibt bei 5 Zahlen noch übersichtlich. Etwas anspruchsvoller ist die Fehlersuche bei Aufgabentyp b). Selbstverständlich können die Schüler rein zufällig auf die drei Fehler stoßen (zwei Pfeile zeigen in die falsche Richtung, einer fehlt), aber die Fehlersuche wird erheblich erleichtert, wenn implizit bereits Eigenschaften der Ordnungsbeziehung und der durch sie bewirkten linearen Ordnung bei den 5 Zahlen benützt werden. Denkt man daran, daß bei der Kleinerbeziehung zwischen je zwei verschiedenen

C Zahlen ein Pfeil sein muß (konnex), so wird man sofort auf den fehlenden Pfeil stoßen, denn bei 13 und 17 liegen jeweils nur drei Verbindungen zu anderen Zahlen vor. Prüft man die „größte" Zahl 44 (alle Pfeile müssen einmünden), so wird der zweite Fehler offensichtlich und prüft man systematisch weiter — bei der nächstgrößten Zahl darf nur ein Pfeil wegführen — so ist der dritte Fehler erkannt. Natürlich darf nicht erwartet werden, daß Schüler explizit solche Gedanken verfolgen und sie etwa auch noch verbalisieren können. Der Aufgabentyp trägt aber dazu bei, daß Überlegungen in diese Richtung auch für Schüler sinnvoll werden, da sie die Lösung erleichtern.

Bei Aufgabentyp c) wird der Schwierigkeitsgrad erneut angehoben. Um die vorgegebenen Zahlen korrekt in das Pfeildiagramm einordnen zu können, müssen die Schüler einerseits die Pfeilzeichnung so genau lesen können, daß sie herausfinden, an welche Stelle z. B. die kleinste Zahl einzutragen ist, andererseits aber müssen sie ebenfalls imstande sein, die infrage stehenden Zahlen entsprechend zu ordnen. Dieser wichtige Aufgabentyp, der gegenüber a) nicht nur sicherstellt, daß jeweils zwei Zahlen der Größe nach verglichen werden können, sondern der alle Eigenschaften einer linearen Ordnungsrelation und der durch sie bewirkten linearen Kette der Elemente abprüft, kann dadurch stark erleichtert werden, daß die vorgegebenen Zahlen auf Kärtchen geschrieben werden, die probeweise aus- und umgelegt werden können. In beiden Varianten wird bei diesem Aufgabentyp die Fähigkeit zur Simultanentscheidung gefordert, da stets mehrere Größenvergleiche gleichzeitig berücksichtigt werden müssen.

Aufgabentyp d) aus Fig. 5.17 verlangt zusätzlich schlußfolgerndes Denken zur Lösung. Denn um die Zahlen richtig eintragen und die Pfeilzeichnung vervollständigen zu können, muß z. B. erkannt werden, daß das Feld unten rechts von 17 aus in zwei Schritten erreicht wird. Da 35 verbraucht ist, kommen nur 26 und 44 für die beiden leeren Felder in Frage, während 13 für das Feld links unten übrig bleibt. Auch hier lassen sich die Aufgaben dadurch erleichtern, daß Zahlenkärtchen mit den vorgesehenen Zahlen zum probeweisen Auslegen zugelassen werden.

Beispiel 5.13 Das Ordnen von Zahlen, wie im vorangegangenen Beispiel eingesetzt, setzt eine sichere Beherrschung des Größenvergleichs zweier Zahlen mit Hilfe ihrer Zahldarstellungen voraus. Der Vergleich erfolgt zunächst über die Zehner und nur, wenn diese gleich sind, müssen auch die Einer herangezogen werden. Um den Blick auf die Zahldarstellungen und ihre Funktion beim Ordnen zu lenken, lassen sich verschiedene andere Relationsvorschriften einsetzen. So bewirken z. B. „hat die kleinere Einerzahl als", „hat die kleinere Ziffernsumme als" ganz andere Ordnungen, während „hat die kleinere Zehnerzahl als" die Ordnung kaum verändert. Die vorher besprochenen Aufgabentypen können auch bei den veränderten Relationsvorschriften eingesetzt werden, wobei der Unterschied zwischen „linearen" und „verzweigten" Ordnungen deutlich wird, obwohl die zugehörigen Vokabeln für den Unterricht überflüssig sind. „Jetzt müssen nicht mehr überall Pfeile sein" liegt als Ergebnis nahe, wenn z. B. die Relationsvorschrift „hat die kleinere Ziffernsumme als" bei den Zahlen von Fig. 5.17 untersucht wurde. Diese verschiedenen Relationsvorschriften erfüllen dabei zwei Funktionen — das Ordnen wird zunehmend selbstverständlicher beherrscht und die verschiedenen Zahlaspekte, die dabei anklingen, tragen zur vertieften Kenntnis des neuen Zahlbereichs bei.

Beispiel 5.14 Stellvertretend für die vielen Möglichkeiten, Pfeilzeichnungen zur Übung von Addition und Subtraktion einzusetzen, soll die Aufgabenstellung aus Fig. 5.18 sein. Hier sollen Pfeilketten unter der Beziehung „ist um 7 größer als" hergestellt werden. C

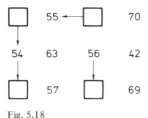

Fig. 5.18

Hier ist ein ganzes Bündel von Rechenaufgaben enthalten. Um z. B. die Zahl oberhalb 54 zu finden, muß eine Zahl gefunden werden, die um 7 größer als 54 ist (Addition 54 + 7 = □), für die darunterliegende gilt, daß 54 um 7 größer ist als sie (Subtraktion als Ergänzen 54 = □ + 7). Auch wenn alle leeren Kästchen ausgefüllt sind, verbleiben viele Aufgaben, da ja für jede Zahl die um 7 größere und die um 7 kleinere bestimmt werden und überprüft werden muß, ob sie nicht irgendwo auf dem Plan zu finden sind.

6 Abbildungen und Funktionen

In diesem Kapitel werden der Begriff „Abbildung" bzw. „Funktion" präzisiert und einige zugehörige Eigenschaften untersucht. Im Gegensatz zu den anderen Teilen dieses Buches dient dieser Abschnitt lediglich dazu, zur Abrundung und Vervollständigung der bisherigen Inhalte beizutragen, denn auch Abbildungen und Funktionen werden in vielfältigen mathematischen Zusammenhängen immer wieder auftreten. Wir wollen deswegen zumindest eine knappe Zusammenstellung dessen geben, was dafür später benötigt wird, verzichten aber auf eine Aufteilung in A-, B-, C-Teil und die Bereitstellung von Aufgabenmaterial.

In vielen mathematischen und nicht mathematischen Situationen wird jedem Element einer Ausgangsmenge in eindeutiger Weise ein Element einer anderen (nicht notwendiger Weise von der Ausgangsmenge verschiedenen) Menge zugeordnet. Jedes Kraftfahrzeug bekommt ein KfZ-Kennzeichen und hat einen KfZ-Schein, in dem ihm z. B. Hubraum, PS-Zahl, Fahrgestell-Nr., Motor-Nr. zugeordnet werden. Jeder Einwohner der Bundesrepublik muß einen Familiennamen tragen, jedem kann man sein Alter, sein Gewicht, seine Größe etc. zuordnen, jeder Kreis hat einen Mittelpunkt, jedes Polygon einen Flächeninhalt, jeder endlichen Menge können wir eine Zahl, nämlich ihre Anzahl, zuordnen, bei Zahlenpaaren können wir eine Zuordnung zu bestimmten Zahlen, z. B. ihrem Produkt, ihrer Summe etc. vornehmen. Die zugeordneten Elemente können auch wiederum der Ausgangsmenge angehören, so wird z. B. jeder Zahl aus **N** (**Z**, **Q**, **R**) ihr

Quadrat zugeordnet, jeder natürlichen Zahl ihre Ziffersumme, bzw. die Zahl ihrer Teiler etc.

Beispiele dieser Art bilden den Ausgangspunkt für die Einführung des Abbildungsbegriffs.

Definition 6.1 (E r k l ä r u n g) Gegeben seien zwei nichtleere Mengen A und B. J e d e m Element $x \in A$ sei g e n a u e i n Element $y \in B$ zugeordnet, dann ist durch A, B und diese Zuordnung eine A b b i l d u n g f v o n A i n B b e s t i m m t. In Zeichen:

$$f: A \to B \quad \text{mit } x \mapsto y$$

Strenggenommen liegt bei Definition 6.1 keine Definition vor, da „Abbildung" nur durch einen anderen Begriff, nämlich „Zuordnung", umschrieben wird, wir haben daher in Klammern „Erklärung" gesetzt. „Zuordnung" ist dabei als zweistelliges Prädikat aufzufassen und wir werden die weitere Präzisierung durch Rückgriff auf Relationen sofort nachholen. Zuvor aber eine Reihe von Bezeichnungen, die in Verbindung mit Definition 6.1 üblich sind: Die Menge A wird D e f i n i t i o n s m e n g e, B Z i e l m e n g e genannt, die Elemente $x \in A$ heißen U r b i l d e r (deshalb wird A gelegentlich auch als U r b i l d m e n g e bezeichnet), die durch f zugeordneten Elemente $y \in B$ heißen B i l d e r und werden auch mit $f(x)$ bezeichnet. Da in Definition 6.1 nicht vereinbart wurde, daß jedes Element aus B als Bild auftreten muß, ist die B i l d m e n g e nicht notwendiger Weise gleich B. Für die Bildmenge ist die Schreibweise fA üblich und mit Definition 6.1 gilt $fA \subset B$.

Vor allem wenn $A, B \subset \mathbf{R}$ sind, also wenn Abbildungen von reellen Zahlen in die reellen Zahlen untersucht werden, ist es üblich, statt Abbildung das Wort F u n k t i o n zu verwenden. Statt Urbild ist dann A r g u m e n t (Argumentmenge), statt Bild W e r t d e r F u n k t i o n üblich (entsprechend W e r t e m e n g e statt Bildmenge und W e r t e v o r r a t statt Zielmenge).

Bevor wir uns ausführlich mit Beispielen befassen, soll der Zusammenhang zum Kapitel „Relationen" hergestellt und einige einfache Eigenschaften von Abbildungen definiert werden. Wir verweisen zunächst auf Bemerkung 5.3. Dort wurde ausgeführt, daß jede Teilmenge von $A \times B$ eine Relation ist, wobei es üblich ist, falls $A = B$ von „Relationen auf A", falls $A \neq B$ von „Relationen zwischen A und B" zu sprechen. Kapitel 5 beschäftigte sich ausschließlich mit Relationen auf einer Menge; Abbildungen bzw. Funktionen erweisen sich nun als die wichtigsten Vertreter von „Relationen zwischen A und B". Der Zusammenhang wird hergestellt durch

Satz 6.1 Seien A, B Mengen und R eine Relation zwischen A und B, d. h. $R \subset A \times B$, dann entspricht R genau dann einer Funktion $f: A \to B$, falls gilt

a) $\bigwedge\limits_{x \in A} \bigvee\limits_{y \in B} (x, y) \in R$

b) $\bigwedge\limits_{x \in A;\, y, z \in B} (x, y) \in R \wedge (x, z) \in R \Rightarrow y = z$

Entsprechen bedeutet hier

6 Abbildungen und Funktionen

$(x, y) \in R \underset{\text{def}}{\Longleftrightarrow} (y = f(x))$

Beweis ($\Leftarrow$) Gehen wir von einer Funktion aus, so können wir jedes Urbild $x \in A$ mit seinem nach Definition 6.1 eindeutig festgelegten Bild $y \in B$ zu einem geordneten Paar zusammenfassen. Die Menge dieser Paare ist Teilmenge von $A \times B$ und damit Relation. Da nach Definition 6.1 zu jedem $x \in A$ genau ein Element $y \in B$ zugeordnet wird, ist a) und b) erfüllt, wobei a) die Existenz des Bildes und b) die Eindeutigkeit formalisiert. ($\Rightarrow$) Haben wir umgekehrt eine Relation R mit den Eigenschaften a) und b) gegeben, so wissen wir, zu jedem x aus A gibt es genau ein $y \in B$, zu dem es in Relation steht, dieses y wählen wir als Bild von x unter einer damit festgelegten Abbildung f.

Da wir auf diese Weise Abbildungen als spezielle Relationen zwischen A und B erkannt haben, können wir Darstellungsformen von Relationen auch bei Funktionen einsetzen.

Beispiel 6.1 Gegeben seien die Mengen

$A = \{a_1, a_2, a_3, a_4\}$ und $B = \{b_1, b_2, b_3, b_4, b_5\}$

Weiterhin wird eine Funktion f: $A \to B$ festgelegt durch „elementweise" Definition (s. Fig. 6.1).

$f(a_1) = b_1, \quad f(a_2) = b_2, \quad f(a_3) = b_1, \quad f(a_4) = b_3$

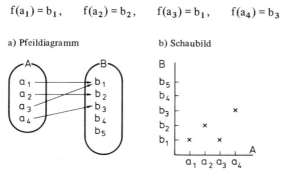

Fig. 6.1 Darstellungsformen für Funktionen

Bei f handelt es sich sicher um eine Abbildung (Funktion), da jedem $x \in A$ genau ein Wert in B zugeordnet ist. Natürlich darf ein Wert dabei mehrmals auftreten ($f(a_1) = f(a_3) = b_1$). Die entsprechende Relation (nach Satz 6.1) ist $R_f = \{(a_1, b_1), (a_2, b_2), (a_3, b_1), (a_4, b_3)\}$. Das Pfeildiagramm (vgl. Fig. 6.1a) zeigt, daß es sich um eine Abbildung handelt, weil von jedem Urbild aus A genau ein Pfeil nach B führt. Bei der Tafeldarstellung ist es bei Funktionen üblich, sie Schaubild bzw. Funktionsgraph zu nennen. Dabei werden die Elemente von A durch Punkte auf der „Abszisse" (horizontalen Geraden, „x-Achse"), die von B durch Punkte auf der „Ordinate" (vertikalen Geraden, „y-Achse") dargestellt und wiederum die Kreuzungsstellen markiert, die für die Funktion kennzeichnend sind. Auf diese Weise eignet sich das Schaubild auch zur Darstellung von Funktionen auf nicht endlichen Mengen (vgl. Beispiel 6.3c). Daß es sich um eine Funktion handelt, ist daran ersichtlich, daß über jedem Element aus A genau eine markierte Stelle sein muß.

Die Gleichheit von Funktionen ist über die Gleichheit der entsprechenden Relation (vgl. Satz 6.1) bereits festgelegt. Wir definieren sie erneut, weisen aber darauf hin, daß diese Definition offensichtlich mit der Mengengleichheit der entsprechenden Relation übereinstimmt.

Definition 6.2 Seien Funktionen f: $A \to B$ und g: $C \to D$ gegeben. Die Funktionen f und g heißen g l e i c h, falls gilt

a) $\quad A = C$

b) $\quad \bigwedge_{x \in A} f(x) = g(x)$

Bemerkung 6.1 Bei der Gleichheit von Funktionen müssen Zielmengen (Wertevorrat) nicht übereinstimmen. Bedingung b) sichert aber, daß die Bildmenge (Wertemengen) nämlich fA und gC gleich sind.

Auch bei Abbildungen werden wie bei Relationen Eigenschaften formuliert, die eine Kennzeichnung erlauben. Die wichtigsten dieser Eigenschaften sind i n j e k t i v, s u r j e k t i v und b i j e k t i v. Dabei bedeutet injektiv, daß jedes Bildelement nur einmal auftritt oder anders ausgedrückt, verschiedene Urbilder werden auch auf verschiedene Bilder abgebildet. Surjektiv heißt, daß Ziel- und Bildmenge gleich sind; jedes Element aus B tritt als Bild auf. Bijektiv heißt schließlich, daß bei einer Funktion beide Eigenschaften gegeben sind.

Definition 6.3 a) f: $A \to B$ heißt i n j e k t i v, wenn für alle $x_1, x_2 \in A$ gilt

$$x_1 \neq x_2 \to f(x_1) \neq f(x_2)$$

b) f: $A \to B$ heißt s u r j e k t i v, wenn die Wertemenge fA gleich der Zielmenge B ist.

c) f: $A \to B$ heißt b i j e k t i v, wenn f injektiv und surjektiv ist.

Beispiel 6.2 In Fig. 6.2a, b, c, d werden Pfeildiagramme der Funktionen f_1, f_2, f_3 und f_4 gegeben. f_1 ist injektiv, aber nicht surjektiv (dies erkennt man daran, daß in keinem Element von B mehrere Pfeile einmünden, b_4 aber von überhaupt keinem Pfeil getroffen

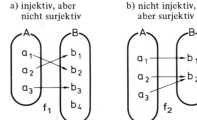
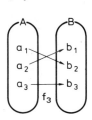
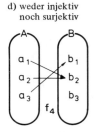

Fig. 6.2

6 Abbildungen und Funktionen

wird), f_2 ist nicht injektiv (in b_1 münden zwei Pfeile), aber surjektiv (jedes Element aus B wird von Pfeilen getroffen), f_3 ist bijektiv (in jedem Element von B mündet genau ein Pfeil) und f_4 ist weder injektiv (zwei Pfeile in b_2) noch surjektiv (kein Pfeil in b_3). Mit den Definitionen 6.1 bis 6.3 und den zugehörigen Bezeichnungen sind die wichtigsten Eigenschaften und Begriffe bereits genannt, die wir in diesem Abschnitt listen wollten. Der Rest des Kapitels ist einigen Beispielen gewidmet, die auf frühere zurückgreifen und sie in den neuen Zusammenhang stellen.

Bemerkung 6.2 Betrachtet man Pfeildiagramme von Funktionen (vgl. Fig. 6.2), so liegt die Frage nahe, unter welchen Bedingungen eine neue Funktion entsteht, wenn einfach alle Pfeilspitzen umgedreht werden. Definition 6.1 und 6.3 lassen die Antwort fast unmittelbar ablesen. Sei die Funktion f: A → B durch ein Pfeildiagramm dargestellt. Damit durch Umdrehen der Pfeile eine Funktion g: B → A entsteht, muß jetzt von jedem Element von B genau ein Pfeil zu einem Element von A führen. Dazu muß die ursprüngliche Abbildung f surjektiv sein, nur dann führt von jedem Element aus B auch mindestens ein Pfeil weg und injektiv, damit nicht mehrere wegführen. Genau die bijektiven Abbildungen führen daher auf dem beschriebenen Weg zu „Umkehrabbildungen". Sei f: A → B eine bijektive Abbildung, dann bezeichnet man die Umkehrabbildung mit f^{-1}: B → A.

Beispiel 6.3 In diesem Beispiel sollen Funktionen, die auf den reellen Zahlen definiert sind, auf ihre Eigenschaften nach Definition 6.3 untersucht werden.

a) Sei f: R → R mit $x \mapsto 1 - x/2$. Bei f handelt es sich um eine Funktion, da durch f jeder reellen Zahl genau eine reelle Zahl zugeordnet wird. Die Abbildung ist injektiv, da aus $1 - x_1/2 = 1 - x_2/2$ auf $x_1 = x_2$ für alle x_1, x_2 aus R geschlossen werden kann (Kontraposition von Definition 6.3a). f ist auch surjektiv, denn sei r eine beliebige reelle Zahl, so kann ich über die Lösung von $r = 1 - x/2$ in $x = 2 - 2 \cdot r$ ein Urbild finden, das auf r abgebildet wird. f ist daher bijektiv. Die Umkehrfunktion lautet f^{-1}: R → R mit $x \mapsto 2 - 2 \cdot x$.

b) Sei g: R → R mit $x \mapsto x^2$. Diese Funktion ist n i c h t injektiv, da aus gleichem Bild nicht auf gleiches Urbild geschlossen werden kann. So wird für alle r aus R $+ r$ und $- r$ auf dasselbe Bild r^2 abgebildet. Schränken wir den Definitionsbereich von g so ein, daß er nur positive oder nur negative Zahlen enthält, so wird die Abbildung injektiv. Sei nun h: R^+ → R mit $x \mapsto x^2$ diese injektive Abbildung, so sind weder g noch h surjektiv, da es zu negativen Zahlen der Zielmenge keine Urbilder gibt. Um g und h surjektiv zu machen, müssen wir die Zielmenge auch auf R^+ einschränken. Die Abbildung q: $R^+ \to R^+$ mit $x \mapsto x^2$ ist bijektiv. Die Umkehrfunktion q^{-1} ist durch q^{-1}: $R^+ \to R^+$ mit $x \mapsto +\sqrt{x}$ gegeben.

Beispiel 6.4 (W a h r h e i t s f u n k t i o n) Wir greifen auf logische Ausdrücke (vgl. Kapitel 1) zurück und stellen sie uns durch Wahrheitstafeln dargestellt vor. In der Wahrheitstafel wird jeder Zeile (Belegung) genau einer der Werte W (wahr) bzw. F (falsch) zugeordnet, die der logische Ausdruck in der entsprechenden Zeile annimmt. Jeder logische Ausdruck s bewirkt daher eine Wahrheitsfunktion f_s, die die Menge der Belegungen, z. B. bei zwei Variablen {WW, WF, FW, FF} in die Menge {W, F} abbildet.

Diese Abbildung f ist genau dann surjektiv, wenn der logische Ausdruck s teilgültig ist, da dann beide „Bilder" W und F auftreten. Ist s allgemeingültig, so hat seine Wahrheitsfunktion den konstanten Wert W, ist s nichtgültig, nimmt sie den konstanten Wert F an. Der Äquivalenz von logischen Ausdrücken entspricht die Gleichheit ihrer Wahrheitsfunktionen, d. h. aus $s \Longleftrightarrow t$ folgt $f_s = f_t$ und umgekehrt.

Beispiel 6.5 (F l ä c h e n i n h a l t von P o l y g o n e n) Im Abschn. 5.4 erwies sich die Relationsvorschrift „zerlegungsgleich" als Äquivalenzrelation auf der Menge der Polygone einer Ebene. Über die zugehörige Klasseneinteilung und spezielle Klassenvertreter, die sogenannten Maßrechtecke konnten wir dort den Begriff Flächeninhalt präzisieren.

Wir wählen jetzt die Menge der Polygone einer Ebene als Definitionsbereich einer reellwertigen Funktion F, die die folgenden Bedingungen erfüllt:

a) $F(P) \geq 0$ für alle Polynome P

b) $F(P) = F(Q) \Longleftrightarrow$ P ist zerlegungsgleich zu Q

c) $F(P_0) = 1$ für ein beliebig gewähltes Polynom P_0

d)   Für alle Polynome P, Q mit $P \cap Q = \emptyset$ gilt
$F(P \cup Q) = F(P) + F(Q)$ (Additivität)

Man überlegt sich leicht, daß der in Abschn. 5.4 eingeführte Flächeninhalt als Funktion aufgefaßt die genannten Eigenschaften hat. P_0 ist dort ein spezielles Maßrechteck, nämlich dasjenige, das am Ende des Meßstreifens die Zahl 1 ergibt. Umgekehrt kennzeichnen aber die obengenannten Eigenschaften auch die additive Maßfunktion Flächeninhalt. Man kann deshalb jede Funktion mit den Eigenschaften a) bis d) Flächeninhalt bezeichnen. Der Flächeninhalt hängt dann allerdings von P_0 ab.

Beispiel 6.6 (F o l g e n) In der Analysis spielen Folgen eine wichtige Rolle. Als Abbildungen aufgefaßt, stellen sie sich folgendermaßen dar:

      f: **N** → **R**   mit $n \mapsto a_n$

Dabei sind die Funktionswerte a(n) die „Folgenglieder", für die man statt a(n) einfach a_n schreibt. Kennzeichnend für eine Folge ist, daß es sich um eine Abbildung der natürlichen Zahlen in die reellen Zahlen handelt, d. h. zu jeder natürlichen Zahl n gibt es genau eine reelle Zahl a_n. Die Zuordnungsvorschrift pflegt man auch B i l d u n g s g e s e t z der Folge zu nennen.

Beispiel 6.7 (D i e A n z a h l f u n k t i o n) Unser abschließendes Beispiel greift die in Beispiel 5.3.2c genannte und in einer Reihe von Aufgaben (vgl. Aufgabe 5.5, 5.6, 5.18, 5.31) bereits verwendete Gleichmächtigkeitsrelation von Mengen auf. Wir sind jetzt in der Lage, diese Relationsvorschrift zu definieren.

Definition 6.4 Seien A, B Mengen. Dann heißt A genau dann g l e i c h m ä c h t i g zu B, wenn eine bijektive Abbildung von A auf B existiert. In Zeichen:

$$A \text{ glm } B \quad \Longleftrightarrow \quad \bigvee_{f:\ A \to B} f \text{ ist bijektiv}$$

6 Abbildungen und Funktionen 181

Wir haben uns bereits früher davon überzeugt, daß die Gleichmächtigkeitsrelation auf einem System von Mengen eine Äquivalenzrelation ist. Die Reflexivität folgt daraus, daß die Identität, die jedes Element von A auf sich selbst abbildet, eine bijektive Abbildung id: $A \to A$ ist. Die Symmetrie ergibt sich, weil zu einer bijektiven Abbildung f: $A \to B$ die Umkehrabbildung f^{-1}: $B \to A$ existiert und wiederum bijektiv ist und zur Transitivität überlegt man sich, daß zu den bijektiven Abbildungen f: $A \to B$ und g: $B \to C$ die Abbildung h: $A \to C$ mit $x \to g(f(x))$ wiederum bijektiv ist.

Um den Zusammenhang zu den natürlichen Zahlen herzustellen, nennen wir $A_n =$ $\{x \mid x \in \mathbf{N} \wedge x \leqslant n\}$ einen Z a h l e n a b s c h n i t t d e r L ä n g e n und eine Menge M genau dann endlich, wenn es einen Zahlenabschnitt A_k gibt, zu dem sie gleichmächtig ist.

Für endliche Mengen können wir jetzt die Kardinalzahl als Abbildung von Mengen in die natürlichen Zahlen einführen, indem wir setzen:

card (M) = k, wobei k die Länge des zu M gleichmächtigen Zahlenabschnitts ist.

Für diese Anzahlfunktion gilt:

card (M) = card (N) $\iff$ M glm N

und sie erweist sich als additiv, da

$M \cap N = \emptyset \to$ card $(M \cup N) =$ card (M) + card (N).

Lösungen ausgewählter Aufgaben

1.20

a)

p	q	r	$(p \to q) \to [p \leftrightarrow (q \vee r)] \vee [q \,\dot\vee\, (p \wedge r)]$	Belegungen für „wahr"
W	W		$q \to [q \vee r] \vee [q \,\dot\vee\, r]$	
			$w \to [w] \vee [\neg r] \Leftrightarrow w$	WWW, WWF
	F		$f \to \ldots \Leftrightarrow w$	WFW, WFF
F			$[\neg(q \vee r)] \quad \vee q$	
			$[\neg q \wedge \neg r] \quad \vee q$	
			$(\neg q \vee q) \wedge (\neg r \vee q)$	
			$\neg r \vee q$	FWW, FWF, FFF

b)

p	q	r	$[(p \wedge r) \vee (q \wedge r)] \to (p \vee q) \wedge [p \leftrightarrow q \wedge (\neg p \to \neg q)]$	Belegungen für „wahr"
		W	$p \vee q \quad \to (p \vee q) \wedge [p \leftrightarrow q \wedge (\neg p \to \neg q)]$	
W			$w \to \quad w \wedge [w \leftrightarrow q \wedge w]$	WWW
F			$q \to \quad q \wedge [f \leftrightarrow q \wedge \neg q]$	
			$q \to \quad q \wedge [f \leftrightarrow f]$	
			$q \to q \Leftrightarrow w$	FWW, FFW
		F	$f \to \ldots \Leftrightarrow w$	WWF, WFF, FWF, FFF

c)

p	q	r	$[(p \to q) \vee (q \to r)] \leftrightarrow [(r \to \neg p) \vee (\neg q \to r)]$	Belegungen für „wahr"
W	W		$[q \vee (q \to r)] \leftrightarrow [\neg r \vee (\neg q \to r)]$	
			$[w \vee \ldots] \leftrightarrow [\neg r \vee w]$	WWW, WWF
			$w \leftrightarrow w \Leftrightarrow w$	
	F		$[f \to r] \quad \leftrightarrow [\neg r \vee r]$	
			$w \leftrightarrow w$	WFW, WFF
F			$[(f \to q) \vee \ldots] \leftrightarrow [(r \to w) \vee \ldots]$	
			$[w \vee \ldots] \leftrightarrow [w \vee \ldots]$	
			$w \leftrightarrow w$	FWW, FWF, FFW, FFF

1.24

$P_1: \quad p \to q$
$P_2: \quad \neg r \to p$
$P_{31}: \quad p \to \neg q$
$P_{32}: \quad \neg p \to q$

(1): q Widerspruch P_1, P_{32} (Aufgabe 1.23)
(2): $\neg p$ Widerspruch 1, P_{31}
(3): $\neg p \to r$ Kontraposition P_2
(4): r Abtrennung 2, 3

Lösungen ausgewählter Aufgaben   183

1.25 P_{11}: $p \to \neg q$
P_{12}: $\neg p \to q$
P_{21}: $\neg r \to s$
P_{22}: $r \to \neg s$
P_{31}: $s \to p$
P_{32}: $p \to s$
P_4: $s \to q$

(1): $s \to \neg q$ Kette P_{31}, P_{11}
(2): $\neg s$ Widerspruch 1, P_4
(3): r Widerspruch 2, P_{21}
(4): $\neg p$ Widerspruch 2, P_{32}
(5): q Abtrennung 4, P_{12}

1.26 $S_1 \iff$

(1): $a \lor b$ Äquivalenzumformung P_4
(2): $a \lor b \lor c$ Adjunktion zu 1
(3): $\neg b \land \neg c \to \neg a$ Kontraposition P_1
(4): $\neg b \land \neg c \to b$ Kette 3, P_4
(5): $b \lor c \lor b$ Äquivalenzumformung 4
(6): $b \lor c$ Äquivalenzumformung 5
(7): $\neg a \to a \lor c$ Kette P_4, P_2
(8): $a \lor a \lor c$ Äquivalenzumformung 7
(9): $a \lor c$ Äquivalenzumformung 8
(10): $(a \lor b) \land (b \lor c) \land (a \lor c)$ Konjunktion

2.5

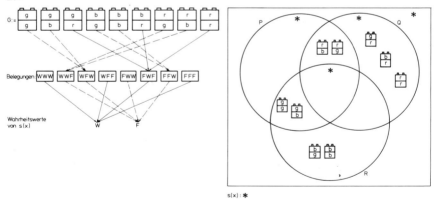

2.12 $q(y) \iff \bigwedge_{x \in \mathbf{R}} y^2 < x$

Die Lösungsmenge ist leer; denn für jedes vorgebbare y gilt $\bigvee_{x \in \mathbf{R}} y^2 \geqslant x$, man wähle $x = y^2$ oder $x = y^2 - 1$.

2.13 Die Erfüllungsmengen der Allaussagen sind leer.

$$\bigvee_{x \in \mathbf{N}} 0 < x - y < 10$$

hat die Erfüllungsmenge **N**; man wähle bei beliebig vorgegebenem y: $x = y + n$ mit $n \in \{1, 2, \ldots, 9\}$.

$$\bigvee_{y \in \mathbf{N}} 0 < x - y < 10$$

hat die Erfüllungsmenge $\mathbf{N} \setminus \{1\}$. Man wähle bei beliebig vorgegebenem x aus L: $y = x - n$ mit $n \in \{1, 2, \ldots, 9\}$ solange $x - n$ dabei $\in \mathbf{N}$. Bei $x = 1$ geht das nicht, bei $x = 2$ kann y nur 1 sein, bei $x = 3$ kann $y = 1$ bzw. 2 gewählt werden usw.

2.14 b) Die folgenden 4 Aussagen sind wahr

$$\bigvee_{x} \bigwedge_{y} x | y \quad (x = 1) \qquad \bigwedge_{y} \bigvee_{x} x | y \quad (x = 1, x = y)$$

$$\bigwedge_{x} \bigvee_{y} x | y \quad (y = 2x) \qquad \bigvee_{x} \bigvee_{y} x | y \quad (x = 7, y = 63)$$

2.15 Die Aussagen a), b) und c) sind richtig. Wird $x = x_0$ beliebig vorgegeben, so wähle man bei a) $y = x_0^2 - 3 x_0 + 5 - 1$, im Fall b) $y = x_0^2 - 3 x_0 + 5 + 1$.

Die Abbildung $x \to x^2 - 3x + 5$ ist eine nach oben geöffnete Parabel. Der Term $x^2 - 3x + 5$ kann größer gemacht werden als jedes beliebige y. Er kann aber nicht kleiner werden als die Scheitelordinate der Parabel. Daher ist d) falsch.

2.16 $L = \{y | y \in \mathbf{R} \wedge y > -1\}$.

Die Aussage ist richtig für alle y, die größer sind als die Ordinate -1 des Scheitels der Parabel $x \to x^2 + 2x$.

2.20 a) $\bigwedge_{g, h \in \mathbf{G}} \bigvee_{P \in \mathbf{E}} P \in g, h$

$\bigwedge_{g, h \in \mathbf{G}} \bigwedge_{P, Q \in \mathbf{E}} g \neq h \wedge P \in g, h \wedge Q \in g, h \to P = Q$ (vgl. Aufgabe 4.5)

b) 1. Interpretation: Türme repräsentieren Punkte; Farben repräsentieren Geraden.

Axiom 1: Jede Farbe kommt in mindestens 2 Türmen vor.
Axiom 2: Es gibt 3 (sogar 7) verschiedene Farben.
Axiom 3: Zwei beliebige, verschiedene Türme haben
 stets und genau eine Farbe gemeinsam.
Axiom 4: Zwei beliebige, verschiedene Farben kommen
 stets in genau einem Turm vor.

2. Interpretation: Türme repräsentieren Geraden, Farben repräsentieren Punkte.

Axiom 1: Jeder Turm enthält mindestens 2 verschiedene Farben.
Axiom 2: Es gibt 3 (sogar 7) verschiedene Türme.
Axiom 3: wie Axiom 4 der 1. Interpretation und umgekehrt.

3.4 a) Wahre Aussagen für alle P, Q sind

$Q \subset P \to P \subset R_1$, $P \subset R_2$,

P und Q haben keine gemeinsamen Elemente $\to P \subset R_3, \neg(P \subset R_4)$

b) Für alle P, Q entstehen wahre Aussagen.
B e g r ü n d u n g. Da $P \neq Q$, gibt es mindestens ein Element, das wir x_0 benennen, das in genau einer der beiden Mengen liegt. Zwei Fälle sind möglich:
1. F a l l. $x_0 \in Q, x_0 \notin P$. In diesem Fall gilt $x_0 \notin R_1, x_0 \in R_2, x_0 \in R_3$ und $x_0 \notin R_4$. Damit ergibt sich $Q \neq R_1, P \neq R_2, P \neq R_3$ und $Q \neq R_4$.
2. F a l l. $x_0 \in P, x_0 \notin Q$. Wie oben gilt $x_0 \notin R_1, x_0 \in R_2, x_0 \in R_3$ und $x_0 \notin R_4$. Jetzt ergibt sich aber $P \neq R_1, Q \neq R_2, Q \neq R_3$ und $P \neq R_4$.
c) Stets wahre Aussagen entstehen für i = 1 und 2, stets falsche für i = 3 und i = 4.
B e g r ü n d u n g für i = 3. Da aus der Gleichheit folgt, daß jedes Element in beiden Mengen P und Q liegt, ergibt sich, daß R_3 kein Element enthält. Nach Voraussetzung besitzt P aber mindestens ein Element, also $P \neq R_3$.
B e g r ü n d u n g für i = 4. In P liegt mindestens ein Element, dieses gehört nicht zu R_4, also ist stets $P \neq R_4$, unabhängig ob P = Q gilt oder nicht.

3.7 Für jedes P gilt

$$\bigwedge_{x \in G} x \in \emptyset \to x \in P$$

denn, da der Vordersatz der Subjunktion stets falsch ist, wird $x \in \emptyset \to x \in P$ für alle x wahr.

3.9 a) $Q_i \cap Q_j = \{x \mid x \in G \wedge j < x < i + 4\}$, $i, j \in \{1, 2, 3, 4, 5\}$, $i < j$

$Q_i \cup Q_j = \{x \mid x \in G \wedge i < x < j + 4\}$, $j - i < 4$

und

$Q_1 \cup Q_5 = \{2, 3, 4, 6, 7, 8\}$

$Q_1 \triangle Q_2 = \{2, 5\}$, $Q_1 \triangle Q_3 = \{2, 3, 5, 6\}$, $Q_1 \triangle Q_4 = Q_1 \cup Q_4$, $Q_1 \triangle Q_5 = Q_1 \cup Q_5$,

$Q_2 \triangle Q_3 = \{3, 6\}$, $Q_2 \triangle Q_4 = \{3, 4, 6, 7\}$, $Q_2 \triangle Q_5 = Q_2 \cup Q_5$,

$Q_3 \triangle Q_4 = \{4, 7\}$, $Q_3 \triangle Q_5 = \{4, 5, 7, 8\}$

$Q_4 \triangle Q_5 = \{5, 8\}$

b) 1., 2., 3. wahr; 4., 5., 6. falsch.

c) 1., 2. falsch (Gegenbeispiele!); 3., 4. wahr.

3.18 a) Die logische Formel lautet

$(p \vee q \to r) \iff (p \to r) \wedge (q \to r)$

woraus entsprechend Beispiel 3.5, 2

$(p(x) \vee q(x) \Rightarrow r(x)) \iff (p(x) \Rightarrow r(x)) \wedge (q(x) \Rightarrow r(x))$

gewonnen und in die Mengenformel übersetzt wird.

b) Weitere Übersetzungen aus der logischen Formel

$$\overline{P \cup Q} \cup R = (\overline{P} \cup R) \cap (\overline{Q} \cup R),$$
$$\overline{(P \cup Q)} \cup R \triangle ((\overline{P} \cup R) \cap (\overline{Q} \cup R)) = G$$

bzw. $((P \cup Q) \cap \overline{R}) \triangle ((\overline{P} \cup R) \cap (\overline{Q} \cup R)) = G.$

3.19 Bemerkung 3.5 wurde falsch angewandt. Korrekt würde

$$(p \Rightarrow q \vee r) \iff ((p \to q) \vee (p \to r) \iff w)$$

folgen mit der Übersetzung

$$P \subset Q \cup R \iff (\overline{P} \cup Q) \cup (\overline{P} \cup R) = G$$

4.4 Beweisteil 1: →

Wir wählen 2 beliebige Brüche a, b. Es soll a < b gelten. Dann gilt nach P_3 (wobei der Doppelpfeil von rechts nach links gelesen wird) 2 a < 2 b. Dann folgern wir nach P_4 die beiden Zeilen

$$2 a < 2 b \leftrightarrow 2 a + \quad a < 2 b + \quad a$$
$$a < \quad b \leftrightarrow \quad a + 2 b < \quad b + 2 b$$

also $\quad a < b \quad \leftrightarrow [3 a < 2 b + a \wedge 2 b + a < 3 b]$

und da nach Aufgabe 4.3

$$3 a < 2 b + a \wedge 2 b + a < 3 b \to 3 a < 3 b$$

folgt $\quad a < b \to 3 a < 3 b$

Beweisteil 2: ←

Jetzt setzen wir 3 a < 3 b voraus. Wäre a = b, so natürlich auch 3 a = 3 b, und das steht wegen P_5 im Widerspruch zur Voraussetzung. Also gilt $\neg(a = b)$.
Wäre a > b, so könnten wir nach Beweisteil 1 auf 3 a > 3 b schließen, was ebenfalls nach P_5 im Widerspruch zur Voraussetzung steht, d. h., es gilt $\neg(a > b)$.
Da sowohl $\neg(a = b)$ und $\neg(a > b)$ gelten kann, ist nach P_5 allein a < b noch möglich.

4.7 In der Beweisführung wird verschleiert, daß $A(n) \to A(n + 1)$ erst für $n \geq 2$ gilt – und nicht, wie verlangt, bereits für n = 1.

4.8 c) (I A = Induktionsanfang, I S = Induktionsschluß)

IA: $6 | 7^1 - 1 \iff 6 | 6$, A(1) ist wahr

IS: $6 | 7^n - 1 \iff 6 \cdot k = 7^n - 1 \iff 6 \cdot k + 1 = 7^n$

$\iff 6 \cdot (k \cdot 7) + 7 = 7^{n+1} \iff 6 \cdot (k \cdot 7) + 6 = 7^{n+1} - 1$

$\iff 6(k \cdot 7 + 1) = 6 \cdot m = 7^{n+1} - 1 \iff 6 | 7^{n+1} - 1$

d) IA: $12 [1 \cdot 1 \cdot 2] = 1 \cdot 2 \cdot 3 \cdot 4$, A(1) ist wahr

IS: $12 [n \cdot 1 \cdot 2 + (n - 1) \cdot 2 \cdot 3 + \ldots + 1 \cdot n \cdot (n + 1)] = n(n + 1)(n + 2)(n + 3)$

Wir addieren zu IS gliedweise die Summanden der folgenden Zeile, die wir aus Beispiel 4.8 als 4 · A(n + 1) entnehmen.

$$12[1 \cdot 2 + 2 \cdot 3 + \ldots + n \cdot (n+1) + 1 \cdot (n+1)(n+2)] = 4(n+1)(n+2)(n+3)$$

Es folgt $12[(n+1) \cdot 1 \cdot 2 + n \cdot 2 \cdot 3 + \ldots + 2 \cdot n(n+1) + 1 \cdot (n+1)(n+2)]$
$= (n+1)(n+2)(n+3)(n+4)$

4.9 Wir gehen von der folgenden Tabelle aus:

Anzahl der versammelten Paare	Anzahl der durchgeführten Händedrücke	Anzahl der durch ein neues Paar verursachten Händedrücke
1	0	$2 \cdot 2 = 1 \cdot 4$
2	$1 \cdot 4$	$2 \cdot 4 = 2 \cdot 4$
3	$1 \cdot 4 + 2 \cdot 4$	$2 \cdot 6 = 3 \cdot 4$
4	$4(1 + 2 + 3)$	$2 \cdot 8 = 4 \cdot 4$
⋮	⋮	⋮
n	$4(1 + 2 + \ldots + (n-1))$	$2 \cdot (2n) = 4 \cdot n$

Daraus leiten wir die nun unschwer zu beweisende Vermutung ab, daß bei n Paaren $4(1 + 2 + \ldots + (n-1))$ Hände geschüttelt werden. Nach der Aussage in Beispiel 4.6 sind dies $2(n-1) \cdot n$.

4.10 Rechnen wir auch die unbegrenzten Teilstücke der Ebene als Polygone hinzu, so gewinnen wir aus der folgenden Tabelle eine leicht zu beweisende Vermutung:

Anzahl der vorhandenen Geraden	Anzahl der vorhandenen Polygone	Anzahl der Polygone, die eine weitere Gerade erzeugt
0	1 (ganze Ebene)	1
1	1 + 1 (2 Halbebenen)	2
2	1 + 1 + 2 (4 „Quadranten")	3
3	1 + (1 + 2 + 3)	4
⋮	⋮	
n	$1 + (1 + 2 + \ldots + n)$	n + 1

Die Gerade mit der Nummer n + 1 zerlegt bis zum 1. Schnittpunkt ein vorhandenes Polygon und je ein weiteres zwischen zwei aufeinanderfolgenden Schnittpunkten (das sind bisher bei n Geraden maximal n Schnittpunkte und n neue Polygone). Ein weiteres wird aber noch hinter dem letzten Schnittpunkt erzeugt.

5.3 a) $\bigwedge_{n \in \mathbf{N}} (n \mid 2n) \wedge (n < 2n)$

b) $x \mid y \wedge \neg(x < y) \rightarrow x = y$

c) $x \leq y \Leftrightarrow (x < y) \vee (x = y)$

188 Lösungen ausgewählter Aufgaben

5.11 In jeder Familie darf höchstens ein Sohn sein. Sind irgendwo zwei Brüder, z. B. A und B, so liefert die Transitivität mit A Bruder B und B Bruder A, daß A sein eigener Bruder ist. Widerspruch!

5.23 R ist transitiv, falls in der Tafeldarstellung stets gilt: Ist in der a-Spalte die b-Zeile und in der b-Spalte die c-Zeile besetzt, dann muß auch die Kreuzungsstelle aus a-Spalte und c-Zeile besetzt sein. R ist nicht transitiv, falls mindestens eine derartige Kreuzungsstelle unbesetzt ist.

5.25 Die Sätze 5.2 und 5.3 folgen direkt aus den entsprechenden Definitionen und ihren Negationen. Für Satz 5.4 nützt man die Äquivalenzen aus:

$$xRy \rightarrow \neg(yRx) \iff \neg(xRy) \vee \neg(yRx) \iff x\bar{R}y \vee y\bar{R}x$$

Zum Beweis von Satz 5.5 muß Satz 5.4 auf R und $\bar{R}$ angewandt werden. Für Satz 5.6 werden die Äquivalenzen

$$xRy \,\dot{\vee}\, yRx \iff (xRy \vee yRx) \wedge (\neg(xRy) \vee \neg(yRx))$$

$$\underbrace{(xRy \vee yRx)}_{\text{konnex}} \wedge \underbrace{(xRy \rightarrow \neg(yRx))}_{\text{antisymmetrisch}}$$

verwendet. Satz 5.7 folgt wiederum fast unmittelbar aus der Definition durch Kontraposition.

5.29 a) In M können Elemente liegen, die mit keinem anderen Element (im Beweis wird a gewählt!) verbunden sind.

b) $\bigwedge_{x \in M} \neg(xRa)$, d. h., sie sind gänzlich unverbunden

c) $R = \{(1, 2), (2, 1), (1, 1), (2, 2)\}$

5.33 a) Jede Teilmenge von M × M ist Relation, $\mathfrak{P}(M \times M)$ hat $2^4 = 16$ Elemente.
b) Von den 4 reflexiven Relationen (Diagonale besetzt) sind 2 symmetrisch und transitiv, d. h. Äquivalenzrelat. Für antisymmetrische Relationen dürfen von den spiegelbildlich liegenden Feldern höchstens eines besetzt sein, dies führt auf 4.3 antisymmetrische Relationen (jeweils 4 Diagonalenbesetzungen). Alle sind transitiv, d. h., es gibt 12 Ordnungsrelationen.

Sachverzeichnis

Abbildung 175 ff.
Ableitung 37
Absorptionsregel 31, 33
Abtrennungsschluß 40
Adjunktionsschluß 37, 40
—, allgemeiner 38
—, verallgemeinerter 38
Allaussage 55
Allquantor 57
Alternative 27
Annahme 115, 120
— beseitigung 115, 120
antisymmetrische Relation 149, 154
Anzahlfunktion 180
Äquivalenz 22, 27
— relation 156 ff.
— von Gleichungen 77
argumentierendes Beweisen 109 ff.
Assoziativgesetze 30, 103
Ausdruck, logischer 23, 103
Aussage 9 ff., 25, 55
— form 6, 47, 55
— —, zusammengesetzte 49
— konstanten 34
— —, Äquivalenzen im Zusammenhang mit 34
—, oder- 10 f.
—, und- 10 f.
— variablen 25 f.
—, Wahrheitswert 25
—, weder noch- 10 f.
—, wenn dann- 10 f.
Aussagenlogik 9 ff.
Axiomensystem, geometrisches 65 ff.

Beispielbeseitigung 120
Belegen 26
Belegung 13, 15
Beweise 109 ff.
Beweisen, argumentierendes 109 ff.
—, formalisiertes 113 ff.

Beweisen, formalisiertes, Regeln 118 ff.
bijektive Abbildung 178
Bisubjunktion 27, 30

Definitionsbereich 56
Differenzlmenge 92, 99
—, symmetrische 78
Disjunktion 27
Distributivregeln 103

Eigenschaften 45
Element 48, 80
Erfüllungsmenge 47, 56, 80, 100
Existenzlaussage 55
— quantor 57

Fallunterscheidung 121
Folgen 180
formalisiertes Beweisen 113 ff.
Formel, logische 20, 22, 30, 104
Funktion 175 ff.
—, bijektive 178
—, Bilder 176
—, Bildmenge 176
—, Definitionsmenge 176
—, injektive 178
—, surjektive 178
—, Urbilder 176
—, Urbildmenge 176
—, Zielmenge 176
Funktionen, Gleichheit 178

Generalisieren 119
Gesetz, assoziatives 30
—, distributives 30
—, kommutatives 30
Größenbereiche 168
Grundmenge 48, 56, 80

Hasse-Diagramm 161

Sachverzeichnis

Idempotenz 103
identitive Relation 149
Implikation 23, 36
Individuum 48
Induktion, vollständige 126
Induktions | anfang 126
— axiom 125
— beweis 124 ff.
— schluß 124 ff.
injektive Abbildung 178
irreflexive Relation 149

Junktor 14, 25

kartesisches Produkt 153
Kettenschluß 39 f.
Klammerregeln 29
Klassenbildung 157
Komplement 103
— menge 85
— relation 155
kommutative Gesetze 30, 103
Konjunktion 27
Konjunktionsschluß 40
Konklusion 37
konnexe Relation 153
Kontraposition 31

leere Menge 86
logische Formeln 20 ff.
— — und Mengenformeln 92 ff., 103 f.
logischer Ausdruck 25
lokales Ordnen 135, 137

Menge, Darstellung 81
Mengen 80 ff.
— diagramm 52
— formel 93 ff., 98 ff.
— formeln und logische Formeln 92 ff., 103 f.
— gleichheit 83
— lehre in der Schule 105
—, Namen 88
— term 83, 98

Mengenvariable 88, 99
de Morgan-Regel 28

Namen 45, 55
Negation 12, 26

Obermenge 83
Ordnungsrelation 159 ff.
—, lineare 159
—, verzweigte 159

Pfeildiagramm 142 f.
Potenzmenge 145
Prädikat 45, 55
—, einstelliges 46
—, dreistelliges 46
—, zweistelliges 46
Prämisse 37

Quantoren 55 ff.
— in Aussagen 61 ff.
— — mathematischen Sätzen 61 ff.

reflexive Relation 151
Relation 141 ff.
—, antisymmetrische 149 ff.
—, Eigenschaften 154
—, identitive 149
—, irreflexive 152
—, konnexe 153
—, reflexive 152
—, symmetrische 148 ff.
Relationen, Beispiele 143 ff.
—, Darstellungsformen 142
— im Unterricht 162 ff.
Relationsvorschrift 142

Schluß 37
— figuren 36 ff.
Schnittmenge 87
Separationsschluß 37 f., 40
—, allgemeiner 38
—, verallgemeinerter 38
Spezialfall 119
Spezialisieren 119 f.
Subjunktion 27

Sachverzeichnis

Substitution 120
surjektive Abbildung 178
symmetrische Differenz 87, 99
— Relation 148

Tautologie 22
Teilmenge 83, 104
Term 77
Theorie, formale 130
Torschaltung 17
transitive Relation 146

Variable 55
—, gebundene 56

Venn-Diagramm 52
— — in der Schule 70 ff.
Vereinigungsmenge 86

Wahl, freie 116, 119
—, gebundene 114, 120
Wahrheits | feld 18
— funktion 179
— menge 16
— tafel 15
— wert 10
Widerspruchs | beweis 40
— schluß 39